NEW FORMS OF
CHINESE
ETHICAL CIVILIZATION

中华伦理文明
新形态

向玉乔 等 著

中国人民大学出版社
·北京·

本书为教育部人文社会科学重点研究基地中华伦理文明研究中心
资助项目“中华伦理文明新形态研究”的研究成果

目　录

导论　中华伦理文明新形态的脉动与前景

习近平说："每到重大历史关头，文化都能感国运之变化、立时代之潮头、发时代之先声，为亿万人民、为伟大祖国鼓与呼"①。受到中国式现代化的强有力驱动，当今中国的社会结构和文化结构都在发生着深刻变化。文化结构的最深刻变化是中华民族的伦理文明理念和伦理文明建设实践正在发生巨变，中华伦理文明正在从传统形态向现代形态转型，中华伦理文明新形态的脉动日益清晰，并且呈现出平稳发展的良好态势。把握中华伦理文明新形态的脉动，关注它的发展前景，是认知与研究中华伦理文明的重要视角和前沿领域。

创造人类文明新形态是当代中华民族的文化使命。习近平在庆祝中国共产党成立100周年大会上的讲话中指出："我们坚持和发展中国特色社会主义，推动物质文明、政治文明、精神文明、社会文明、生态文明协调发展，创造了中国式现代化新道路，创造了人类文明新形态"②。这不仅总结了中国特色社会主义建设的伟大成就，而且阐明了中国特色社会主义与中国式现代化、与人类文明新形态的关系。当代中华民族具有创造人类文明新形态的高度自信。何为人类文明新形态？它是以物质文明、政治文明、精神文明、社会文明、生态文明协调发展作为核心内容，既具有中国特色又具有世界意义的社会主义文明。

中华伦理文明新形态是当代中华民族创造的人类文明新形态的伦理

---

① 中共中央文献研究室．习近平关于社会主义文化建设论述摘编．北京：中央文献出版社，2017：7.

② 习近平．在庆祝中国共产党成立100周年大会上的讲话．北京：人民出版社，2021：13－14.

维度或伦理内核，是中华伦理文明演进发展的最新成果。当代中华民族坚持中国共产党领导，坚持马克思主义指导思想，坚持马克思主义基本原理同中国具体实际相结合、同中华优秀传统文化相结合，坚持走中国特色社会主义道路，坚持广泛借鉴和吸收人类伦理文明优秀成果，积极推进中华伦理文明的当代建构和发展，创造了能够为人类文明新形态提供根本价值支撑的中华伦理文明新形态。

中华民族是中华伦理文明新形态的创造主体，但中华伦理文明新形态不是仅仅造福中国人民的专利品，而是可以造福世界人民的伦理文明形态。中华伦理文明源远流长、博大精深，但它从来都不是以民族中心主义、民族利己主义作为基本品格的伦理价值体系，而是一直彰显出强烈的国际主义和民族利他主义品质。中华伦理文明新形态是中华民族创造的人类文明新形态的伦理维度，既是为人类文明新形态提供强有力价值支撑的伦理支柱，也是为人类文明新形态的建构和发展提供伦理价值引领的伦理航标。

中华伦理文明新形态包括中国式人口伦理文明、中国式经济伦理文明、中国式政治伦理文明、中国式社会伦理文明、中国式生态伦理文明等主要内容。中国人口规模巨大，但人民的思想道德素质和伦理文明素养在中国式现代化进程中没有下滑，而是普遍得到显著提高，人口伦理对中国人口高质量发展发挥的价值引领作用十分显著，中国式人口伦理文明得到充分彰显。中国坚持以经济伦理引导市场经济发展，努力建构伦理型经济模式，共同富裕理念、企业家精神、财富伦理、经济伦理等伦理力量蒸蒸日上，中国式经济伦理文明应运而生。以人民为中心、全过程人民民主等伦理价值理念开始主导国内政治生态，构建人类命运共同体、践行全人类共同价值等国际政治伦理理念逐渐深入人心，推动当今中国形成中国式政治伦理文明。当今中国社会建设受到社会主义核心价值观的价值引领，遵循共商共建共享的社会治理原则，公民道德建设卓有成效，社会伦理秩序良好，全社会伦理文明程度不断提升，中国式社会伦理文明因此而得以建构。当代中华民族的生态环境保护意识显著增强，牢固树立和践行绿水青山就是金山银山的生态伦理价值理念，站在人与自然和谐共生的高度谋划经济社会发展，以生态伦理引领美丽中国建设和生态文明建设，形成中国式生态伦理文明。

当代中华民族为什么能够创造中华伦理文明新形态？这既有内因，也有外因。

中国社会自近代以来所发生的巨变是中华伦理文明新形态得以创造和发展的内因。进入近代以后，中国不仅经历了从封建社会到半殖民地半封建社会再到社会主义社会的转型，而且经历了中国式现代化的 70 多年探索。社会巨变带来了中国社会结构和文化结构的深刻变化。一方面，中国社会结构从传统的封建制度体系向现代民主制度体系转变，带动着中华文明尤其是中华伦理文明从传统形态向现代形态转变；另一方面，中国文化结构顺应中国社会结构的深刻变化自觉进行自我革命，展现卓越的自我批评、自我否定、自我超越、自我发展、自我创造能力。中华伦理文明新形态的建构和发展，反映了中国社会结构和文化结构在近代以后相互激荡、相互影响、相互作用的必然要求，体现了中华伦理文明适应中国社会发展需要和中华文化发展需要的优良品质。尤其是在推进中国式现代化的过程中，一直在中国传统社会占据主导地位的儒家伦理思想遭到严重冲击，甚至遭到越来越多的质疑，如何重新建构和发展中华伦理文明受到广泛关注和重视。在这种历史背景下，建构和发展中华伦理文明新形态成为时代最强音。

世界百年未有之大变局是中华伦理文明新形态得以产生的外部动因。冷战结束后，为了维护一超独大的“世界霸主”地位，美国利用其经济、科技、军事硬实力，对俄罗斯、中国、朝鲜、伊朗、古巴等国采取无限制遏制、打压战略，对欧盟国家采取软硬兼施战略，在亚洲、中东、非洲等地不断挑起局部冲突和战争，既造成了日益严重的世界动荡，又暴露了资本主义伦理文明的虚伪性、扩张性和侵略性。以美国为首的资本主义国家曾经大肆吹嘘以自由、民主、平等等为主要内容的资本主义伦理价值体系，处处以人类伦理文明的“主导者”自居，并且得到了“历史终结论”者福山、“西方文明优胜论”者米尔斯海默等西方学者的理论辩护，但它们肆意侵害他国利益、肆意伤害其他民族尊严、肆意违背国际正义的行为，不仅使它们的道德形象受到严重损害，而且造成了国际经济秩序、政治秩序和伦理秩序混乱不堪的世界百年未有之大变局。这种世界大变局近些年呈现加速演进之势，给中华伦理文明带来巨大压力，推动它加速自我革命，在融会贯通古今中外伦理文明成果的基础上实现形态转变。

习近平说："中华民族有着强大的文化创造力"①。中华民族是一个自强不息、厚德载物、勇于开拓、敢于创新的伟大民族，其文化创造力集中体现为建构和发展中华伦理文明的强大能力。中华民族从远古时期一路走来，披荆斩棘、筚路蓝缕、奋发作为，创造了源远流长、博大精深、赓续不断的中华传统伦理文明，在当今仍然有能力创造既具有民族特色又具有世界意义的中华伦理文明新形态。中华民族是建构和发展中华伦理文明新形态的主体，其强大主体性是中华伦理文明新形态生生不息、发展壮大的坚实基础和动力源泉。在内因和外因的双重驱动下，中华民族一如既往地展现出敢于面对挑战、迎接挑战、战胜挑战的优良品质，一如既往地展现出卓尔不凡的伦理智慧和道德实践能力，奋力创造中华伦理文明新形态，再次为人类伦理文明进步做出重大贡献。中华伦理文明新形态的建构和发展，既是中华伦理文明赓续发展的内在要求，也是外国伦理文明倒逼、遏制的必然结果。

中华伦理文明新形态已经处于建构和发展进程中，但远没有达到完成状态。它的建构和发展既是一个逐步推进的过程，也是一个持久漫长的过程。中华民族不可能在短时期内完成中华伦理文明新形态的建构工作，需要一代又一代中华儿女付出艰辛努力才能大功告成。

建构和发展中华伦理文明新形态，是一项无比浩大的社会系统工程。它涉及中国式人口伦理文明、中国式经济伦理文明、中国式政治伦理文明、中国式社会伦理文明、中国式生态伦理文明、中国式网络伦理文明、中国式国际伦理文明等的建设工作，可谓任重而道远，既需要全体中华儿女同心同德、齐心协力、奋发作为，也需要适宜的国际环境。世界百年未有之大变局加速演进的国际环境，有助于增强当代中华民族创造中华伦理文明新形态的动力，但也可能给创造中华伦理文明新形态的历史进程造成干扰和破坏。

---

① 中共中央文献研究室．习近平关于社会主义文化建设论述摘编．北京：中央文献出版社，2017：6－7.

中国在传统社会依靠中华传统伦理文明安身立命，在当代需要依靠中华伦理文明新形态安身立命。奋力创造中华伦理文明新形态，既体现了中华民族高度重视伦理文明建设的优良传统，也反映了当今中国发展依然需要以伦理文明作为根本支柱的现实需要。中国传统社会是伦理型社会。梁漱溟说："融国家于社会人伦之中，纳政治于礼俗教化之中，而以道德统括文化，或至少是在全部文化中道德气氛特重，确为中国的事实"①。钱穆指出："中国历史乃由道德精神所形成，中国文化亦然"②。现代中国社会仍然是伦理型社会，至少是伦理氛围特别浓烈的社会。习近平说："国无德不兴，人无德不立"③。中华民族历来将伦理道德视为个人和集体安身立命的根本，历来将德治视为社会治理和国家治理的根本手段，历来要求人们尊重道德、维护道德、践行道德，历来崇尚以伦理文明为主导的文明模式。中华伦理文明新形态的建构和发展任重而道远，具有重大意义，值得中华民族为之不懈奋斗。

中华民族在推进中国式现代化和中国特色社会主义建设的过程中创造的中华伦理文明新形态，兼有既成性和未成性、实然性和应然性、现实性和理想性的特征。中国式人口伦理文明、中国式经济伦理文明、中国式政治伦理文明、中国式社会伦理文明、中国式生态伦理文明、中国式网络伦理文明、中国式国际伦理文明等的一些内容已经被建构，具有既成性、实然性和现实性，能够让我们对中华伦理文明新形态的建构和发展树立坚定的信心。然而，它们的另一些内容还没有被建构，具有未成性、应然性和理想性，但能够让我们对中华伦理文明新形态的建构和发展满怀希望与期待。

"天若有情天亦老，人间正道是沧桑。"任何伟大事业都不是轻而易举就能成功的。中华伦理文明新形态的建构和发展，是一项史无前例的伟大事业，既没有现成的摹本，也没有既定的经验，其过程必定充满挑战和

---

① 梁漱溟．中国文化要义．北京：商务印书馆，2021：26.

② 钱穆．中国历史精神．贵阳：贵州人民出版社，2019：132.

③ 中共中央文献研究室．习近平关于社会主义文化建设论述摘编．北京：中央文献出版社，2017：137.

困难。伟大的中华民族在历史上创造了无与伦比的辉煌中华传统伦理文明，也一定能够在当今时代创造出无比卓越的辉煌中华伦理文明新形态。不过，要完成建构和发展中华伦理文明新形态的伟大事业，中华民族需要有持久作战、久久为功的思想准备。中华伦理文明新形态是当代中华民族安身立命的伦理基础，也是中华民族在当今时代能够为人类文明进步、世界发展做出的重要贡献，其价值巨大，其意义重大，其前途光明，一定能够为中华民族伟大复兴提供源源不断的强大动力。

第一章　中华伦理文明新形态的内涵要义

中华伦理文明是中华文明的精髓，也是中华文化的精髓。它的脉动和发展状况，从根本上决定着中华文明和中华文化的总体格局与整体气质。中华民族是一个富有创造活力的伟大民族。中华伦理文明源远流长、博大精深，为中华民族推进社会建设、国家发展和追求美好生活提供伦理价值引领，是中华民族生生不息、勇于开拓创新、不断发展壮大的强大精神动力。在推进中国式现代化和中国特色社会主义建设的过程中，中国共产党团结带领中国人民、中华民族推动中华文明实现新突破、新发展、新飞跃，努力创造、丰富和发展人类文明新形态，奋力建构和发展中华伦理文明新形态。深入系统地研究中华伦理文明新形态，有助于推动人们更深刻地了解中华伦理文明的悠久历史、独特神韵和重要价值，更深刻地理解人类文明新形态的内涵要义和内容体系，更深刻地把握中国式现代化与中华伦理文明新形态、中国特色社会主义与中华伦理文明新形态的紧密关系。

一、中华伦理文明演进发展的最新成果

中华伦理文明新形态是中华伦理文明演进发展的最新成果。中华伦理文明是它的母体。它产生于中华伦理文明不断演化的历史进程中，得到了中华伦理文明的孕育、养育和培育。无论它具有多么强大的力量，其力量源泉都是源远流长、博大精深的中华伦理文明。只有从中华伦理文明演进发展的悠久历史中来审视、思考和考察中华伦理文明新形态，才能探知其丰富而深邃的内涵要义。

（一）中华传统伦理文明与中华民族的集体道德记忆

中华民族拥有源远流长、博大精深的中华传统伦理文明，它承载着中

华民族在中国传统社会建构的集体道德记忆，是中华民族生生不息、不断发展的伦理支持系统。

伦理文明是人类通过自身的个体性和集体性道德思维、道德认知、道德情感、道德意志、道德信念、道德话语、道德行为、道德记忆等体现出来的道德修养状况。它反映人类的道德人格或道德身份所达到的发展水平，体现人类与非人类存在者之间的根本区别。

中华文明是以伦理文明为主导的文明形态；或者说，它是伦理型文明。孔子说："君子务本，本立而道生。孝弟也者，其为仁之本与！"① 孔子要求人们以孝悌立仁德、以仁德立道德身份、以仁德立君子人格，以凸显人之为人的伦理文明。钱穆说："中国历史乃由道德精神所形成，中国文化亦然"②。韦政通说："中国传统中讲道德，不像西方人讲道德只限制在人生的范围内，而是弥漫在文化的一切领域"③。受到道德的"统括"，中华文化和中华文明一直具有特别浓烈的伦理氛围。

中华伦理文明是中华民族在历史上创造的伦理文明成果的总称。它至少可以追溯到先秦时代。罗国杰认为："从中国的历史来看，可靠的史料可以追溯到殷商时期，因此，我们探讨中国古代社会道德观念和伦理学说的起源，或者说探讨中国伦理思想的起源，也应该从殷商时期开始"④。张岱年指出："道德起源于原始社会"⑤。作为一个文明古国，中国的伦理文明源远流长、博大精深。

中华民族很早就已经开始关注和思考伦理问题。伦理问题早在三皇五帝时期就已经非常突出。据《史记》记载，神农氏遍尝百草，教人们农耕和医疗，是一位德高望重的部落首领，但在他年老力衰时，我国陷入了诸侯争霸、互相侵伐、社会动荡的局面，很多诸侯凶狠残暴，致使百姓生活在水深火热之中。在此社会背景下，轩辕黄帝"修德振兵"⑥，种植五

---

① 论语·大学·中庸．陈晓芬，徐儒宗，译注．北京：中华书局，2015：8.

② 钱穆．中国历史精神．贵阳：贵州人民出版社，2019：132.

③ 韦政通．中国文化概论．长沙：岳麓书社，2003：58.

④ 罗国杰．中国伦理思想史：上卷．北京：中国人民大学出版社，2008：32.

⑤ 张岱年．中国伦理思想发展规律的初步研究；中国伦理思想研究．北京：中华书局，2018：11.

⑥ 司马迁．史记：第1册．陈曦，王珏，王晓东，等译．北京：中华书局，2019：2.

谷，安抚百姓，打败各路诸侯，被尊奉为“天子”和“黄帝”。

三皇五帝时期是中华伦理文明的发轫期，神农氏、黄帝、尧、舜、禹等贤能首领崇德、重德、行德，以身作则，严于律己，选贤与能，关心民众疾苦，竭力造福民众，不谋私利，天下为公，开启中国贤能政治之先河。古代中国贤能政治以道德作为政治的根本基础，以道德规定政治的价值边界，以道德引领政治方向，以道德明确政治的存在意义，从而建构了政治与伦理相统一、相贯通的贤能政治体系。古代中国的贤能政治是早期中华伦理文明的重要形态。

中华伦理文明在春秋战国时期获得重大发展。春秋战国时期，老子、孔子、墨子、荀子、孟子、庄子等哲学家登上历史舞台，中国伦理学随着哲学在中华大地上的诞生而产生，道家伦理学、儒家伦理学、墨家伦理学等伦理学理论形态隆重出场，在中国社会广泛流传，对中华民族的道德思维、道德认知、道德情感、道德意志、道德信念、道德话语、道德行为、道德记忆等产生深刻影响，中华民族对伦理文明的认知高度理论化，中华伦理文明发展达到新水平、新境界。

秦始皇完成大一统以后迷信法家思想，采取推崇法治、压制德治的国家统治战略，实行暴政，骄奢淫逸，大兴土木，民不聊生，对中华伦理文明发展造成严重损害，但这种局面并没有持续很久。秦朝迅速灭亡以后，我国逐步恢复崇尚道德和德治的传统。特别是进入汉唐盛世，我国将儒家伦理思想推崇为“道统”，同时允许道家思想通过道教的方式存在，加上佛教传入了中国，形成了儒释道伦理道德相辅相成的中华伦理文明发展格局。

中华伦理文明总是在发展。中国经历了原始社会、奴隶社会、封建社会、半殖民地半封建社会、社会主义社会等历史阶段，目前仍然处于社会主义初级阶段。在奴隶社会、封建社会和半殖民地半封建社会，主导中国社会的伦理文明形态是中华传统伦理文明。它是以中华传统伦理思想和中华传统美德作为主要精神标识与文化精髓的。习近平说：“中华传统美德是中华文化精髓，也受到国际社会推崇和称赞”①。中华传统伦理思想是

---

① 中共中央文献研究室．习近平关于社会主义文化建设论述摘编．北京：中央文献出版社，2017：140.

中华传统文化的重要组成部分，包含大量合理因素，其中的很多内容具有超越时空的价值。中华传统美德是中华传统伦理文化和中华传统伦理文明的精华，更是具有永不褪色的价值。习近平说："中华民族在长期实践中培育和形成了独特的思想理念和道德规范，有崇仁爱、重民本、守诚信、讲辩证、尚和合、求大同等思想，有自强不息、敬业乐群、扶正扬善、扶危济困、见义勇为、孝老爱亲等传统美德"①。中华传统伦理思想和中华传统美德是中华传统伦理文明的核心内容。

中华传统伦理文明源远流长、博大精深。中华民族长期共同生活在中华大地上，尊重道德，维护道德，践行道德，形成自身的伦理思想体系、伦理精神谱系和伦理文化传统，建构自身的集体道德记忆，从而创造了精深厚重的中华传统伦理文明。中华传统伦理文明是中华民族在中国传统社会建构的伦理价值体系，是中华民族在中国传统社会安身立命的根本，是中华民族行稳致远的重要价值支撑。

（二）气壮山河的中国革命伦理文明

中华民族拥有气壮山河的中国革命伦理文明，它承载着中华民族在旧民主主义革命时期和新民主主义革命时期刻写的集体道德记忆，为中华民族开展旧民主主义革命和夺取新民主主义革命胜利提供了强有力的伦理支撑。

近代给中华儿女留下了大量创伤道德记忆。近代以前，中国一直是以大国、强国的身份跻身于世界版图，GDP 一直位居世界前列，中华文化和中华文明向世界各地广泛传播，中华民族一直具有强烈的文化自信和文明自信。进入近代，中华民族遭受空前劫难。外国列强入侵，国家蒙辱、人民蒙难、文明蒙尘，中华伦理文明受到严重冲击，不少人质疑中华传统伦理文明，有些人转而推崇西方资本主义伦理文明。

马克思主义传入我国，其巨大影响首先体现在政治领域，其次体现在文化领域。在政治领域，它缔造了马克思主义政党——中国共产党，从根本上改变了中国的政治格局和发展方向。在文化领域，它给中国带来了马

---

① 中共中央文献研究室．习近平关于社会主义文化建设论述摘编．北京：中央文献出版社，2017：144.

克思主义伦理思想，为中华伦理文化增添了新要素，推动中华伦理文明在马克思主义伦理思想指导下展现更加强劲的发展活力。

马克思主义伦理思想的主要内容包括：（1）强调道德的相对性，反对把道德归结为普遍有效的原则。“我们拒绝想把任何道德教条当做永恒的、终极的、从此不变的伦理规律强加给我们的一切无理要求，这种要求的借口是，道德世界也有凌驾于历史和民族差别之上的不变的原则”①。（2）强调社会经济状况对道德的决定作用。“一切以往的道德论归根到底都是当时的社会经济状况的产物”②。（3）强调道德的阶级性。“道德始终是阶级的道德；它或者为统治阶级的统治和利益辩护，或者当被压迫阶级变得足够强大时，代表被压迫者对这个统治的反抗和他们的未来利益”③。（4）超阶级的道德只有到了共产主义社会才会产生。“只有在不仅消灭了阶级对立，而且在实际生活中也忘却了这种对立的社会发展阶段上，超越阶级对立和超越这种对立的回忆的、真正人的道德才成为可能”④。

中国共产党是一个马克思主义政党。作为新民主主义革命的组织者和领导者，它既是新民主主义革命的政治和军事核心，也是新民主主义革命的思想和精神核心。它坚持马克思主义同中国具体实际相结合，尤其是坚持马克思主义伦理思想与中国具体实际相结合，不仅形成了中国马克思主义道德观，而且建构了具有中国特色的革命伦理文化和革命伦理文明。在新民主主义革命时期，中华伦理文明是以中国革命伦理文明作为主轴的。

中国革命伦理文明是马克思主义伦理思想与中华传统伦理思想共同催生的成果。一方面，毛泽东、朱德、周恩来、刘少奇、邓小平等无产阶级革命家坚持马克思主义道德观，并将其转化为中国共产党的道德观。毛泽东说：“道德是人们经济生活与其他社会生活的要求的反映，不同阶级

① 马克思恩格斯文集：第9卷．北京：人民出版社，2009：99.

② 马克思恩格斯文集：第9卷．北京：人民出版社，2009：99.

③ 马克思恩格斯文集：第9卷．北京：人民出版社，2009：100.

④ 马克思恩格斯文集：第9卷．北京：人民出版社，2009：100.

有不同的道德观，这就是我们的善恶论”①。中国共产党在新民主主义革命时期形成的道德观就是中国革命道德观。它是中国革命道德实践的直接指导思想。另一方面，毛泽东、朱德、周恩来、刘少奇、邓小平等无产阶级革命家坚持继承和发扬中华优秀传统伦理思想。毛泽东说：“我们信奉马克思主义是正确的思想方法，这并不意味着我们忽视中国文化遗产和非马克思主义的外国思想的价值”②。毛泽东对如何看待和对待中华传统伦理思想的问题做了深刻而正确的论述。他强调：“中国的长期封建社会中，创造了灿烂的古代文化。清理古代文化的发展过程，剔除其封建性的糟粕，吸收其民主性的精华，是发展民族新文化提高民族自信心的必要条件；但是决不能无批判地兼收并蓄”③。在领导中国共产党人和中国人民建构中国革命伦理文明的过程中，中国共产党既坚守马克思主义立场，又坚守中华文化立场。

中国共产党在新民主主义革命时期团结带领中国人民、中华民族创造的中国革命伦理文明是中华文明发展史上的辉煌篇章。中国共产党在国家蒙辱、人民蒙难、文明蒙尘的历史时刻诞生，坚持以马克思主义伦理思想作为中国革命道德建设的指导思想，坚持对中华传统伦理文化采取继承和批判相统一的正确态度，领导推翻了帝国主义、封建主义、官僚资本主义三座大山，形成了“坚持真理、坚守理想，践行初心、担当使命，不怕牺牲、英勇斗争，对党忠诚、不负人民的伟大建党精神”④，创造了以自力更生、艰苦奋斗、不怕牺牲、为人民服务、集体主义等为主要内容的中国革命道德话语体系，建构了以革命道德精神为核心的中国革命伦理文明形态。

---

① 中共中央宣传部．毛泽东邓小平江泽民论社会主义道德建设．北京：学习出版社，2001：1.

② 中共中央宣传部．毛泽东邓小平江泽民论社会主义道德建设．北京：学习出版社，2001：57.

③ 中共中央宣传部．毛泽东邓小平江泽民论社会主义道德建设．北京：学习出版社，2001：56.

④ 习近平．在庆祝中国共产党成立100周年大会上的讲话．北京：人民出版社，2021：8.

中国革命伦理文明是中华伦理文明无比珍贵的内容。近代中国苦难深重，中华伦理文明精神遭到严重质疑和挑战，但它在与马克思主义伦理思想的结合中浴火重生，重新焕发出勃勃生机和强大活力。中国革命伦理文明对中华伦理文明的传承发展发挥了极其重要的承上启下作用。它上承中华伦理文明的悠久传统，下启中国特色社会主义伦理文明，是中华伦理文明赓续不断、绵延不绝的重要纽带。

中国革命伦理文明具有气壮山河的精神气概。它所蕴含的革命伦理文明精神是红色的，是用中国共产党人和中国人民的鲜血染红的。中国共产党人为了救国救民抛头颅、洒热血，中国人民为了救亡图存做出巨大牺牲。中国革命伦理文明是伟大的，也是悲壮的。它凝结了中国共产党人和中国人民在国家危难之时共同向善、求善和行善的伟大伦理精神。

（三）欣欣向荣的中华伦理文明新形态

中华民族拥有欣欣向荣的中华伦理文明新形态，它承载着中华民族在社会主义革命和建设时期、改革开放和社会主义现代化建设新时期和中国特色社会主义新时代刻写的集体道德记忆，对中华民族创造社会主义革命和建设的伟大成就、改革开放和社会主义现代化建设的伟大成就、新时代中国特色社会主义的伟大成就发挥了伦理导航作用。

中华伦理文明在中国进入社会主义社会以后发生了根本性改变。中华人民共和国于 1949 年成立，中国共产党团结带领中国人民、中华民族向着社会主义社会大步迈进。中华伦理文明也进入新的历史发展阶段。进入社会主义社会以后，中国共产党、中国人民、中华民族推进伦理文明建设的总体目标是建设社会主义伦理文明。为了实现这一目标，既要处理好马克思主义伦理思想与中华民族道德生活实际的关系问题，也要处理好马克思主义伦理思想与中华优秀传统伦理文化的关系问题。

社会主义社会必须倡导社会主义伦理文明，但社会主义伦理文明不是无源之水、无本之木。它不仅与中华传统伦理文明有着千丝万缕的关系，而且与西方伦理文明乃至整个人类伦理文明有着紧密关联。毛泽东、朱德、周恩来、刘少奇、邓小平等无产阶级革命家在正确处理社会主义伦理文明与人类伦理文明的关系方面为我们树立了典范。毛泽东早在新中国成立前就明确指出，“中国历史遗留给我们的东西中有很多好东西，这是千真万确的。我们必须把这些遗产变成自己的东西。……外国文化也一样，其中有我们必须接受的、进步的好东西”①。邓小平强调：“社会主义要赢得与资本主义相比较的优势，就必须大胆吸收和借鉴人类社会创造的一切文明成果，吸收和借鉴当今世界各国包括资本主义发达国家的一切反映现代社会化生产规律的先进经营方式、管理方法”②。社会主义伦理文明是社会主义文化的优秀内容，对社会主义经济社会发展发挥着根本性伦理价值引领作用，但它是对人类伦理文明特别是中华传统伦理文明进行继承和超越的结果。

我国社会主义伦理文明建设在社会主义革命和建设时期深受苏联社会主义理念和模式的影响，在形式和内容上都深深地刻上了苏联社会主义伦理文明的烙印。苏联社会主义伦理文明至少具有两个显著特征：一是将行政命令当成普遍有效的伦理原则，二是推崇平均主义正义观。由于对社会主义革命和建设处于摸索阶段，当时的中国几乎在所有领域都是将苏联作为“学习榜样”。在伦理文明建设领域，我国伦理学界普遍以苏联的“马克思主义伦理学”为模本，大力引进苏联式的社会主义道德价值理念，从而建构了具有鲜明苏联特色的社会主义伦理文明。这种伦理文明的建构，对消解中华传统伦理文化的消极影响和建构中国特色社会主义伦理文化发挥了不容忽视的积极作用，但也存在明显不足。把行政命令当成普遍有效的伦理原则的做法，不可能引导人们追求真正的伦理的善。推崇平均主义正义观，既不符合社会主义社会弘扬分配正义的本质要求，也必然会抑制人们追求分配正义的积极性。

进入改革开放和社会主义现代化建设新时期，我国社会主义伦理文明在“改革”和“开放”的创新驱动下发生巨大变化。在这一历史时期，我国社会主义伦理文明从西方资本主义伦理文明中汲取了不少积极成分，同时在很多方面实现了创新。首先，党中央提出了“中国特色社会主义”这

---

① 中共中央宣传部．毛泽东邓小平江泽民论社会主义道德建设．北京：学习出版社，2001：57.

② 中共中央宣传部．毛泽东邓小平江泽民论社会主义道德建设．北京：学习出版社，2001：63.

一新概念，并且致力于将它建立在坚实的伦理文化和伦理文明的基础之上。江泽民说："建设有中国特色社会主义，必须着力提高全民族的思想道德素质和科学文化素质，为经济发展和社会全面进步提供强大的精神动力和智力支持，培育适应社会主义现代化要求的一代又一代有理想、有道德、有文化、有纪律的公民"①。其次，党中央开始大力倡导"共同富裕"这一道德价值理念。邓小平说："我们坚持走社会主义道路，根本目标是实现共同富裕，然而平均发展是不可能的。过去搞平均主义，吃'大锅饭'，实际上是共同落后，共同贫穷，我们就是吃了这个亏"②。再次，党中央深刻认识到了人与自然和谐发展的伦理意义。江泽民说："要促进人和自然的协调与和谐，使人们在优美的生态环境中工作和生活"③。最后，党中央开始重视科技伦理问题。江泽民说："在二十一世纪，科技伦理的问题将越来越突出。核心问题是，科学技术进步应服务于全人类，服务于世界和平、发展与进步的崇高事业，而不能危害人类自身"④。改革开放和社会主义现代化时期是我国社会主义伦理文明获得巨大发展的历史时期。

构建社会主义伦理文明是我国推进社会主义文化建设的题中之义。胡锦涛说："文化是民族的血脉，是人民的精神家园"⑤。社会主义中国建设的是中国特色社会主义文化，"建设社会主义文化强国，必须走中国特色社会主义文化发展道路，坚持为人民服务、为社会主义服务的方向，坚持百花齐放、百家争鸣的方针，坚持贴近实际、贴近生活、贴近群众的原则，推动社会主义精神文明和物质文明全面发展，建设面向现代化、面向世界、

---

① 中共中央宣传部．毛泽东邓小平江泽民论社会主义道德建设．北京：学习出版社，2001：23.

② 中共中央宣传部．毛泽东邓小平江泽民论社会主义道德建设．北京：学习出版社，2001：99.

③ 中共中央宣传部．毛泽东邓小平江泽民论社会主义道德建设．北京：学习出版社，2001：188.

④ 中共中央宣传部．毛泽东邓小平江泽民论社会主义道德建设．北京：学习出版社，2001：185.

⑤ 胡锦涛．坚定不移沿着中国特色社会主义道路前进　为全面建成小康社会而奋斗：在中国共产党第十八次全国代表大会上的报告．北京：人民出版社，2012：30.

面向未来的，民族的科学的大众的社会主义文化”①。中华文化一直是伦理型文化。中国特色社会主义文化依然保持着这种特质。社会主义伦理文明是中国特色社会主义文化的核心要义。它不仅是中国特色社会主义文化的价值轴心，而且为中国特色社会主义文化的建构和发展提供价值引领。

社会主义伦理文明欣欣向荣地发展，是中国特色社会主义文化蓬勃发展的根本动力。文化不能没有伦理的强有力支撑。缺乏伦理的文化难以行稳致远。中国特色社会主义文化展现出勃勃生机，与欣欣向荣的社会主义伦理文明有着千丝万缕的联系。社会主义伦理文明因社会主义社会在中华大地上兴起而兴起，随着社会主义制度在中华大地上发展而发展。它是马克思主义伦理思想同中华民族道德生活实际相结合、同中华传统伦理文明相结合的产物，是中华民族在社会主义社会传承发展中华伦理文明取得的新成果。

中华民族在社会主义社会创造的社会主义伦理文明，本质上是中华伦理文明新形态。新中国成立后，中华民族在中国共产党的领导下开启中国式现代化新征程。20 世纪 60—70 年代，周恩来在第三届全国人民代表大会和第四届全国人民代表大会的政府工作报告中提出了“四个现代化”发展战略，工业现代化、农业现代化、国防现代化和科学技术现代化被确定为社会主义革命和建设的目标。1983 年 6 月 18 日，邓小平出席北京科学技术政策讨论会，在与外籍专家座谈时强调：“我们搞的现代化，是中国式的现代化。我们建设的社会主义，是有中国特色的社会主义。我们主要是根据自己的实际情况和自己的条件，以自力更生为主”②。习近平在党的二十大报告中对中国式现代化做出战略部署：“中国式现代化，是中国共产党领导的社会主义现代化，既有各国现代化的共同特征，更有基于自己国情的中国特色”③。中华伦理文明新形态是中华民族在推进中国式

① 胡锦涛．坚定不移沿着中国特色社会主义道路前进　为全面建成小康社会而奋斗：在中国共产党第十八次全国代表大会上的报告．北京：人民出版社，2012：30－31.

② 邓小平文选：第 3 卷．北京：人民出版社，1993：29.

③ 习近平．高举中国特色社会主义伟大旗帜　为全面建设社会主义现代化国家而团结奋斗：在中国共产党第二十次全国代表大会上的报告．北京：人民出版社，2022：22.

现代化的过程中创造的人类伦理文明新形态的重要内容。

中华伦理文明新形态是中华伦理文明在中华大地上演进发展的最新成果，是具有中国特色、反映新时代需要、符合人类伦理文明发展规律的社会主义伦理文明范式，体现中华民族在伦理认知、伦理情感、伦理意志、伦理信念等方面达到的新境界，反映中华民族在伦理学理论和伦理道德实践方面达到的新高度。

“中华伦理文明新形态”的定义，必须在中华伦理文明不断演进的历史和现实中来提炼，必须在中国共产党团结带领中国人民、中华民族奋力推进中国式现代化和中国特色社会主义道德生活的实践中来提炼，必须在中华民族积极应对世界百年未有之大变局、坚决抵制逆全球化思潮和推动构建人类命运共同体的国际道德责任担当中来提炼。致力于创造、丰富和发展中华伦理文明新形态，是中国共产党、中国人民、中华民族努力为促进人类伦理文明进步、维护世界和平发展、增进人类福祉和构建人类命运共同体所做的新的道德努力，体现中华伦理文明的最新进展、最新进步、最新升华。

中华伦理文明新形态已经处于建构和发展的过程中，但这一过程是渐进的、长久的。它的建构既需要很多代中华儿女持续不断地付出巨大努力，也需要得到世界各国人民的理解和支持。中华民族是建构中华伦理文明新形态的主体，承担着建构中华伦理文明新形态的主体责任。没有中华民族的持久努力，中华伦理文明新形态的建构就无从谈起。世界各国人民建构现代伦理文明的成功经验和失败教训，能够为中华民族建构中华伦理文明新形态提供借鉴和启示，中华民族也需要他们对我们建构中华伦理文明新形态的探索与努力给予理解和支持。

中华伦理文明新形态兼具既成性与未成性、实然性与应然性、现实性与理想性的特征。它的建构已经部分完成，但没有大功告成；甚至可以说，它的建构还处于起步阶段，其过程非常漫长。它已经呈现为一定的事实，但更多的是作为长远价值目标而存在。我们离它的实现还有很遥远的距离。它既是现实的，也是理想的。中华民族通过自身的努力，已经将关于它的一些设想变成现实，但它还没有充分体现中华民族的理想追求。

中华民族建构中华伦理文明新形态的进程也可能充满挑战。从内部来说，一些人可能对这一进程缺乏正确认知，这不仅会使他们缺乏建构中华伦理文明新形态的动力，而且会对它形成不容忽视的阻力。从外部来说，如果国际局势出现风云变化，中华民族建构中华伦理文明新形态的进程就可能被迫暂时中断。中华伦理文明一直在演进和发展，但这绝不意味着它的演进和发展会一帆风顺。

中华伦理文明是极其强大的伦理文明形态。它在历史上展现了强大生命力，呈现为一种具有突出统一性、连续性的伦理文明形态，在人类伦理文明发展史上占有显赫地位，给中华民族带来了耀眼荣光，塑造了中华民族生生不息的伟大伦理精神。在中华民族伟大复兴之大局与世界百年未有之大变局加速激荡的世界背景下，中华伦理文明必定能一如既往地展现强大生命力和发展力。中华伦理文明新形态只不过是中华伦理文明持续发展的最新成果。源远流长、博大精深的中华传统伦理文明是它持续发展的深厚基础。可以说，中华伦理文明新形态是“中华传统伦理文明”这棵古树发出的新芽或结出的新果。它从精深厚重的中华传统伦理文明中汲取了丰厚的营养，同时彰显出巨大的创新活力。目前，它的创新活力还处于积聚阶段，可能不容易被人们察觉，但随着时间的推移，它一定会呈现出厚积薄发的良好态势。

二、人类文明新形态的伦理内核

中华伦理文明新形态是中国式现代化创造的人类文明新形态的伦理内核。创造人类文明新形态是中国式现代化的伟大贡献。特别是党的十八大以来，中国式现代化加速推进，中国特色社会主义进入新时代，中国成为世界第二大经济体，社会主义中国的硬实力和文化软实力均得到极大提升，尤其是中国人民的道路自信、理论自信、制度自信、文化自信得到空前增强，中华伦理文明开始十分明显地展现出新的样态特征。习近平在中国共产党成立100周年大会上的重要讲话中指出：“我们坚持和发展中国特色社会主义，推动物质文明、政治文明、精神文明、社会文明、生态文明协调发展，创造了中国式现代化新道路，创造了人类文明新形态"①。习近平在党的二十大报告中强调："中国式现代化的本质要求是：坚持中国共产党领导，坚持中国特色社会主义，实现高质量发展，发展全过程人民民主，丰富人民精神世界，实现全体人民共同富裕，促进人与自然和谐共生，推动构建人类命运共同体，创造人类文明新形态"②。将"人类文明新形态"这一概念写入党的二十大报告，既标志着中国共产党的文明意识、文明观念、文明信念达到新高度，也标志着中国人民、中华民族的文明意识、文明观念、文明信念达到新水平。

人类文明新形态是中国共产党团结带领中国人民、中华民族在推进中国式现代化的过程中为人类文明进步做出的重大贡献。这种贡献是探索性的，也是示范性的。在当今世界，西方资本主义国家普遍持西方中心主义观点，更多地强调人类文明的冲突性，并且试图以资本主义文明来压制其他文明形态的建构和发展，很少关注如何创造人类文明新形态的问题。与此相反，中国共产党、中国人民、中华民族在推进中国式现代化的过程中总是坚持文明互鉴的理念，总是坚持以博采众长的态度对待人类所创造的一切文明成果，因而能够展现创造人类文明新形态的卓越智慧和强大能力。

中华伦理文明新形态既是中国式现代化创造的成果，又反映中国式现代化的伦理价值诉求。一方面，中国式现代化作为经济基础和社会背景存在，为中华伦理文明新形态的建构和发展提供创新驱动力；另一方面，中华伦理文明新形态的建构和发展又反过来为中国式现代化的推进发挥着必不可少的伦理价值引领作用。中华伦理文明新形态的内涵要义与中国式现代化的伦理价值诉求高度一致、相互贯通。习近平指出，中国式现代化"是人口规模巨大的现代化，是全体人民共同富裕的现代化，是物质文明和精神文明相协调的现代化，是人与自然和谐共生的现代化，是走和平发

① 习近平．在庆祝中国共产党成立100周年大会上的讲话．北京：人民出版社，2021：13－14.

② 习近平．高举中国特色社会主义伟大旗帜　为全面建设社会主义现代化国家而团结奋斗：在中国共产党第二十次全国代表大会上的报告．北京：人民出版社，2022：23－24.

展道路的现代化”①。习近平的重要论述，不仅为深刻理解中国式现代化的本质内涵和要求指明了方向，而且为认识和把握中华伦理文明新形态的内涵要义提供了理论指引。

恩格斯说：“国家是文明社会的概括”②。国家必须通过社会制度、道德规范等因素来标识自身的存在，文明主要反映人类进入有国家的社会状态之后拥有社会制度、道德规范等方面的情况。社会制度和道德规范都是“伦理”实体化的表现形式，因此，人类文明的核心是伦理文明。中华民族在社会主义社会致力于创造的中国特色社会主义文明，与西方发达国家建构的资本主义文明有着根本区别，但与中华文明始终保持着割不断的传承关系。它继承了中华文明以伦理文明作为核心的传统，具有强大的伦理内核，呈现出伦理型文明的显著特征。中华民族在推进中国式现代化的过程中创造的中华伦理文明新形态也可称为中国特色社会主义伦理文明，其内核是由中国式人口伦理文明、中国式经济伦理文明、中国式政治伦理文明、中国式社会伦理文明、中国式生态伦理文明、中国式网络伦理文明、中国式国际伦理文明等构成的伦理体系。

（一）中国式人口伦理文明

中华伦理文明新形态建立在规模庞大的人口基础上，中华民族在推进人口高质量发展的过程中建构了具有中国特色的人口伦理，它为提高中国人口的思想道德素质和当今中国社会的整体文明水平发挥了伦理价值引领作用，为建构中华伦理文明新形态的伦理内核做出了重要贡献，引导中华民族在中国式现代化进程中创造了中国式人口伦理文明。

社会问题说到底是人的问题。在人类出现之前，地球上只有自然界，没有社会。社会是人类诞生之后形成的。人类诞生之后，社会应运而生，才有了社会发展史，但社会发展史与自然界发展史相比是非常短暂的。社会发展史就是人的发展史。根据历史唯物论，人的发展史就是社会从原始社会

---

① 习近平．高举中国特色社会主义伟大旗帜　为全面建设社会主义现代化国家而团结奋斗：在中国共产党第二十次全国代表大会上的报告．北京：人民出版社，2022：22－23.

② 马克思恩格斯文集：第4卷．北京：人民出版社，2009：195.

到奴隶社会，从奴隶社会到封建社会，再从封建社会到资本主义社会、社会主义社会的演进史。

历史唯物论指出，人类是社会历史和自身历史的创造者，但为了能够创造历史，人类必须首先能够生活；“为了生活，首先就需要吃喝住穿以及其他一些东西”，因此，“第一个历史活动就是生产满足这些需要的资料，即生产物质生活本身，而且，这是人们从几千年前直到今天单是为了维持生活就必须每日每时从事的历史活动，是一切历史的基本条件”①。人类生活问题首先是吃饭问题。人类在生物界脱颖而出，但与植物、动物一样，必须不断汲取营养才能生活或生存；不过，人类并不停留在植物式的存在方式、动物式的存在方式。除了吃喝住穿以外，人类还有植物、动物无法拥有的精神生活。能够让人成为人的东西，主要是精神。

精神是将人类与其他存在者从根本上区别开来的东西，因而也是人类文明的根本标识。它作为意识而存在，并且拉开了人类与其他存在者的距离。马克思认为，人的意识经历了从纯粹动物式的意识（自然宗教）到纯粹的兽群意识再到通过纯粹的理论、神学、哲学、道德等形式呈现的社会意识；在纯粹动物式的意识阶段，人类与自然界的关系完全像动物与自然界的关系，人类完全受到自然界的支配；在兽群意识阶段，人类意识到人与人之间必须打交道的事实，并意识到人总是生活在社会之中的事实；到了社会意识阶段，人类的物质劳动与精神劳动发生分离，意识开始成为可以现实地想象的东西，并且能够摆脱世界而成为相对独立的东西；理论、神学、哲学、道德等是意识的高级形态②。由于具有意识，并且能够在意识的驱动下生存，人类成为文明的存在者。

中华民族的“人”观念是独特的。我们把生物性或动物性视为人的第一本性，认为人无论进化到何种程度，终究没有彻底脱离动物的范畴，而作为动物，就不可避免地具有动物性。人只要作为动物而存在，就得吃东西，不然就会饿死，因此，一个人就是一张口，口是进食的器官。也正因如此，中华民族很多时候把“人”与“人口”相等同，甚至

---

① 马克思恩格斯文集：第1卷．北京：人民出版社，2009：531.

② 马克思恩格斯文集：第1卷．北京：人民出版社，2009：534.

把“口”当作一个量词来使用。例如，我们会问：“您家里有几口人?”被问者会这样回答：“我家里有 6 口人。”这里所说的“口”，就相当于“个”。不过，中华民族所用的“人口”不仅是人进食的器官，而且是文明的标识和象征。人类用口说话，表达自己的思想情感，从而彰显自己的文明素养。正如《文心雕龙》中所载：“心生而言立，言立而文明，自然之道也”①。人类文明状况首先是通过人之口所说的语言尤其是道德语言得到体现的。

人口问题不仅是人口学问题、经济学问题，而且是伦理学问题。它涉及人与人之间以及个人与执政党、个人与政府之间的伦理关系问题，更涉及人的生存权、发展权、伦理尊严、幸福等重要伦理问题。人的道德素养问题更是极其重要的伦理问题。习近平说：“法律规范人们的行为，可以强制性地惩罚违法行为，但不能代替解决人们思想道德的问题”②。何谓道德？道德是一种非强制性社会规范，其规范对象既可以是个人，也可以是集体。习近平说：“法律是成文的道德，道德是内心的法律，法律和道德都具有规范社会行为、维护社会秩序的作用”③。在一个国家、一个社会，个人的道德素养以及家庭、企业、政党、政府等集体的道德素养都发挥着基础性作用。个人需要借助道德安身立命，集体也需要借助道德安身立命。从个人来说，道德素养是其文明素养中最根本的维度，对其文明素质发挥着最强有力的价值支撑作用。从集体来说，道德修养也至关重要，是其整体文明素质的最重要来源，对其整体文明素质发挥着举足轻重的价值支撑作用。

中国式现代化是人口规模巨大的现代化。它必须解决 14 亿多人口的生计问题和文明素质问题，其艰巨性和复杂性不容忽视。习近平在党的二十大报告中指出：“我国十四亿多人口整体迈进现代化社会，规模超过现有发达国家人口的总和，艰巨性和复杂性前所未有，发展途径和推进方式

---

① 文心雕龙．王志彬，译注．北京：中华书局，2012：3.

② 中共中央文献研究室．习近平关于社会主义文化建设论述摘编．北京：中央文献出版社，2017：138.

③ 中共中央文献研究室．习近平关于社会主义文化建设论述摘编．北京：中央文献出版社，2017：144.

也必然具有自己的特点”①。

中华民族在认识和处理人口问题方面，不仅为世界各国树立了道德典范，而且创造了中国式人口伦理文明。一方面，党和政府始终没有将规模巨大的人口当成社会发展、国家发展、民族发展的包袱或负担，而是竭尽全力为民造福，充分体现了中国共产党作为一个马克思主义政党和中国政府作为一个社会主义国家的政府所应有的道德责任担当；另一方面，中国人民坚持发扬自强不息、吃苦耐劳、艰苦奋斗、开拓进取等中华传统美德，努力创造美好生活，实现全面建成小康社会目标，充分展现了一个伟大民族的崇高道德品格。在党和政府以及中国人民的共同努力下，我国人口并没有出现数量与素质脱节的现象，而是整体上表现出较高的伦理文明素养。“中国式人口伦理文明”也可以被称为“中国人口伦理文明新形态”，或“中国特色社会主义人口伦理文明”。

中国式人口伦理文明是中华民族在中华大地上创造的人口伦理文明新形态。它不同于中国传统社会的人口伦理文明形态。在中国传统社会，封建等级观念大行其道，封建专制统治根深蒂固，广大人民总是生活在被压迫、被剥削的境地，具有勤劳、节制、自强等中华传统美德，但从整个社会来看，人口伦理文明总体上呈现为不健全的状态。新中国成立后，我国的人口伦理文明水平得到空前提高，其根本标志是广大人民成为国家的主人，个人的伦理尊严和道德权利得到前所未有的维护。尤其是中国特色社会主义进入新时代之后，中国人民在中国共产党领导下逐步迈进小康社会，物质文明与精神文明同步提升，中国式人口伦理文明水平得到空前提高。在中国特色社会主义新时代，中国人民坚持继承和弘扬中华传统美德，坚持弘扬和践行社会主义核心价值观，坚持推动构建人类命运共同体和维护国际正义，坚持提升社会公德、职业道德、家庭美德和个人品德，展现出越来越高的道德素质和人口伦理文明素养，从而实现了中国式人口伦理文明的大提升、大飞跃。

---

① 习近平．高举中国特色社会主义伟大旗帜　为全面建设社会主义现代化国家而团结奋斗：在中国共产党第二十次全国代表大会上的报告．北京：人民出版社，2022：22.

中华民族在推进中国式现代化的过程中创造的中国式人口伦理文明难能可贵。作为一个具有崇尚伦理道德优良传统的民族，中华民族在中国式现代化进程中始终如一地致力于提高自身的道德素养和人口伦理文明素养，为推进人类伦理文明现代化做出了重大贡献。作为当今世界第二人口大国，中国高度重视人口素质特别是思想道德素质的培养和提高。习近平说："国无德不兴，人无德不立。一个民族、一个人能不能把握自己，很大程度上取决于道德价值"①。道德不仅是人口思想道德素质的根本内容，而且是国家文化软实力的核心内容。"提高国家文化软实力，一个很重要的工作就是从思想道德抓起，从社会风气抓起，从每一个人抓起"②。中国式人口伦理文明是中华民族现代伦理文明的基本内容，体现中华民族对中国式现代化的最根本道德价值认识、道德价值判断和道德价值选择。中国式现代化首先应该是人口伦理文明的现代化。当代中华民族的文化自信首先应该建立在中国式人口伦理文明的基础上。

（二）中国式经济伦理文明

中华伦理文明新形态受到社会主义经济基础的支配，中华民族在推进社会主义经济建设的过程中建构了具有中国特色的经济伦理，它为社会主义经济发展提供了伦理价值引领，为建构中华伦理文明新形态的伦理内核做出了重要贡献，引导中华民族在中国式现代化进程中创造了中国式经济伦理文明。

经济是人类生活的基础，也是人类社会发展的基础。正如马克思所说："一切社会变迁和政治变革的终极原因，不应当到人们的头脑中，到人们对永恒的真理和正义的日益增进的认识中去寻找，而应当到生产方式和交换方式的变更中去寻找；不应当到有关时代的**哲学**中去寻找，而应当到有关时代的**经济**中去寻找"③。经济基础决定理论、政治、法律、哲学、道德等上层建筑。

---

① 中共中央文献研究室．习近平关于社会主义文化建设论述摘编．北京：中央文献出版社，2017：139.

② 中共中央文献研究室．习近平关于社会主义文化建设论述摘编．北京：中央文献出版社，2017：137.

③ 马克思恩格斯文集：第9卷．北京：人民出版社，2009：284.

不同民族对经济的认知和理解不尽相同。对于中华民族来说，经济固然是人类生活和人类社会发展的物质基础，但精神的重要性也不容低估，它对人类生活和人类社会的支撑也是根本性的。正如习近平所说："一个民族的复兴需要强大的物质力量，也需要强大的精神力量。没有先进文化的积极引领，没有人民精神世界的极大丰富，没有民族精神力量的不断增强，一个国家、一个民族不可能屹立于世界民族之林"①。中华民族既相信"仓廪实则知礼节，衣食足则知荣辱"②，也相信盘古能够开天辟地、女娲能够补天、精卫能够填海、愚公能够移山。盘古、女娲、精卫、愚公更多的是精神象征，表达了中华民族对崇高精神的崇敬。

中华民族更看重精神，对精神的崇敬超过了对经济、物质的推崇。钱穆曾经指出："中国并非没有物质建造，物质建造则必然形象化，但与中国文化大统没有甚深之勾联。即是说，中国文化命脉，不表现在这些上，也不依托在这些上"③。习近平强调："人无精神则不立，国无精神则不强。精神是一个民族赖以长久生存的灵魂，唯有精神上达到一定的高度，这个民族才能在历史的洪流中屹立不倒、奋勇向前"④。崇敬崇高精神是中华民族的优良传统。

中华民族尤其崇敬道德精神。钱穆说："我认为中国文化精神，应称为道德的精神。中国历史乃由道德精神所形成，中国文化亦然。这一种道德精神乃是中国人所内心追求的一种做人的理想标准，乃是中国人所向前积极争取蕲向到达的一种理想人格。因此中国历史上、社会上，多方面各色各类的人物，都由这种道德精神而形成"⑤。中华民族重视经济和物质，但不沉迷于它们。我们更看重精神特别是道德精神的价值和意义。

道德是人类的善恶观念或伦理观念。它是社会上层建筑的基础性内

① 中共中央党史和文献研究院．习近平关于社会主义精神文明建设论述摘编．北京：中央文献出版社，2022：19.

② 管子．李山，译注．北京：中华书局，2016：2.

③ 钱穆．中国历史精神．贵阳：贵州人民出版社，2019：184.

④ 中共中央文献研究室．习近平关于社会主义文化建设论述摘编．北京：中央文献出版社，2017：13.

⑤ 钱穆．中国历史精神．贵阳：贵州人民出版社，2019：132.

容，也是至关重要的内容，但它无论多么重要，都受到经济基础的支配。马克思指出："人们自觉地或不自觉地，归根到底总是从他们阶级地位所依据的实际关系中——从他们进行生产和交换的经济关系中，获得自己的伦理观念"①。人类的善恶观念从根本上取决于自身的经济状况和阶级地位，但它们一旦形成，就会具有自身的独立性。道德是人类精神独立性的根本标志。因此，习近平说："如果我们的人民不能坚持在我国大地上形成和发展起来的道德价值，而不加区分、盲目地成为西方道德价值的应声虫，那就真正要提出我们的国家和民族会不会失去自己的精神独立性的问题了"②。

人类经济活动不是纯粹的物质生产活动，而总是与人类的精神生产交织在一起。"思想、观念、意识的生产最初是直接与人们的物质活动，与人们的物质交往，与现实生活的语言交织在一起的。人们的想象、思维、精神交往在这里还是人们物质行动的直接产物。表现在某一民族的政治、法律、道德、宗教、形而上学等的语言中的精神生产也是这样"③。事实上，人类经济活动不仅与人类精神生产交织在一起，而且时刻受到后者的价值引领。经济伦理就是对人类经济活动进行伦理价值引领的应用伦理形态。

中国的经济伦理源远流长。管子很早就提出了"节欲"的经济伦理观。他认为："节欲之道，万物不害"④。管子所说的"节欲之道"，是指人应该控制自己的物质欲望，应该把自己的物质欲望控制在适度的范围内，这体现在吃饭问题上的情况是，吃得过多或过少都会伤害身体。他说："凡食之道：大充，伤而形不臧；大摄，骨枯而血沍"⑤。意思是说，关于饮食的道理是：吃得太多，就伤胃而体形不佳；吃得太少，就骨枯而血液停滞。

---

① 马克思恩格斯文集：第9卷．北京：人民出版社，2009：99.

② 中共中央文献研究室．习近平关于社会主义文化建设论述摘编．北京：中央文献出版社，2017：139.

③ 马克思恩格斯文集：第1卷．北京：人民出版社，2009：524.

④ 管子．李山，译注．北京：中华书局，2016：279.

⑤ 管子．李山，译注．北京：中华书局，2016：278.

经济伦理涉及人与物质财富或物质利益的关系问题，其核心要义是强调人对物质财富的获得和支配应该合乎道德要求。孔子认为："富与贵，是人之所欲也；不以其道得之，不处也"①。意思是说，财富和官位都是人人向往的东西，但如果不是通过正当的方式获得它们，就不应该享有它们。孔子的论断就包含"君子爱财，取之有道"的经济伦理理念。

中国式经济伦理文明是中华民族在推进中国经济现代化的过程中创造的经济伦理文明新形态。尤其是改革开放以后，我国一直坚持以经济建设为中心的发展理念，致力于建构物质充裕、富足的物质文明社会，但我们追求的不是物质文明单方面发达、物欲横流、唯利是图的社会，而是物质充足与精神富有并驾齐驱、全体人民共同富裕的文明社会。也就是说，中国式现代化和中国特色社会主义致力于建构物质生产与精神生产、经济与伦理协调发展的文明社会。习近平说："我们坚持把实现人民对美好生活的向往作为现代化建设的出发点和落脚点，着力维护和促进社会公平正义，着力促进全体人民共同富裕"②。实现全体人民共同富裕是中国特色社会主义的本质要求，也是中国式经济伦理文明的核心要义。实现全体人民共同富裕不完全是经济伦理文明问题，但它主要涉及经济伦理和经济伦理文明建设问题。"中国式经济伦理文明"也可以被称为"中国经济伦理文明新形态"，或"中国特色社会主义经济伦理文明"。

中国式经济伦理文明反映当代中华民族对经济与伦理的关系问题的独到认知和理解。与片面推崇 GDP 和经济效率的资本主义经济伦理文明不同，中国式经济伦理文明至少具有两个显著特征：一是注重张扬人类经济活动的伦理意义。习近平说："经济总量无论是世界第二还是世界第一，未必就能够巩固住我们的政权。经济发展了，但精神失落了，那国家能够称为强大吗？"③ 二是重视经济发展成果的公正分配。扎实推进共同富裕

---

① 论语·大学·中庸．陈晓芬，徐儒宗，译注．北京：中华书局，2015：41.

② 习近平．高举中国特色社会主义伟大旗帜　为全面建设社会主义现代化国家而团结奋斗：在中国共产党第二十次全国代表大会上的报告．北京：人民出版社，2022：22.

③ 中共中央文献研究室．习近平关于社会主义文化建设论述摘编．北京：中央文献出版社，2017：4.

是我国致力于实现经济发展成果公正分配的根本要求。习近平说："共同富裕是社会主义的本质要求，是中国式现代化的重要特征。我们说的共同富裕是全体人民共同富裕，是人民群众物质生活和精神生活都富裕，不是少数人的富裕，也不是整齐划一的平均主义"①。

（三）中国式政治伦理文明

中华伦理文明新形态受到社会主义政治的深刻影响，中华民族在推进社会主义民主政治发展的过程中建构了具有中国特色的政治伦理，它为中国政治的现代转型提供了伦理规约，为建构中华伦理文明新形态的伦理内核做出了重要贡献，引导中华民族在中国式现代化进程中创造了中国式政治伦理文明。

政治不是少数人的生活内容和生活方式，而是整个人类的生活内容和生活方式。人们生活在社会之中，不是一个个孤立的个体，而是作为社会关系性存在者而存在，相互依存、相互联系、相互影响、相互成就，从而导致了政治的产生和发展。亚里士多德认为人是自足的。他说："我们所说的自足并不是就单一的自身而言，并不是孤独地生活，而是既有父母，也有妻子，并且和朋友们、同邦人生活在一起，因为，人在本性上是政治的"②。"政治"是一个必须通过社会关系来明确其含义的概念。它要求人们在社会生活中深刻认识自身与他人的紧密关系，并且要求人们懂得对待他人的道理。具体地说，它要求一个人、一个阶级在维护自身权益的同时，尊重与维护其他人、其他阶级的权益。在专制社会，统治阶级利用专制制度极力维护其权益，但也不得不在一定程度上尊重与维护被统治阶级的权益，这就是专制社会的政治。如果统治阶级对被统治阶级的权益进行彻底剥夺，其结果必然是出现"官逼民反，民不得不反"的局面。从这种意义上说，"讲政治"就是不以自我为中心、不唯我独尊、不自私自利，时刻想到他人的存在、他人的权益、他人的尊严。

---

① 习近平谈治国理政：第4卷．北京：外文出版社，2022：142.

② 亚里士多德选集：伦理学卷．苗力田，编．北京：中国人民大学出版社，1999：14.

政治与伦理的紧密关系是天生的。它们都是关于人事的道理。讲政治与讲伦理都是处理人事问题的重要手段。前者主要依靠社会制度的设计和安排，后者主要依靠道德规范的建构和规范性作用。判断一个社会的政治状况的好坏，主要看它的社会制度被制定、被执行的情况。判断一个社会的道德状况的好坏，主要看它的道德规范被确立、被遵循的情况。政治与伦理的贯通和融合导致了政治伦理的产生。

政治伦理的核心问题是政治与伦理的关系问题。政治与伦理并不是天然的对立关系，因为政治需要伦理的价值导航，伦理也需要借助政治来彰显自身的存在价值和意义。孔子认为道德是政治的内在本性。他说："为政以德，譬如北辰居其所而众星共之"①。意思是说，当政者若以德治政，就会像北极星一样安居其位，民众就会像众星拱卫北极星一样支持他们。亚里士多德认为所有政治共同体都是向善的。他指出："所有城邦都是某种共同体，所有共同体都是为着某种善而建立的（因为人的一切行为都是为着他们所认为的善），很显然，由于所有的共同体旨在追求某种善，因而，所有共同体中最崇高、最有权威并且包含了一切其他共同体的共同体，所追求的一定是至善。这种共同体就是所谓的城邦或政治共同体"②。以政治伦理引导政治生活和政治的发展，政治伦理文明因此而产生。

中国式政治伦理文明即中国特色社会主义政治伦理文明，其核心是如何善待"人民"的问题。"我国是工人阶级领导的、以工农联盟为基础的人民民主专政的社会主义国家，国家一切权力属于人民"③。正因如此，作为社会主义中国的执政党，中国共产党始终坚持以人民为中心的执政理念、发展思想，致力于发展全过程人民民主。"全过程人民民主是社会主

---

① 论语·大学·中庸．陈晓芬，徐儒宗，译注．北京：中华书局，2015：15.

② 亚里士多德．政治学．颜一，秦典华，译．北京：中国人民大学出版社，2003：1.

③ 习近平．高举中国特色社会主义伟大旗帜　为全面建设社会主义现代化国家而团结奋斗：在中国共产党第二十次全国代表大会上的报告．北京：人民出版社，2022：37.

义民主政治的本质属性，是最广泛、最真实、最管用的民主”①。坚持以人民为中心，坚持人民至上，坚持发展全过程人民民主，集中体现了中国共产党作为一个马克思主义政党的独特政治品格和道德品格，也集中体现了当今中国的政治伦理文明程度。“中国式政治伦理文明”也可以被称为“中国政治伦理文明新形态”，或“中国特色社会主义政治伦理文明”。

当代中华民族是在马克思主义政治伦理观指导下发展中国式政治伦理文明的。马克思主义伦理观对19世纪中叶以前的各种政治伦理观进行了猛烈批判。19世纪中叶以前的各种政治伦理观都是抽象地谈论政治与伦理的关系问题，既对政治和伦理共同依靠的经济基础视而不见，也从根本上忽略政治道德在阶级社会无法摆脱的阶级性。孔子说：“政者，正也。子帅以正，孰敢不正？”② 亚里士多德说：“公正是为政的准绳，因为实施公正可以确定是非曲直，而这就是一个政治共同体秩序的基础”③。孔子和亚里士多德都揭示了公正对于为政的重要性，但他们将为政之公正性完全建立在个人德性修养的基础上，完全不考虑个人的经济基础、阶级属性等因素，其局限性显而易见。我们不禁要问：如果为政者的温饱问题没有解决，他能够做到公正吗？如果为政者无法超越他的阶级属性，他又怎么能够做到公正？其实，孔子本人对为政者的公正德性也是持怀疑态度的。他曾指出：“苟正其身矣，于从政乎何有？不能正其身，如正人何？”④ 意思是说，如果自身端正，为政又有什么困难呢？如果为政者本身不端正，他又怎么能端正他人呢？孔子的言下之意在于：并非所有为政者都能端正自身。

---

① 习近平．高举中国特色社会主义伟大旗帜　为全面建设社会主义现代化国家而团结奋斗：在中国共产党第二十次全国代表大会上的报告．北京：人民出版社，2022：37.

② 论语·大学·中庸．陈晓芬，徐儒宗，译注．北京：中华书局，2015：145.

③ 亚里士多德．政治学．颜一，秦典华，译．北京：中国人民大学出版社，2003：5.

④ 论语·大学·中庸．陈晓芬，徐儒宗，译注．北京：中华书局，2015：155.

经济基础和阶级属性对为政者的政治伦理观的影响是根本性的。恩格斯指出："一切以往的道德论归根到底都是当时的社会经济状况的产物。而社会直到现在是在阶级对立中运动的，所以道德始终是阶级的道德；它或者为统治阶级的统治和利益辩护，或者当被压迫阶级变得足够强大时，代表被压迫者对这个统治的反抗和他们的未来利益"①。在阶级社会，经济基础对为政者的政治伦理观具有决定性影响，阶级属性对他们的政治伦理观也具有深刻影响，这两个方面是他们难以突破的羁绊。在现实中，如果一个为政者不能超越自身的经济基础和阶级属性，他必定会在为政的过程中千方百计捞取经济利益和为自身的阶级利益辩护。马克思主义政治伦理观的根本特征是它的人民性。它是真正捍卫人民的伦理尊严和经济利益的政治伦理观。它不仅呼吁推翻以压迫人民和剥削人民为根本特征的奴隶制度、封建制度和资本主义制度，而且呼吁建立人民当家作主的社会主义制度。

中国式政治伦理文明是人民当家作主、以人民为中心、致力于实现全过程人民民主的社会主义政治伦理文明。在这种政治伦理文明中，政治道德建立在社会主义公有制的基础上，全体人民共同富裕是政治伦理价值诉求的前提条件，人民作为国家主人的政治地位受到充分尊重，"为人民服务"同时作为政治理念和道德理念存在并深入人心，一切从人民出发、一切为人民着想、一切围绕人民运行的政治伦理氛围日益浓厚地弥漫着整个社会。受到社会生产力发展水平、经济基础以及国际环境的影响，中国式政治伦理文明在当今中国还没有充分实现，但它的特质已经越来越清晰地呈现出来。在当今世界，西方资本主义国家的统治阶级时刻将自由、民主等口号挂在嘴边，但他们所说的自由、民主归根到底只是他们自己的，处于社会底层的劳动人民根本无法真正享受它们。中国式政治伦理文明是社会主义中国在推进政治伦理文明建设方面取得的重大成就。

（四）中国式社会伦理文明

中华伦理文明新形态以社会主义社会作为主要现实背景，中华民族在推进社会主义社会建设的过程中建构了具有中国特色的社会伦理，它为中国国家治理体系和治理能力现代化提供了伦理支持，为建构中华伦理文明

① 马克思恩格斯文集：第9卷．北京：人民出版社，2009：99－100.

新形态的伦理内核做出了重要贡献，引导中华民族在中国式现代化进程中创造了中国式社会伦理文明。

社会是人类生活的寓所。这个寓所形成于人类发展的原始阶段。原始社会没有阶级，也没有国家，但它是人类所拥有的第一种社会形态。人类在原始社会就结成了相互依存、相互联系、相互影响、相互成就的关系。在一个原始部落里，所有成员对部落酋长的依赖以及他们之间的相互依赖都是根深蒂固的。一个氏族部落就是一个命运共同体，里面的每一个成员都必须以合乎伦理的方式对待其他成员，否则，他不仅会伤害其他人，而且无法在氏族部落内部立足。原始社会的人类已经具有伦理观念或善恶观念，懂得如何利用它们来支配自己的生活。

社会是人类伦理文明的寓所。一个社会与另一个社会的区别，主要表现为伦理文明状况的差异。原始社会之所以是原始的，主要是因为它的伦理文明是低下的。在原始社会，人类的生存方式在很多方面与动物的类似，愚昧和野蛮多于文明，伦理文明水平偏低的问题十分突出。进入文明社会以后，人类伦理文明总体上呈现为日益向好的发展态势，目前处于社会主义伦理文明与资本主义伦理文明激烈争鸣、尖锐对峙的历史方位。

中华伦理文明经历了一个从传统形态向现代形态转化的过程。中华民族在传统社会建构了中华传统伦理文明。中华传统伦理文明源远流长、博大精深，对中国传统社会发挥了强有力的价值引领作用，是中国传统社会的根基。近代以后，西方伦理文明强势传入，对中华传统伦理文明形成巨大冲击，迫使其进行自我反思、自我批判；与此同时，中国社会内部形成推动中华传统伦理文明进行现代转型的强大动力。新中国成立后，我国逐渐步入社会主义社会，如何建构新型伦理文明成为时代主题。

中华民族在社会主义社会发展阶段致力于建构的伦理文明是中国式社会伦理文明。它与中华传统伦理文明有着千丝万缕的联系，与中华传统伦理文明保持着根深蒂固的传承性、连续性，但它毕竟是一种新的社会主义伦理文明形态，与中华传统伦理文明有着根本区别。一方面，它对儒家伦理思想、道家伦理思想等中华传统伦理思想进行了创造性转化和创新性发展；另一方面，它通过引入马克思主义伦理思想，将大量具有现代性特征的伦理思想融入中华伦理文明，从而推动中华伦理文明逐步实现现代化。它与资本主义伦理文明也迥然不同。资本主义伦理文明是资本主导的伦理文明，本质上仍然是少数人压迫和剥削多数人的伦理文明，而我国致力于建构的社会主义伦理文明是真正以道德精神为主导的伦理文明，本质上是人民主导的伦理文明。

重视社会伦理文明建设是中国特色社会主义的重要特征。在这一领域，我国主要在三个方面发力、用功：

第一，用社会主义核心价值观引领整个社会的发展。社会主义社会必须具有社会主义核心价值观。“社会主义核心价值观是凝聚人心、汇聚民力的强大力量”①。推动社会各界广泛弘扬和践行社会主义核心价值观，能够对增强中国社会的道德正能量起到关键作用。倡导社会主义核心价值观，是社会主义中国在推进社会伦理文明建设方面取得的重大成就。

第二，不断提高公民道德素质。一个社会的伦理文明状况集中体现在公民道德素质上。社会主义中国的公民道德素质应该普遍很高。习近平在党的二十大报告中强调：“实施公民道德建设工程，弘扬中华传统美德，加强家庭家教家风建设，加强和改进未成年人思想道德建设，推动明大德、守公德、严私德，提高人民道德水准和文明素养”②。通过实施公民道德建设工程，当今中国的社会公德、职业道德、家庭美德和个人品德状况得到极大改善。

第三，实行共建共治共享的社会治理制度，维护和实现社会公平正义。一个社会的伦理文明水平建立在社会治理的基础上。习近平说：“要完善共建共治共享的社会治理制度，实现政府治理同社会调节、居民自治良性互动，建设人人有责、人人尽责、人人享有的社会治理共同体。……要更加注重维护社会公平正义，促进人的全面发展和社会全面进步”③。

① 习近平．高举中国特色社会主义伟大旗帜　为全面建设社会主义现代化国家而团结奋斗：在中国共产党第二十次全国代表大会上的报告．北京：人民出版社，2022：44.

② 习近平．高举中国特色社会主义伟大旗帜　为全面建设社会主义现代化国家而团结奋斗：在中国共产党第二十次全国代表大会上的报告．北京：人民出版社，2022：44.

③ 习近平谈治国理政：第4卷．北京：外文出版社，2022：338.

社会主义中国的社会治理体系是以道德治理作为基础的。推进道德治理体系和道德治理能力现代化，是中国式现代化的题中应有之义。

“中国式社会伦理文明”也可以被称为“中国社会伦理文明新形态”，或“中国特色社会主义社会伦理文明”。受到中国式社会伦理文明的价值引领，当今中国社会不仅长期保持着安定团结的局面，而且弥漫着向善、求善和行善的良好氛围。中国式社会伦理文明是社会主义中国在推进中华伦理文明现代化方面所达到的新水平，体现当今中国社会在伦理文明程度上的新提升，反映当代中华民族的整体伦理文明素养的新提高。

（五）中国式生态伦理文明

中华伦理文明新形态不能脱离自然环境，中华民族在推进生态文明发展战略的过程中建构了具有中国特色的生态伦理，它为当代中华民族认识和处理人与自然的关系提供了生态道德价值指引，为建构中华伦理文明新形态的伦理内核做出了重要贡献，推动社会主义中国创造了中国式生态伦理文明。

人类在生存和发展过程中必然要与自然界打交道，并建立相互关系。在人类出现之前，自然界不需要哲学的引导，也不需要道德的引导，一切都是自然而然的。人类诞生之后，将原本统一的自然界一分为二，人类社会作为不同于自然界的另一个世界而产生，人类对自然界的影响也越来越大。当人类对自然界的影响达到特别严重的程度时，这不仅导致了人与自然关系的紧张，而且推动人类将自身的伦理观念延伸到这种关系中。生态伦理就是人类对人与自然的关系进行伦理价值认识、伦理价值判断和伦理价值选择而建构的一种伦理形态。

生态伦理是人类自觉建构的伦理形态。罗尔斯顿指出：“人性深深地扎根于自然，受惠于自然，也受制于自然；而人类对自然的评价，就像我们对自然的感知一样，是从与环境交流的过程中抽取出来的，而不仅仅是我们加给自然的”①。人类在与自然界打交道的过程中深刻认识到了自身

① 霍尔姆斯·罗尔斯顿Ⅲ.哲学走向荒野.刘耳，叶平，译.长春：吉林人民出版社，2000：93.

与自然界的关系必须提升为伦理关系时，生态伦理就应运而生了。生态伦理只不过是人类对其自身与自然的关系进行深刻认识、理解和把握而形成的一种伦理观念或善恶观念。用罗尔斯顿的话来说，这就是："如果我们亵渎了自然，也就亵渎了我们自己。最基本的一点是很明显的：我们应将自己所统治的世界看作一个共和国，要促成它的所有成员的完整性；我们应该以爱来管理这个共和国"①。生态伦理要求人类深刻认识自身与自然命运与共的事实，并在此基础上热爱、尊重和保护自然。它是人类的伦理之爱向自然界延伸的产物。

中华民族很早以前就建构了系统的生态伦理体系。道家伦理学本质上是一种生态伦理学理论。它揭示了人类永远为自然之子的事实，要求人类永远弘扬热爱自然、尊重自然和保护自然的美德。老子说："人法地，地法天，天法道，道法自然"②。在道家生态伦理思想中，人是伟大的，但人的伟大永远不能与地的伟大、天的伟大、道的伟大、自然的伟大相提并论。自然先于人类而存在，其存在遵循自然规律，而自然规律不是人类确定的。自然规律是支配自然界的绝对力量，不以人的意志为转移。人类进入自然界以后，能够最大限度地发挥自己的能动性和创造性，但无论人类的能动性和创造性多么强大，人类的"自然之子"意识都不能淡化，热爱自然、尊重自然和保护自然的美德都不能丢失，这是中国道家生态伦理观的核心思想。

人与自然的关系是中华民族在推进中国式现代化的过程中无法回避、必须正视的重大问题。在中国式现代化早期，迫于经济发展的紧迫需要，我国重蹈了西方资本主义国家疯狂算计、掠夺和破坏自然的覆辙，在追求经济快速增长的过程中陷入了生态危机。随着中国式现代化进程的不断深化，面对日益严重的生态危机，党中央和社会各界不得不重新认识、理解和把握人与自然的关系问题，树立可持续发展观和"美丽中国"理念，制定和实行生态文明发展战略，决心从根本上改善人与自然的关系，并在

① 霍尔姆斯·罗尔斯顿Ⅲ. 哲学走向荒野. 刘耳，叶平，译. 长春：吉林人民出版社，2000：93.

② 老子. 饶尚宽，译注. 北京：中华书局，2006：63.

社会实践层面予以切实推进，创造了人与自然和谐共生的良好局面和中国式生态伦理文明。

中国式生态伦理文明是当代中华民族坚持以马克思主义生态伦理观为指导思想取得的巨大成就。马克思主义生态伦理观强调经济对人类社会发展的决定性作用，充分肯定人类利用自然、改造自然的权利和能力，但反对人类对自然采取疯狂算计、掠夺和破坏的错误态度，认为自然先于人类而存在，它不需要遵循任何道德要求，但人类是道德动物，既应该对同胞讲道德，也应该对自然讲道德。恩格斯说："我们每走一步都要记住：我们决不像征服者统治异族人那样支配自然界，决不像站在自然界之外的人似的去支配自然界——相反，我们连同我们的肉、血和头脑都是属于自然界和存在于自然界之中的；我们对自然界的整个支配作用，就在于我们比其他一切生物强，能够认识和正确运用自然规律"①。马克思主义哲学蕴含丰富而深刻的生态伦理观，是社会主义中国建设中国式生态伦理文明的根本指导思想。

毛泽东高度重视生态环境问题。20 世纪 60 年代，毛泽东亲自为党中央起草了开展爱国卫生运动的指示，其重要思想之一是号召在全国范围内抓好"环境清洁"工作。毛泽东指出，"环境卫生，极为重要，一定要使居民养成卫生习惯，以卫生为光荣，以不卫生为耻辱"，"卫生工作之所以重要，是因为有利于生产，有利于工作，有利于学习，有利于改造我国人民低弱的体质，使身体康强，环境清洁，与生产大跃进，文化和技术大革命，相互结合起来"②。毛泽东所说的"环境"不是仅仅指自然环境，而是泛指人的生存环境或生活环境，其中确实包含强调生态环境保护的思想观点。

邓小平也高度重视生态环境问题。一方面，他始终把经济建设问题放在优先考虑的位置，认为"社会主义必须大力发展生产力，逐步消灭贫穷，不断提高人民的生活水平"③；另一方面，他要求正确处理好经济与

① 马克思恩格斯文集：第 9 卷．北京：人民出版社，2009：560.

② 毛泽东文集：第 8 卷．北京：人民出版社，1999：150.

③ 邓小平文选：第 3 卷．北京：人民出版社，1993：10.

生态环境的关系问题。1982 年，邓小平出席全军植树造林表彰大会并题词：“植树造林，绿化祖国，造福后代”①。同年，在对林业部关于开展全民义务植树活动情况报告做出批示时，邓小平特别强调：“这件事，要坚持二十年，一年比一年好，一年比一年扎实。为了保证实效，应有切实可行的检查和奖惩制度”②。

党的十八大以来，习近平更是站在人与自然和谐共生的高度来认识和处理生态环境问题。2020 年 4 月 10 日，习近平在中央财经委员会第七次会议上的讲话中指出：“人与自然是生命共同体，人类必须尊重自然、顺应自然、保护自然。这次疫情防控使我们更加深切地认识到，生态文明建设是关系中华民族永续发展的千年大计，必须站在人与自然和谐共生的高度来谋划经济社会发展”③。2022 年，习近平在党的二十大报告中强调：“我们坚持可持续发展，坚持节约优先、保护优先、自然恢复为主的方针，像保护眼睛一样保护自然和生态环境，坚定不移走生产发展、生活富裕、生态良好的文明发展道路，实现中华民族永续发展”④。

党中央历代领导人都具有生态伦理智慧，这是他们能够高度重视生态环境问题的思想基础。在推进中国式现代化和中国特色社会主义建设的过程中，中国共产党团结带领中国人民、中华民族坚持以马克思主义生态伦理观为指导思想，坚持走人与自然和谐共生的现代化道路。在坚持推进中国式现代化和中国特色社会主义建设的过程中，中国共产党、中国人民、中华民族大力倡导和践行生态道德，致力于构建人与自然的生命共同体，在推进生态文明特别是生态伦理文明建设方面取得巨大成就。

“中国式生态伦理文明”也可以被称为“中国生态伦理文明新形态”，或“中国特色社会主义生态伦理文明”。在推进中国式现代化的过程中，中华民族没有盲目、片面地追求经济效益，而是始终坚持将经济效益、社

① 邓小平文选：第 3 卷．北京：人民出版社，1993：21.

② 邓小平文选：第 3 卷．北京：人民出版社，1993：21.

③ 习近平谈治国理政：第 4 卷．北京：外文出版社，2022：355.

④ 习近平．高举中国特色社会主义伟大旗帜　为全面建设社会主义现代化国家而团结奋斗：在中国共产党第二十次全国代表大会上的报告．北京：人民出版社，2022：23.

会效益和环境效益有机统一起来。为了实现经济效益、社会效益和环境效益的有机统一，我们不仅大力倡导高质量发展模式，而且大力倡导马克思主义生态伦理观。马克思主义生态伦理观是当代中华民族创造中国式生态伦理文明的思想指引和价值指引。

（六）中国式网络伦理文明

进入网络时代，中国式现代化受到网络快速发展和广泛应用的深刻影响。中华民族在推进网络建设的过程中建构了具有中国特色的网络伦理，它为网络在中国的发展提供了网络道德规范，为建构中华伦理文明新形态的伦理内核做出了重要贡献，引导中华民族在中国式现代化进程中创造了中国式网络伦理文明。

互联网 20 世纪 60 年代首先出现在西方发达国家，后来迅速扩展到世界范围，从而导致网络世界的产生，人类也因此而步入网络时代。人类利用网络进行交流对话、购物、信息储存、计算、写作等活动，开辟出网络生活领域。网络生活方式的形成从根本上改变了人类生活的传统格局，人与人之间不再完全依靠面对面的方式进行交往，人类生活空间得到极大拓展。

网络时代的到来引起这样一个重要问题：人类在虚拟的网络空间是否应该像在现实世界一样讲道德？在网络时代早期，人类对该问题缺乏深入思考和认识，既不注重网络伦理建设，也不重视网络道德治理，结果导致网络世界一度处于严重的无序状态。事实上，网络世界不是法外世界，也不是不受道德规约的世界。网络伦理和网络道德应该随着网络时代的到来而建构。

我国在推进中国式现代化的过程中与整个世界一道迈入网络时代。进入网络时代之初，由于对网络缺乏正确认知，加上缺乏严格的网络治理制度，我国与其他国家一样，很快陷入了网络无序状态，黄色网站猖獗，虚假信息泛滥成灾，网络空间乌烟瘴气。党中央对此给予了高度关注和重视，并切实加强了网络管理。2016 年，党中央召开网络安全和信息化工作座谈会。习近平在座谈会上指出：“在我国，七亿多人上互联网，肯定需要管理，而且这个管理是很复杂、很繁重的。企业要承担企业的责任，党和政府要承担党和政府的责任，哪一边都不能放弃自己的责任。网上信息管理，网站应负主体责任，政府行政管理部门要加强监管”①。以习近平同志为核心的党中央特别重视抓网络管理工作。

网络生活是人类现代生活的重要领域。在当今中国，网民日益增多，网络在人们日常生活和工作中的重要性日益凸显。网络通过电脑、电视、手机等形式存在，与现代人构成“形影不离”的紧密关系。最重要的在于，网络是一个虚拟空间，它不仅为人类社会生活增添了虚拟性，而且极大地增强了人类社会生活的不确定性。如果不加强网络管理，违法乱纪必定成为网络世界的常态。

加强网络管理是网络时代的必然要求。建设中国式网络伦理文明是网络管理的核心价值诉求。习近平说：“网络空间是亿万民众共同的精神家园。网络空间天朗气清、生态良好，符合人民利益。网络空间乌烟瘴气、生态恶化，不符合人民利益。谁都不愿生活在一个充斥着虚假、诈骗、攻击、谩骂、恐怖、色情、暴力的空间”②。中国式网络伦理文明是中国式社会伦理文明的重要版块，但它又具有自身的特征和特点，需要“特事特办”。

中华民族高度重视网络伦理文明建设。2021 年，习近平在致中国网络文明大会的贺信中指出：“网络文明是新形势下社会文明的重要内容，是建设网络强国的重要领域。近年来，我国积极推进互联网内容建设，弘扬新风正气，深化网络生态治理，网络文明建设取得明显成效。要坚持发展和治理相统一、网上和网下相融合，广泛汇聚向上向善力量”③。网络空间具有虚拟性，但它绝对不是法外领域、德外领域。

中国式网络伦理文明建设旨在形成良好网络生态。习近平在党的二十大报告中号召：“健全网络综合治理体系，推动形成良好网络生态”④。在

---

① 中共中央文献研究室．习近平关于社会主义文化建设论述摘编．北京：中央文献出版社，2017：51.

② 中共中央文献研究室．习近平关于社会主义文化建设论述摘编．北京：中央文献出版社，2017：50.

③ 习近平谈治国理政：第 4 卷．北京：外文出版社，2022：319.

④ 习近平．高举中国特色社会主义伟大旗帜　为全面建设社会主义现代化国家而团结奋斗：在中国共产党第二十次全国代表大会上的报告．北京：人民出版社，2022：44.

推进中国式现代化和中国特色社会主义建设的过程中，党和政府本着对社会负责、对人民负责的态度，高度重视网络管理问题，依法加强网络空间治理，大力推进网络伦理和网络道德建设，要求自身承担应尽的责任，企业承担企业的责任，以保证互联网不成为法外之地、无德之地。

“中国式网络伦理文明”也可以被称为“中国网络伦理文明新形态”，或“中国特色社会主义网络伦理文明”。它是我国对早期网络时代网络伦理和网络道德建设不到位的混乱局面进行拨乱反正而形成的网络伦理文明新范式。在当今世界，并非所有国家都高度重视网络伦理文明建设。作为一个社会主义国家，中国始终把网络伦理文明建设当作社会主义精神文明建设的重点工作来抓。中国式网络伦理文明是当代中华民族推进社会主义精神文明建设的重要成就。

我国大力推进网络伦理文明建设，致力于建构中国式网络伦理文明。中国式网络伦理文明是具有中国特色的网络伦理文明。进入网络时代以后，我国不仅把中华民族重视德治的优良传统迅速延伸到网络世界，而且在推进网络伦理、网络道德和网络伦理文明建设方面展现出其他国家无法相提并论的力度，并取得巨大成就。习近平指出：“要加强网络伦理、网络文明建设，发挥道德教化引导作用，用人类文明优秀成果滋养网络空间、修复网络生态”①。在党和政府强有力的网络治理下，我国的网络世界得到有效整治，互联网在我国被推上了健康运行轨道。

（七）中国式国际伦理文明

中华伦理文明新形态与国际社会有着千丝万缕的联系，中华民族在促进世界和平发展中建构了具有中国特色的国际伦理，它为建构国际伦理秩序提供了中国方案，为建构中华伦理文明新形态的伦理内核做出了重要贡献，引导中华民族在中国式现代化进程中创造了中国式国际伦理文明。

一个国家、一个民族应该如何看待其他国家、其他民族，这是一个国际伦理问题。黑格尔指出：“国家是伦理理念的现实——是作为显示出来的、自知的实体性意志的伦理精神，这种伦理精神思考自身和知道自身，

---

① 中共中央党史和文献研究院．习近平关于社会主义精神文明建设论述摘编．北京：中央文献出版社，2022：275.

并完成一切它所知道的，而且只是完成它所知道的。国家直接存在于风俗习惯中，而间接存在于单个人的自我意识和他的知识和活动中”①。每一个国家都有自己的伦理思想和伦理精神，但其伦理思想和伦理精神不仅指向内部，而且指向外部：对内，重点是培育国民的爱国主义精神；对外，重点是培养国际主义精神。

国家应该是自在自为的。黑格尔说：“自在自为的国家就是伦理性的整体，是自由的现实化；而自由之成为现实乃是理性的绝对目的。……只有当它现存于意识中而知道自身是实存的对象时，它才是国家”②。国家是放大的个人。它不是自在的实体，而是具有精神的实体。在一个国家的精神中，伦理精神居于核心位置。它支配着国家的精神品质，对国家意识发挥着统率作用，其根本使命是正确认知自身与其他国家的伦理关系。国与国之间不是相互否定的关系。一个国家不应该通过否定其他国家的存在价值来彰显自身的价值。

当今世界正处于百年未有之大变局。冷战结束后，美国一超独大，其妄图一统世界的野心昭然若揭。为了维持其“世界霸主”地位，美国对其他国家、其他民族总体上采取了“遏制”战略。它不仅遏制了中国、朝鲜、古巴等社会主义国家的发展，也遏制了俄罗斯、英国、法国、德国等资本主义国家的发展。在推行遏制战略方面，美国可谓无所不用其极，但哪里有遏制，哪里就必定有反抗，美国的遏制战略时刻面临着来自其他国家、其他民族的反抗。

世界百年未有之大变局对国际伦理文明发展具有深刻影响。它不仅给当今世界带来了巨大混乱，而且将世界人民推入了迷茫的深渊。当今世界正处于第二次世界大战以后最混乱的时期。一些国家为了一己私利肆意干涉他国内政、肆意制裁其他国家、肆意发动侵略战争，联合国的权威性遭到肆意践踏，国际法的约束力被肆意僭越，国际道德和国际正义受到肆意

① 黑格尔．法哲学原理．范扬，张企泰，译．北京：商务印书馆，1961：288.

② 黑格尔．法哲学原理．范扬，张企泰，译．北京：商务印书馆，1961：294.

违背。

面对世界百年未有之大变局，世界各国的道德态度显得至关重要。不过，在一超独大的美国面前，不少国家采取了容忍甚至亦步亦趋的态度，甘当其遏制其他国家、其他民族的马前卒或帮凶。在此世界背景下，国际伦理文明何去何从？这是一个需要世界各国进行慎重选择的问题。

在经济全球化时代、网络化时代、信息化时代，中国离不开世界，世界也离不开中国。从伦理文明领域来看，其他国家的伦理文明观和伦理文明发展模式不可避免地会影响中国，中国的伦理文明观和伦理文明发展模式也会影响其他国家。在推进中国式现代化和中国特色社会主义建设的过程中，我国坚持走和平发展道路，既造福于本国人民，又造福于世界人民。习近平说："我国不走一些国家通过战争、殖民、掠夺等方式实现现代化的老路，那种损人利己、充满血腥罪恶的老路给广大发展中国家人民带来深重苦难"①。中国式现代化是用和平发展造福全人类的现代化，是中国共产党、中国人民、中华民族致力于推动构建人类命运共同体的现代化。中国特色社会主义也是用和平发展造福全世界的社会主义。中国式国际伦理文明反对民族中心主义、民族利己主义、单边主义和霸权主义，倡导经济全球化、文明互鉴和国际正义，主张世界各国和平相处、共同发展、同生共荣。

"中国式国际伦理文明"也可以被称为"中国国际伦理文明新形态"，或"中国特色社会主义国际伦理文明"。它之所以是中国式国际伦理文明，是因为它不是任何其他国家正致力于创造的国际伦理文明形态。在当今世界，社会主义中国是创造新的国际伦理文明的"孤勇者"。中国式国际伦理文明目前还处于起步阶段。它还是脆弱的，时刻面对着来自资本主义伦理文明的遏制和打压，但不管怎么说，它代表国际伦理文明发展的方向，在未来必定会赢得越来越多的国际支持。

当今世界亟须得到新的国际伦理文明范式的价值引领。中华民族正致

---

① 习近平．高举中国特色社会主义伟大旗帜　为全面建设社会主义现代化国家而团结奋斗：在中国共产党第二十次全国代表大会上的报告．北京：人民出版社，2022：23.

力于创造的中国式国际伦理文明还没有达到完美的程度，但如果它具有不容否定的世界意义或普遍价值，它的存在和发展空间就会日益扩大。中华民族是一个伟大的民族。中华民族在历史上用自己创造的中华伦理文明深刻影响了世界发展进程。在当今世界，中华民族致力于创造的国际伦理文明也一定能够对世界人民走出百年未有之大变局提供有益的启示。

中华伦理文明新形态是一种新的伦理文明形态，但它不是“全新”的伦理文明形态。它不仅从源远流长、博大精深的中华传统伦理文明中汲取了大量积极因素，而且从其他国家、其他民族的伦理文明中汲取了很多有益成分。习近平明确指出：“中国式现代化，是中国共产党领导的社会主义现代化，既有各国现代化的共同特征，更有基于自己国情的中国特色”①。由中国式现代化创造的中华伦理文明新形态也是如此。它具有非常丰富的内容，其中既包括从人类伦理文明传统中继承而来的合理因素，也包括反映中国现实国情、体现中国实际需要、具有中国特色的创新因子。

三、伦理文明新范式

中华伦理文明新形态是中华民族在广泛借鉴和充分继承人类伦理文明成果的基础上创造的伦理文明新形态。它产生于中华大地，不可避免地具有中国特色。它也产生于世界语境，因此，它必须面向世界，必须彰显世界意义。中华民族致力于创造的中华伦理文明新形态不仅属于中国，而且属于世界；不仅属于中国人民，而且属于世界人民；不仅能够造福中国人民和中华民族，而且能够造福世界人民和其他民族。它是集中国特色和世界意义于一体的伦理文明新形态。

发展是当今中国的最鲜明特征。经过 40 多年的改革开放，我国取得了令世界瞩目的发展成就，中华民族在发展道路上赶上了世界步伐。党中

① 习近平．高举中国特色社会主义伟大旗帜　为全面建设社会主义现代化国家而团结奋斗：在中国共产党第二十次全国代表大会上的报告．北京：人民出版社，2022：22.

央指出："改革开放是党和人民事业大踏步赶上时代的重要法宝"①。没有改革开放，就没有中国式现代化的成功推进，就没有中国特色社会主义建设事业的不断进步，就没有中国人民的存在感、获得感和幸福感的空前提升。

中华文化的内在发展是当今中国社会的最深层之变。习近平说："历史和现实都证明，中华民族有着强大的文化创造力。每到重大历史关头，文化都能感国运之变化、立时代之潮头、发时代之先声，为亿万人民、为伟大祖国鼓与呼"②。中华文化受当今中国不断推进改革开放的社会存在之驱动而发生、发展，服务于中华民族不断推进改革开放的现实需要，但它不是消极、被动地适应时代需要，而是积极、能动地发挥价值引领作用。一方面，它因时而变、适时而变、顺时而变，因而能够在新的时代背景下焕发出勃勃生机；另一方面，它应时而为、适时而为、顺时而为，因而能够很好地发挥引领潮流、弘扬主流的作用。

中华文化的当代之变又集中体现为中华文明的形态和内涵之变。在风起云涌的时代之变中，中华文化与中国社会之间的辩证运动以更加激烈、更加复杂的方式展开，两者的结构在相互激荡中都在发生着巨大变化，这样的社会现实必定导致中华文明发生根本性转变，人类文明新形态应运而生就很容易成为可见的事实，并且会对中华文化的品格产生深刻影响。

中华文明历来以伦理文明作为核心。这是中华文明的独特优势，更是中华文明能够行稳致远的根本。在当今中国，制度文明、法治文明、科技文明日渐兴盛，但未能从根本上撼动中华文明以伦理文明作为根本的深厚传统。习近平说："古往今来，中华民族之所以在世界有地位、有影响，不是靠穷兵黩武，不是靠对外扩张，而是靠中华文化的强大感召力和吸引力。我们的先人早就认识到'远人不服，则修文德以来之'的道理。阐释中华民族禀赋、中华民族特点、中华民族精神，以德服人、以文化人是

---

① 中共中央关于进一步全面深化改革　推进中国式现代化的决定．北京：人民出版社，2024：1.

② 中共中央文献研究室．习近平关于社会主义文化建设论述摘编．北京：中央文献出版社，2017：6－7.

其中很重要的一个方面”①。中华文化无与伦比的感召力和影响力在哪里？中华民族禀赋、中华民族特点和中华民族精神的独特神韵在哪里？它们不在别处，恰恰就在重德、尊德、崇德的中华伦理文明之中。

中华伦理文明不是一成不变的。它随着中国历史的变迁而变迁，随着中华民族道德生活史的演进而演进，随着中华文化的变化而变化，随着中华文明的演变而演变。当代中华民族所拥有的中华伦理文明固然与中华传统伦理文明有着千丝万缕的联系，但它呈现的创新性、新颖性、时代性更加突出、更加鲜明、更加显著。换言之，它一定还保留着中华传统伦理文明精深厚重的底色，但同时又展露出中华传统伦理文明未曾拥有的新色彩。立足于当下，谁如果仅仅看到中华伦理文明的传统底色，看不到它的新色彩，那他就一定是历史保守主义者、文化保守主义者。历史在变，世界在变，时代在变，我们的文化眼光和文明视野也应该有所改变。

用“变”的眼光审视和看待中华伦理文明，并不意味着要彻底否定中华伦理文明的不变性。与任何其他事物一样，中华伦理文明既有变的一面，也有不变的一面。因为有变的一面，所以中华伦理文明总是能够欣欣向荣地呈现在我们面前；因为有不变的另一面，所以中华伦理文明又总是能够保持其应有的根本品格和本质内涵。中华伦理文明是变与不变的统一体。它的独特神韵就建立在它在变与不变之间实现完美平衡的能力上。

从中华伦理文明的肥沃土壤中生长出中华伦理文明新形态是自然而然的事情。我们所要做的是培养必要的哲学思维。恩格斯说：“自然科学和哲学一样，直到今天还全然忽视人的活动对人的思维的影响；它们在一方面只知道自然界，在另一方面又只知道思想。但是，人的思维的最本质的和最切近的基础，正是**人所引起的自然界的变化**，而不仅仅是自然界本身；人在怎样的程度上学会改变自然界，人的智力就在怎样的程度上发展起来”②。中华伦理文明新形态从中华伦理文明的土壤中生长出来，归根到底是中国人民不断进行社会实践的结果。中国人民不断推进改革开放、

① 中共中央文献研究室．习近平关于社会主义文化建设论述摘编．北京：中央文献出版社，2017：6.

② 马克思恩格斯文集：第9卷．北京：人民出版社，2009：483.

中国式现代化和中国特色社会主义建设的社会实践，既不可避免地会推动中国社会发生根本性变化，也不可避免地会深刻改变自己的道德思维方式、道德价值理念、道德价值观念和道德价值信念。

中华伦理文明新形态只不过是中国人民在不断推进改革开放、中国式现代化和中国特色社会主义建设的过程中形成的一种新的道德思维方式和一系列新的道德价值理念、道德价值观念和道德价值信念。这种新的道德思维方式、道德价值理念、道德价值观念和道德价值信念可能是偶然产生的，但它们一旦产生，就变成了具有必然性的东西。根据历史唯物论和辩证唯物论，偶然性与必然性并不是绝对对立的，而是可以相互转化的。从这种意义上说，没有必要对中华伦理文明新形态具体产生于什么时候、目前到底发展到了何种程度等问题刨根问底。追问这些问题是有意义的，但很难得到“精准无疑”的答案。

“中华伦理文明新形态”这一概念不是“无中生有”或“无病呻吟”的产物，而是对中国历史、现实乃至世界历史、现实进行深入反思和研究的成果。从中国历史和现实来看，中华伦理文明一直在向前发展，从来没有中断过，“创新”是其内在本性；在中国式现代化和中国特色社会主义的创新驱动下，它彰显出更加强劲的创新发展态势。从世界历史和现实来看，社会主义伦理文明与资本主义伦理文明之间的争鸣目前呈现为空前激烈的状况，两种伦理文明横亘在世界人民面前，促使所有人必须做出选择，这既给中华伦理文明带来巨大外部压力，又推动它进行自我革命、自我革新、自我发展。受到内外部动因的双重驱动，中华伦理文明在中国特色社会主义新时代发展出新形态是自然而然的事情。

中华伦理文明新形态有其新颖之处。它具有新颖之处的主要奥秘在中国式现代化和中国特色社会主义的堂奥之中。中国共产党团结带领中国人民、中华民族对中国式现代化、中国特色社会主义所做的坚定选择，充分体现了自身的个体性和集体性意志自由，充分彰显了自身的实践理性能力，充分展现了自身的伦理价值认识、伦理价值判断和伦理价值选择。中国式现代化是合乎伦理的现代化，中国特色社会主义是合乎伦理的社会主义。它们蕴含着中国共产党、中国人民、中华民族推进经济社会发展的伦理智慧和道德实践智慧。中华伦理文明新形态的新颖之处至少表现在三个方面。

（一）具有中国特色的社会主义伦理文明新范式

中华民族对社会主义的选择只能是具有中国特色的选择。中华民族曾经试图学习和借鉴苏联的社会主义模式，但最终以失败而告终。在惨痛的失败教训面前，中华民族的唯一道路是中国特色社会主义道路。它是符合中国国情、反映中国民意的社会发展道路。

中国特色社会主义是中国共产党团结带领中国人民、中华民族在改革开放过程中逐渐探索到的正确发展道路和逐渐树立的伟大旗帜。习近平说："中国特色社会主义是党和人民历经千辛万苦、付出巨大代价取得的根本成就，是实现中华民族伟大复兴的正确道路"①。中国特色社会主义的根本价值在于它的"中国特色"。它与中国式现代化相融合、相贯通，是中国共产党、中国人民、中华民族在当前进行一切创造活动的动力之源。

受到中国式现代化和中国特色社会主义的强大创新驱动，中华伦理文明实现了从传统形态向新形态的根本性转变。中华伦理文明新形态首先是相对于中华传统伦理文明而具有新意的。中华传统伦理文明源远流长、博大精深、赓续不断，大体上经历了原始社会的伦理文明、奴隶社会的伦理文明、封建社会的伦理文明、新民主主义革命时期的伦理文明、社会主义革命和建设时期的伦理文明、改革开放和社会主义现代化建设新时期的伦理文明等伦理文明形态，目前正处于中国特色社会主义新时代的伦理文明建构时期。在推进中国式现代化和中国特色社会主义建设的过程中，中国共产党团结带领中国人民、中华民族坚持马克思主义伦理思想与中华民族道德生活实际相结合、与中华优秀传统伦理文化相结合，致力于推进中华优秀传统伦理文化的创造性转化和创新性发展，从而开创了中华伦理文明的新发展格局。

荀子说："青，取之于蓝而青于蓝；冰，水为之而寒于水"②。中华伦理文明新形态基于中华传统伦理文明而产生，从中华传统伦理文明中汲取

① 习近平谈治国理政：第 4 卷．北京：外文出版社，2022：10.
② 荀子．安小兰，译注．北京：中华书局，2016：2.

和继承了很多成分，同时对中华传统伦理文明进行了根本性超越，是超越中华传统伦理文明而形成的伦理文明新范式。以“中国式生态伦理文明”为例。中华民族历来有遵循自然规律的伦理思想传统。据《史记》记载，轩辕黄帝“时播百谷草木，淳化鸟兽虫蛾”①，即顺应时节播种谷物草木、养殖鸟兽昆虫，这说明中华民族在远古时期就具有了顺应天时地利进行农耕的生态伦理思想。周朝的老子更是旗帜鲜明地倡导“人法地，地法天，天法道，道法自然”②，提出了以自然为师的自然主义生态伦理思想。当代中华民族倡导人与自然和谐共生的生态伦理文明观，是对中华民族长期主张遵循自然规律、道法自然的生态伦理思想和生态道德实践精神的升华。

中华伦理文明新形态也不同于正在建构和发展的外国伦理文明形态，尤其是与西方发达国家正致力于建构和推广的资本主义伦理文明形态有着根本区别。冷战以苏联解体和东欧剧变而结束，西方发达资本主义国家一度“极其亢奋”，普遍产生了西方文化中心主义和西方文明中心主义意识，一超独大的美国甚至试图以美国式的资本主义文明模式主导人类文明发展方向。当代西方资本主义文明具有较之于西方奴隶社会和封建社会的文明以及自由资本主义阶段的文明的先进性和进步性，但它毕竟是建立在资本主义经济基础之上的文明。资本主义经济基础本质上是由贪婪资本支配的私有制经济，是由大财团操控、为大资本家服务的经济模式。它不会顾及本国社会弱势群体的生存状况，更不会关心整个人类的发展现状和前途命运。在美国，资本雄厚的大财团不仅操纵着国家的经济权力，而且操纵着国家的政治权力、文化权力。美国的重大经济、政治和文化决策都受到大财团的绝对控制。这反映在伦理文明层面，在国内必定是残暴的阶级压迫、阶级剥削以及因此而导致的尖锐阶级矛盾，在国际上必定是推崇和推行民族中心主义、民族利己主义、单边主义、霸权主义价值观。西方资本主义伦理文明不可能代表人类伦理文明的未来发展方向。

---

① 司马迁．史记：第1册．陈曦，王珏，王晓东，等译．北京：中华书局，2019：4.

② 老子．饶尚宽，译注．北京：中华书局，2006：63.

中华伦理文明新形态是中国共产党团结带领中国人民、中华民族在中华大地上创造的人类伦理文明新形态。它是马克思主义伦理思想与中华民族道德生活实际相结合、与中华优秀传统伦理文化相结合的最新成果，体现中国人民、中华民族在道德思维、道德认知、道德情感、道德意志、道德信念、道德话语、道德行为、道德记忆等方面的新发展、新进展，反映中华伦理文明受到中国式现代化和中国特色社会主义创新驱动所达到的新高度、新水平。中华伦理文明新形态是具有中国特色、中国风格、中国气派的社会主义伦理文明形态。

建构和发展中华伦理文明新形态是一项前所未有的伟大事业。它是由中国式现代化和中国特色社会主义创新驱动的事业，兼有“守正”和“创新”的特征。习近平指出，中国式现代化和中国特色社会主义是前无古人的伟大事业，为了不断推进这一事业，必须“不断拓展认识的广度和深度，敢于说前人没有说过的新话，敢于干前人没有干过的事情，以新的理论指导新的实践”①。推进中国式现代化和中国特色社会主义是守正创新的伟大事业，需要尊重传统、继承传统、发扬传统，更需要与时俱进、开拓创新。受到中国式现代化和中国特色社会主义的创新驱动，中国共产党团结带领中国人民、中华民族建构和发展中华伦理文明新形态的过程必然是一个守正创新的过程。

（二）具有整体性的伦理文明新范式

中华伦理文明新形态具有中国式人口伦理文明、中国式经济伦理文明、中国式政治伦理文明、中国式社会伦理文明、中国式生态伦理文明、中国式网络伦理文明、中国式国际伦理文明等内容。这不仅意味着它是一个包含丰富内容的伦理文明体系，而且意味着它是一个具有综合性、统一性、整体性的伦理文明体系。

中华民族是一个讲辩证的民族，具有崇尚辩证法的思想传统。中华民族不仅能够看到事物的两面性、多元性、复杂性，而且擅长从正反视角、

---

① 习近平．高举中国特色社会主义伟大旗帜　为全面建设社会主义现代化国家而团结奋斗：在中国共产党第二十次全国代表大会上的报告．北京：人民出版社，2022：20.

复合视角、复杂视角来看问题。老子指出，“大成若缺，其用不弊。大盈若冲，其用不穷。大直若屈，大巧若拙，大辩若讷，大赢若绌”①。意思是说，事物常常以相反的面相呈现出来，而将其本真的那一面隐藏起来。在现实生活中，我们反对单向度思维，反对只见树木不见树林的做法，反对坐井观天的做法，反对钻牛角尖的做法，倡导双向度思维、多向度思维，主张用系统思维、联系方法、发展观念看问题。讲辩证是马克思主义哲学智慧与中华优秀传统文化相结合的一个重要衔接点和贯通点。

习近平说：“必须坚持系统观念。万事万物是相互联系、相互依存的。只有用普遍联系的、全面系统的、发展变化的观点观察事物，才能把握事物发展规律”②。中华伦理文明新形态是一个庞大的伦理文明体系。在建构和发展它的过程中，中国共产党、中国人民、中华民族始终坚持用普遍联系、全面发展、发展变化的观点来审视它，始终坚持用系统思维来思考它的思想基础、内涵要义、生成机理、建构实践、道德话语等重要论题，始终坚持从战略性、综合性、全局性、整体性的高度来认识、理解与把握它的意义和价值。

中华伦理文明新形态是一种具有整体性的伦理文明形态。中国共产党团结带领中国人民、中华民族正致力于建构和发展的中华伦理文明新形态，不是中国式人口伦理文明、中国式经济伦理文明、中国式政治伦理文明、中国式社会伦理文明、中国式生态伦理文明、中国式网络伦理文明、中国式国际伦理文明等单向度发展的伦理文明，而是它们全面推进、协调发展、相互支持的伦理文明。

中华伦理文明新形态是中国特色社会主义精神文明的核心内容。它必须由丰富多彩的具体内容构成，但这并不意味着它的内容是零散的、杂乱的。它具有鲜明的综合性、全面性、统一性和系统性。习近平强调：“要

---

① 老子．饶尚宽，译注．北京：中华书局，2006：111.

② 习近平．高举中国特色社会主义伟大旗帜 为全面建设社会主义现代化国家而团结奋斗：在中国共产党第二十次全国代表大会上的报告．北京：人民出版社，2022：20.

持续深化社会主义思想道德建设，弘扬中华传统美德，弘扬时代新风，用社会主义核心价值观凝魂聚力，更好构筑中国精神、中国价值、中国力量，为中国特色社会主义事业提供源源不断的精神动力和道德滋养”①。只有综合发展、全面发展、统一发展、系统发展的中华伦理文明新形态，才能为中国式现代化和中国特色社会主义提供强有力的精神支撑与价值引领。

(三) 具有国际主义特质的伦理文明新范式

中华民族是一个具有天下道德情怀的民族。这种情怀可以追溯到先秦时代。老子倡导“天下普德”。他说：“修之于身，其德乃真；修之于家，其德乃余；修之于乡，其德乃长；修之于邦，其德乃丰；修之于天下，其德乃普”②。老子将“修之于天下”的“德”称为“天下普德”。墨子更是一位具有天下主义道德情怀的哲学家。他反对“天下之人皆不相爱”③，尤其反对恃强凌弱，认为“天下兼相爱则治，交相恶则乱”④，呼吁“兴天下之利，除天下之害”⑤，主张“天下之人皆相爱，强不执弱，众不劫寡，富不侮贫，贵不敖贱，诈不欺愚”⑥，倡导“兼相爱、交相利”⑦。在先秦时代，中华民族没有“世界”概念，只有“天下”概念，因此，老子和墨子追求的是天下道德情怀与伦理文明观。

当代中华民族生活在由“世界”观念主导的国际语境中。受到经济全球化、网络化、信息化等因素的影响，世界各国之间的相互联系在当今正变得越来越密切，形成了“你中有我，我中有你”的世界格局。在此国际背景下，中华民族长期崇尚的天下道德情怀演化为世界道德情怀。习近平说：“必须坚持胸怀天下。中国共产党是为中国人民谋幸福、为中华

---

① 中共中央文献研究室．习近平关于社会主义文化建设论述摘编．北京：中央文献出版社，2017：146.

② 老子．饶尚宽，译注．北京：中华书局，2006：130.

③ 墨子．方勇，译注．北京：中华书局，2015：125.

④ 墨子．方勇，译注．北京：中华书局，2015：122.

⑤ 墨子．方勇，译注．北京：中华书局，2015：134.

⑥ 墨子．方勇，译注．北京：中华书局，2015：126.

⑦ 墨子．方勇，译注．北京：中华书局，2015：128－129.

民族谋复兴的党，也是为人类谋进步、为世界谋大同的党"①。习近平的论断显然将中华民族的天下情怀和世界情怀融合到了一起。

中国式现代化和中国特色社会主义是中国共产党团结带领中国人民、中华民族奋力推进的伟大事业，但它是与世界发展格局、前途和命运息息相关的伟大事业。在推进中国式现代化和中国特色社会主义建设的过程中，既应该具有本国眼光、本民族情怀，也应该具有世界眼光、国际情怀；既应该关心本国、本民族的发展进步，也应该关心全世界、全人类的发展进步；既应该认真对待本国人民普遍关心的问题，也应该积极回应世界各国人民普遍关切的问题；既应该致力于建构和发展中华伦理文明，也应该致力于建构和发展世界伦理文明。

当代中华民族正在从天下主义伦理文明观转向国际主义伦理文明观。中华民族所说的"天下"，有广义和狭义之分。老子说："圣人在天下，歙歙焉，为天下浑其心"②。意思是说，圣人生活于天下，总是谦虚谨慎的样子，他们总是为了天下百姓着想而没有任何私心。此处的"天下"，大体上相当于西方人所说的"世界"一词。孟子引用《诗经》里的话说："普天之下，莫非王土。率土之滨，莫非王臣"③。此处的"天下"，是狭义的，意指"中国"或"中华大地"。从天下主义伦理文明观转向国际主义伦理文明观，不仅说明中国共产党、中国人民、中华民族对"天下"和"世界"的伦理认知发生了根本性变化，而且意味着中华民族已经着手建构和倡导新的国际伦理文明观。这种国际伦理文明观扬弃了中国传统天下主义伦理文明观将"中华伦理文明"等同于"世界伦理文明"的狭隘性和局限性，对外国伦理文明采取批判和借鉴相统一的道德态度，主张世界各国推进伦理文明互鉴，具有天下主义伦理文明观所缺乏的开放性、包容性和国际性特征。

推动构建人类命运共同体，是中国共产党团结带领中国人民、中华民

---

① 习近平．高举中国特色社会主义伟大旗帜　为全面建设社会主义现代化国家而团结奋斗：在中国共产党第二十次全国代表大会上的报告．北京：人民出版社，2022：21.

② 老子．饶尚宽，译注．北京：中华书局，2006：119.

③ 孟子．万丽华，蓝旭，译注．北京：中华书局，2006：202－203.

族弘扬国际主义伦理文明观的集中表现。经过 40 多年的改革开放，当今中国社会各界不仅对“改革”和“开放”的心理适应能力得到了根本性提高，而且对国家与国家、民族与民族之间的关系有了更加深刻的伦理认识、理解和把握。我们更加深刻地认识到了世界各国之间相互依存、命运与共的事实，更加深刻地认识到了国际关系和民族关系的伦理特性，更加深刻地认识到了国际伦理精神对建构健康国际关系和民族关系的重要性，更加深刻地认识到了人类相互支持、守望相助的伦理价值。当今中国不搞民族中心主义、民族利己主义、单边主义、霸权主义，主张世界各国和平共处、共同发展、同生共荣，倡导弘扬国际正义，呼吁建立更加合乎伦理的国际新秩序。

中华伦理文明新形态是中国共产党团结带领中国人民、中华民族在中华大地上创造的伦理文明新形态。它既属于中国，也属于整个世界、整个人类。中国共产党、中国人民、中华民族都愿意为人类伦理文明发展做出力所能及的贡献，乐意将自己在推进中国式现代化和中国特色社会主义建设的过程中创造的中华伦理文明新形态奉献给整个世界，但我们从来不将自己的伦理文明观强加于其他国家、其他民族。我们只是将自己视为世界大家庭的一个重要成员，认为自己对世界发展和人类伦理文明进步承担着不可推卸的国际道德责任，并且愿意为此尽心尽力。至于世界其他国家是否愿意接受我们推进在中国式现代化和中国特色社会主义建设的过程中建构和发展的中华伦理文明新形态，这需要通过时间来说明、来证明、来检验。

建构和发展中华伦理文明新形态，是当代中华民族的共同道德责任。在这种道德责任的驱动下，我们能够为建构和发展中华伦理文明新形态砥砺前行、奋发作为，但仅仅具有这种道德责任意识是不够的。我们还需要有强烈的伦理意识和伦理信念。是否相信我们能够建构和发展中华伦理文明新形态，这是一个信念伦理问题。为了建构和发展中华伦理文明新形态，当代中华民族首先应该展现应有的伦理信念，坚信自己已经开启建构和发展中华伦理文明新形态的历史进程。责任伦理能够推动我们勇于担当建构和发展中华伦理文明新形态的道德责任，而要将这种道德责任担当保持下去，我们还需要信念伦理和伦理信念的强有力的加持与赋能。

第二章　中华伦理文明新形态：何所向与何所为

“何所向”意欲的是为了什么，即何以需要构建一种中华伦理文明新形态；“何所为”寻求的是，这种伦理文明新形态是如何可能的。如若这两个前提性问题已被澄清和澄明，那么一个直接的问题便是：这种中华伦理文明新形态具有怎样的结构，结构中的每一个要素和环节是如何被安置在整体结构中的，它们各自发挥着怎样的作用？我们试图借助现象学方法，对中华伦理文明新形态做结构现象学、价值现象学和发生现象学的考察。如何在语义学和语言哲学的视域内规定中华伦理文明新形态？从其内部构成看，首先，它是一种主体性的德性，亦即令行动者、令他人、令城邦的各种能力得到充分发挥并使之处在整体性的好状态的能力和品质，令个体获得总体性的善自然可喜，但令整个城邦获得总体性的善则更加可贵；其次，它是一种作为客体性存在的观念系统和感受性存在的社会场域，亦即作为习性存贮下来的类意义上的意识和规范，以及由此形成的伦理环境。由此可以说，中华伦理文明新形态既是目的性的文明体又是功能性的文明体。最为困难的似乎不是指明中华伦理文明新形态的构成与功能问题，而是被明确意识到的当下的拥有和应有的缺失；我们所实际拥有并被反复运用的德性和规范已不足以推动我们实现被人们意识到并明确标划出来的终极之善，而能够助力实现终极之善的德性和规范尚在意愿之中，于是，拥有并切实可行地运用意愿中的德性和规范才是最为艰难的事情。真实动机、正心诚意、格物致知、道德革命构成了一个自我流动、自我实现和自我完善的主体性逻辑；以此为基础，将现象学的致思范式充分运用到中华伦理文明新形态的分析和论证之中，便有了结构现象学、价值现象学和发生现象学，其间充满了自我开显、自我转换的内在逻辑，这是事物自身的发生和演进过程。

一、从善良意志到语言哲学：前提性问题

如果建构中华伦理文明新形态是一个具有对象的确定性和主体的明晰性的问题，那么这必然涉及两个前提性问题。（1）必须预先拥有一种善良意志，即构建中华伦理文明新形态并非仅仅构建一种新型伦理范式，更不是为了实现某个人或某些人的私有目的，而是要为中国式现代化进行一种伦理基础的奠基。推动中国式现代化也并非直接目的，而是要通过推动中国式现代化令所有人出于意愿并有充分的外部环境过一种整体性的美好生活。这就是善良意志。（2）仅有善良意志还不够，中华伦理文明新形态必须是一个具有严格的必然性和真正的普遍性的事物，它是被历史理性决定了的事物，是历史的声音和民众的心声。那么，如何才能把作为基于历史理性而反映历史的声音和民众的心声的中国式现代化以及它所需要的伦理范型，呈现在表象里、把握在意识中呢？它们的所指、被指和能指究竟是什么？只有语言哲学才能将中华伦理文明新形态所内含的所指、被指和能指澄明出来、阐释出来。

（一）前提性问题的一般说明

就“中华伦理文明新形态：何所向与何所为”这一主题而言，这与其说是朝向中华伦理文明新形态的提问方式和致思范式，倒不如说是直面事情自身。进一步讲，我们何以要直面事情自身？毫无疑问，这是一种指向前提性问题的追问方式。无论是被人类理性想到并用语言说出的对象，还是已经和正在出现的事物，都是事情。将事物变成事情，并不仅仅在于语词的变换，更在于一种本源性的“给予”过程。“事物”是就其自身而言的，而“事情”则是事物对于所指者和能指者所具有的意义而言的。“事情”是渗透着人的意愿、意向的事物，是获得了“被给予性”的事物。这是一个他者进入我们的“视界”或“视域”的过程，虽然不因为我们的努力而存在，但却因我们的给予过程而实存。现在的问题是：我们何以要把自己的理性、语言、情感、情绪、意志等注入对象中？那是因为我们需要它们，它们对我们是充满着“意味着”的事物。中国式现代化

就是当代中国人的一件根本性的事情，如何为这件根本性的事情进行伦理基础的奠基，就是一件基础性的事情。对这个前提进行预设、批判和反思，就是构建中华伦理文明新形态的核心议题。为中国式现代化寻找和构建一个形而上学前提，不仅是必要的，而且是可能的。在传统的哲学研究中，寻找前提和构建前提，是任何一种哲学研究都必须预先完成的事情。在具体的沉思中，就是发问和追问，例如：人为什么活着？如何才能过一种有意义的生活？为了能够生活得好，个体和类就必须能够正确思维，而正确思维的目的就是获得知识，包括理论知识、技艺知识和实践知识。那么，如何才能获得正确的知识呢？通过笛卡尔式的沉思，通过彻底怀疑，通过我以“思”的方式去实现我的“是”，一种正确的知识就被提出了。那这是否意味着，只要获得了正确的知识，个体和类的任何一种思考与行动就都是可以接受的？显然不是。尚需具备事实性的和正当性基础的证明。如果说笛卡尔追求的是经过怀疑而获得的真知识，体现的是人的认知能力，那么康德则在“人是什么”这个总标题之下提出了三个疑问：我所知者何？我所行者何？我所欲者何？我自知我在获得真知识，我能够证明我所获得的知识是正确的，因而是普遍有效的。我觉知我在行动，且我明知我的行动是出于责任的。我意愿且能够预想到，我所希望的东西是那些令我愉快与不快的东西。那么，如何才能实现我所知、我所行和我所欲呢？必然是预先拥有实现这些目的的能力。然而，人类是否先天地拥有这些能力呢？与三个目的相对应，人类必须拥有三种能力：认识能力、欲求能力和判断力。在构建哲学大厦之前，康德要殚精竭虑地为这座哲学大厦进行能力基础的奠基；没有牢靠的基础，任何一座大厦迟早都会坍塌。康德通过对人的先天的认识能力、欲求能力和判断力的考察，找到了实现人的三个目的的基础：理论理性、实践理性和判断力。

在今天的学术研究中，寻找前提和构建前提的工作已经不那么重要了。对于任何一个可能和已经出现的思考与行动是否具备一个事实性的和正当性的基础，人们似乎已经失去了兴趣，人们只问“这个思考与行动是否出于意愿”，只要出于意愿和合乎意愿就是正当的，只要自认为或由他者认为出于意志就是正确的，至于这个意志是一般意志还是特殊意志、是个人意志还是公共意志，都不是或者不应该是值得质疑和过问的事情。

一个缺少坚实的内在根据和充分的外在理由的观念与行动就是缺少根据的事情。无根和拔根状态，是我们必须正视和重视的社会现象。在某种程度上可以说，当代中国伦理学研究中的无根和拔根状态更加明显，也更加令人担忧。如果缺少了追问到底的精神，如果没有经过对何以可能、如何可能和怎样可能进行追问的艰苦的沉思过程，那么任何一个伦理理论和道德判断就都是不牢靠的。例如，我们在尚未对AI技术和生成式人工智能之能够创制、支配、控制与运用的事实性和正当性的基础进行彻底的考察之前，就信誓旦旦地宣称，人工智能既能够分解一切又能够合成一切的神奇功效，可以将人类带入全面而彻底的美好生活状态。这种只问是否拥有主观根据而不问是否拥有客观根据，甚至置主客观根据于不顾的研究方式，使伦理学研究陷入了无根和拔根状态。

为任何一个可能出现的观念和行动寻找与建构一个事实性和正当性的基础，无疑是道德形而上学、道德哲学和伦理学的根本任务，它们与一般形而上学不同。在传统的形而上学沉思中，数学和自然科学都包含先天综合判断，这似乎是人所共知的事情。然而，在人类求得真理的过程中，是否也有先天综合知识呢？于是，在可知与不可知的阈限内，康德在纯粹理性范围内给出了本体与现象的二分世界，人类只能在理性原则指导下对表象做知性范畴意义上的统觉和统握工作，不为本体而只为表象立法；而在由人的观念和行动构成的由己性与属己性世界里，人是用理智世界（原型世界）对感性世界（模型世界）实施指导和支配的，是通过理智为感性立法的。由康德的先验哲学开显出来的启示是，应该思考与揭示构建中华伦理文明新形态的事实性和正当性的基础。

中华伦理文明新形态是一种怎样的实践呢？首先，它不是实体性的存在，而是观念性、情感性、意志性的存在，是个体、群体、民族、国家性的观念和行动。其次，这样一种观念和行动对于个体与类的生活至关重要。倘若经验和直观就可以证明其重要性，或者说，常识和知识就可以证明人类伦理文明对于个体与类的生活而言，是真问题，是根本性的重大问题（事实也确实如此），那么，现在的疑问就是：我们何以要构建中华伦理文明新形态？我们是否具备构建中华伦理文明新形态的主体性力量和客体性资源？抑或，我们只是具备了构建中华伦理文明新形态的意愿，而没有实际行动？更加深层的问题是，我们的观念、意识、知识、情感和意志本质上仍是前现代的，而我们的意愿却是现代的。我们用前现代思维构建现代文明，这种措置可能还没有被人们明晰地感觉到，意识与潜意识和无意识之间的矛盾和冲突还没有呈现在表象里，或者还没有为意识所把握。

如果对这些前提性问题没有预先做出明确的批判和反思，而只是出于感觉或直觉而模糊地意识到，构建中华伦理文明新形态对于推进中国式现代化是一件基础性的、根本性的事情，那么，谁来构建、构建什么、如何构建，谁为构建担负道德责任，就都将是模糊的。对象的确定性和主体的清晰性是我们从事这种构建工作所必须坚持的两大原则；对象的确定性是指事情自身的客观逻辑，主体的明晰性是指概念、话语和表述的主观逻辑。一件充满确定性的事情，其自身具有自明性，但这种自明性必须通过概念的清晰性被阐释出来。何所向与何所为就是我们试图将构建中华伦理文明新形态这件具有自明性的事情，通过充满明晰性的概念阐释出来的一种艰苦努力。

我们不是站在中华伦理文明新形态这一“题材”的对面，以一种他者的身份描述这个“题材”的自我开显和自我转换的过程，而是让“题材”本身当权，“题材”借助我们的概念、话语和逻辑呈现其自身。中华伦理文明新形态并不是无根的自我显现物，而是基于“道德事实”这个充满生命力和自我转化能力的“有机体”之上的，这个“有机体”凭借其自身的质料因、动力因、形式因、目的因这四种元素和环节，不断地由可能转化为现实，从人性道德事实转向社会道德事实、精神道德事实，最后发展成为一种自我呈现、自我修正、自我完善和自我发展的伦理精神。当这种伦理精神在一个民族内部生成、活跃着的时候，它就是民族伦理精神；当它在现代国家的意义上显现着、活跃着的时候，它就是国家伦理精神；当它在特定的历史时期成为整个人类的共同价值的时候，它就是人类伦理精神。为了防止把中华伦理文明新形态视作一个由诸种元素和环节组合而不是结合起来的机械物，一个可以随意拆分又随意组合的无生命存在物，必须采取“超越论的现象学”的致思范式，只有这样才能真正直面中华伦理文明新形态这个事物自身。

人类似乎从不缺少对美好事物的向往，而最缺少的是实现向往的勇气和能力；虽然也不缺乏实现终极之善的真情实意，但也不缺少虚情假意，亦即以所谓“道德革命精神”掩盖真实的道德保守主义。人们拥有的资源不同，所处的地位各异，进行道德革命的动机就不同，因此，预先完成“正心诚意”的工作，对于构建中华伦理文明新形态具有前提性作用。真诚是追寻真理并运用真理的道德基础，因为如果仅为满足个人感受或特殊利益而追寻真理，这一目的就永远不可能实现。没有合理性作为坚实基础的合法性不会是出于理性或合于理性的，因而是无法用真理的标准加以论证的。追问、追寻和构建中华伦理文明新形态就需要真诚的动机和科学的精神，实现从善良意志到公共意志的转变，这是实现这一目的的意识前提。

如果说，在前提性问题的一般说明中，已经初步完成对构建中华伦理文明新形态何以可能、如何可能和怎样可能所进行的前提考察，那么更终极性的追问就是：我们为何要构建中华伦理文明新形态？显然，这不是目的自身，它是为另一个更重要的目的服务的，这个更重要的目的就是中国式现代化。然而，如若将前提追问到底，那么我们自然就会问：中国式现代化究竟是为了什么目的而被发动起来的？这就是，让每个人都有自明的意愿且有充分的条件和环境过一种整体性的美好生活。只有将中国式现代化的伦理性质充分揭示出来，构建中华伦理文明新形态才能成为推动中国式现代化的伦理基础。这就是构建中华伦理文明新形态的何所向问题，只有预先澄明何所向问题，何所为问题才有根基。

（二）如何为中国式现代化进行正当性基础的论证

中国式现代化是朝向作为目的论始点的伦理世界的整体性社会运动过程，这不仅为观念所预设，也为社会改革过程所证明。

只要有人类存在，只要人们意愿过一种整体性的美好生活，作为目的论始点的伦理世界就会存在。伦理世界是那个源出于人之所是与应是的价值世界，个体及由个体有机结合而成的类都是依此伦理世界而生存和生活；任何一种社会都是朝向这个伦理世界而完成的复杂设置。人们固然因怀念过往的伦理世界或沉浸于未来的想象的伦理世界而对当下的伦理世界表示不满，但正是这种不满才是人们的实际性。最为重要的不是朝向“不再是”，而是面对、应对“正在是”，并指明一种“尚未是”的可能状态。海德格尔在1923年的讲座《存在论：实际性的解释学》中开篇便说，一切诠释都是朝向“实际性”的体验与思考：“实际性是用来表示‘我们的’‘本己的’（eigenen）此在（Dasein）的存在特征。更准确地说，这个用语系指：当下的（jeweilig）这个此在［‘当下性’（Jeweiligkeit）的现象；试比较：逗留（Verweilen）、停驻（Nichtweglaufen）、寓于此的存在（Da-bei-sein）、此-在（Da-sein）］，如果它在其存在特征是存在方式中的‘此’的话。存在方式中的此在指：不是而且决不是最初作为直观和直观规定的对象，不是作为仅仅从中获得知识和占有知识的对象，而是此在为了它自己以其最本己的存在如何（Wie）在此存在。这种存在的如何敞开并规定着‘此’（Da）之当下的可能性。存在（Sein）——为及物动词：去过实际生活！如果存在取决于它自身，即存在，那么存在本身根本就不可能是一个占有的对象”①。人们总习惯于去占有已经逝去的“不再是”和想象拥有“尚未是”，从而不能理性地、科学地对待自己实际拥有的“实际性”，即“正在是”。那么，什么才是我们实际拥有的伦理世界呢？中国式现代化所要实现的那个伦理世界究竟是一种怎样的价值结构呢？这个伦理世界就是我们这个时代的有理性的东西，是我们的实际性，是时代的所是；它要借着中国式现代化而实现自身，中国式现代化就是应是。所是与应是都深深地蕴藏在历史的声音中、民众的心声里，“公共舆论中有一切种类的错误和真理，找出其中的真理乃是伟大人物的事。谁道出了他那个时代的意志，把它告诉他那个时代并使之实现，他就是那个时代的伟大人物。他所做的是时代的内心东西和本质，他使时代现实化”②。

在现时代，那个作为终极之善的伦理世界可以这样被表述：找到一种能够持续创造财富并合理分配财富的经济组织方式；创制一种令每一个人都自愿且合理表达其政治意志的制度安排；令每一个人都有能力也有条件

---

① 海德格尔．存在论：实际性的解释学．何卫平，译．北京：商务印书馆，2016：8－9.

② 黑格尔．法哲学原理．范扬，张企泰，译．北京：商务印书馆，1961：334.

过一种整体性的美好生活。在这三个陈述中，经济和政治仅仅具有手段之善的意义，而整体性的美好生活才是终极目的。

1. 人类始终孜孜以求于一种能够持续创造财富并合理分配财富的经济组织方式

以采集和狩猎为基本类型的原始经济，以畜牧业和农业为主要类型的自然经济，以制造人工产品为主要类型的工业经济，以信息和知识的生产与传播为主要类型的知识经济、信息经济和数字经济，是人类发展到今天能够找到的最为重要的经济组织方式。这是就财富的生产方式而言的。就产品的交换方式来说，则有自给自足式的自然经济、日常消费品之交换的交换经济、生产资料和生活资料普遍交换的商品经济，以及以市场为导向进行资源配置的市场经济。市场经济被认为是迄今为止人类能够找到的相对有效率的经济组织方式，它发轫于15世纪下半叶欧洲的一些沿海城市。西欧主要国家的现代化运动起始于同一时期，起初可能以经济形态为主，换言之，市场经济是推动现代化运动的直接动力。然而，西方形态的现代化运动从来就不是纯粹的经济行为，尽管资本的运行逻辑是支配西方现代化运动的基础性力量，但通过劳动资本化、资本私有化、私有制度化，一个完整的资本主义体系就被建构起来了；至此，市场经济仅仅成为资本主义体系实现其本质的一种手段。

法国年鉴学派标志性人物布罗代尔，则通过对资本主义发生史和演变史的考察，从经济史的角度给出了人们建构和发展市场经济所引发的伦理后果。布罗代尔在《十五至十八世纪的物质文明、经济和资本主义》第2卷集中论述了“市场与经济”和“资本、资本家、资本主义”，虽然并未给出有关“市场”“市场经济”“资本主义”的明确或精确定义，但却用大量实证材料描述了市场的形成过程和资本、资本家、资本主义的产生过程①。在《资本主义的动力》这本小册子中，布罗代尔明晰地指出了市场经济和资本主义都有世界化的倾向。市场经济的世界化是借着普遍的交换完成的，正是通过交换不同的商品实现在世界范围内的流通；也正是通过

① 布罗代尔. 十五至十八世纪的物质文明、经济和资本主义：第2卷. 顾良，施康强，译. 北京：商务印书馆，2017：144－260，261－440.

交换，人们实现了多样性需要的满足和生活方式的多样化，其间并无恶的因素。“从 15 世纪到 18 世纪，市场经济这个快速生活区不断拓宽。拓宽的征兆，证明拓宽的标记，这就是市场价格越过空间呈现出的连锁变化。在全世界，在对此已有许多观察的欧洲，在日本，在中国……在美洲……价格都在变动”①。资本主义又借着逐渐世界化的市场、交换，简言之借着逐渐世界化的市场经济而将自己推广到世界中去。“诚然，今日资本主义的规模与范围出现了令人难以置信的变化。它是随着基础交换和运作手段令人难以置信的扩展而水涨船高的。但是，万变不离其宗，我怀疑资本主义的性质产生了彻头彻尾的变化”②。然而，“资本主义仍然建立在剥削国际资源、利用国际机遇的基础之上，换言之，它以世界为存活的范围，至少它是向全世界伸展的。它当前的大目标是：重整全球主义的旗鼓”③。资本主义如果离开了物质生活和市场经济，就绝不能变成世界性的。“我更加坚信我自己慢慢归顺的意见，即资本主义是地地道道从顶端的或伸向顶端的经济活动中衍生出来的。如此说来，这个强悍的资本主义是由两层垫子托持着的，一层是物质生活，一层是结构紧密的市场经济，资本主义代表的是高利润领域。鉴此，我把资本主义定位在顶点上”④。布罗代尔一再强调指出，资本主义与市场经济是不同的，无论在时间逻辑还是事物的逻辑上，市场、市场经济都是先于资本主义而产生的。但人们对资本主义与市场经济通常是不加区分地使用的，认为将市场经济推广到世界各地就是把资本主义扩展到整个世界，这就为资本主义的世界性扩张提供了坚实基础。布罗代尔指出：“通常，人们对于资本主义与市场经济不加区别，之所以如此，是因为二者从中世纪至今总是同步发展的，是因为人们经常将资本主义说成是经济进步的驱动力和经济进步的充分的展现。其实，一切都驮在物质生活的巨大脊背上。物质生活充盈了，一切也就前进了，市场经济也就借此迅速地充盈起来，扩展其关系网。资本主义一贯是这种扩

① 布罗代尔．资本主义的动力．杨起，译．北京：三联书店，1997：27－28.
② 布罗代尔．资本主义的动力．杨起，译．北京：三联书店，1997：76.
③ 布罗代尔．资本主义的动力．杨起，译．北京：三联书店，1997：76.
④ 布罗代尔．资本主义的动力．杨起，译．北京：三联书店，1997：77.

充的受益者”①。布罗代尔将市场经济与资本主义区分开来，而将前者视为一种提升物质生活水平的经济组织方式，推行市场经济未必造成剥削、不公正，而推行资本主义则必然造成极端利己主义、不平等和不公正，这一观点对于研究市场经济的伦理性和伦理基础问题极为重要；进一步讲，政治制度对于规避市场经济的劣势而发挥其优势起着根本性的作用。

事实证明，当资本主义体系借着现代生产逻辑，借助物质生活和市场经济这两个坐垫而逐渐爬升到经济世界的顶点时，它便把地方性的空间不正义变成了世界性的空间不公正。作为现代化运动之支点的资本，为资本主义的世界化开辟了道路，它把劳动资本化、资本私有化、私有制度化变成了世界性的存在。资产阶级消灭了过往的私有制，却又把新的私有制发展到了最完备的形态。“共产主义的特征并不是要废除一般的所有制，而是要废除资产阶级的所有制。但是，现代的资产阶级私有制是建立在阶级对立上面、建立在一些人对另一些人的剥削上面的产品生产和占有的最后而又最完备的表现”②。当资本被资产阶级变成一种社会力量的时候，资产阶级就可以凭借资本的魔力而把它的占有和支配的欲望与行为贯彻到世界的任何一个角落。“资本是集体的产物，它只有通过社会许多成员的共同活动，而且归根到底只有通过社会全体成员的共同活动，才能运动起来。因此，资本不是一种个人力量，而是一种社会力量”③。因此可以说，在现代生产逻辑中，资本的力量，无论是作为一种追求增殖的观念，作为一种实现占有和支配的欲望，还是作为一种实体性的要素，都深深地植根于生产、分配、交换和消费之中；资本是一种典型的悖论性存在，在快速创造财富的同时又制造着劳动异化、两极分化和尖锐的社会矛盾。当资本及其运行逻辑为立于经济世界顶点的资产阶级或既得利益集团所完全控制时，社会整体结构就会朝着阶级对立的方向演进。市场自治在不受政治权力干预的交换领域是有效的，但完全的市场万能和市场自治被证明是靠不住的承诺。

---

① 布罗代尔．资本主义的动力．杨起，译．北京：三联书店，1997：42.

② 马克思恩格斯文集：第2卷．北京：人民出版社，2009：45.

③ 马克思恩格斯文集：第2卷．北京：人民出版社，2009：46.

于是，中国式现代化新道路的经济难题就充分地体现在如何正确引导、充分运用资本的社会作用上面。经过深刻的理论反思和艰苦的实践探索，从20世纪70年代末开始，中国特色社会主义才真正开启解放生产力和发展生产力的伟大变革。通过市场经济到底是手段还是目的的争论和“试验”，最终确定下来：社会主义有计划，资本主义也有计划；资本主义有市场，社会主义也有市场。市场经济作为一种资源配置方式，既可以为资本主义服务，同样也可以为社会主义服务，甚至可以更好地为社会主义服务。以城市为中心的全面经济体制改革，使社会主义建设走上了快速创造和积累财富的道路。在不断推进市场化的过程中，也时隐时现地出现了亚当·斯密所描述的“看不见的手”和“公正的旁观者”景象。斯密是在《天文学》Ⅲ2中首次使用“看不见的手”这一短语，在谈到早期宗教思想时，他指出，只有不合常规的偶然事件是由神奇的力量引起的。“火燃烧起来，水得到补充；重的物体下降，轻的物体上升，这是它自身性质的必然；也不是朱庇特的这只看不见的手觉察到而作用于这些物体”①。在《道德情操论》中，斯密将“看不见的手”表述得更清楚：“一只看不见的手引导他们对生活必需品作出几乎同土地在平均分配给全体居民的情况下所能作出的一样的分配，从而不知不觉地增进了社会利益，并为不断增多的人口提供生活资料。当神把土地分给少数地主时，他既没有忘记也没有遗弃那些在这种分配中似乎被忽略了的人。后者也享用着他们在全部土地产品中所占有的份额。在构成人类生活的真正幸福之中，他们无论在哪方面都不比似乎大大超过他们的那些人逊色。在肉体的舒适和心灵的平静上，所有不同阶层的人几乎处于同一水平，一个在大路旁晒太阳的乞丐也享有国王们正在为之战斗的那种安全”②。在《国富论》“论限制从外国输入国内能生产的货物”小标题之下，斯密再一次论述了“看不见的手”：“确实，他通常既不打算促进公共的利益，也不知

① 亚当·斯密．道德情操论．蒋自强，钦北愚，朱钟棣，等译．北京：商务印书馆，1997：17注释①.

② 亚当·斯密．道德情操论．蒋自强，钦北愚，朱钟棣，等译．北京：商务印书馆，1997：230.

道他自己是在什么程度上促进那种利益。由于宁愿投资支持国内产业而不支持国外产业，他只是盘算他自己的安全；由于他管理产业的方式目的在于使其生产物的价值能达到最大程度，他所盘算的也只是他自己的利益。在这场合，像在其他许多场合一样，他受着一只看不见的手的指导，去尽力达到一个并非他本意想要达到的目的。也并不因为事非出于本意，就对社会有害。他追求自己的利益，往往使他能比在真正出于本意的情况下更有效地促进社会的利益”①。

不可否认，斯密所说的“看不见的手”，事实上是基于个人、组织、企业的自利行为而造成的意想不到的社会公益后果；每个行动者并无利他动机，但每个人之间、企业与个人之间、企业与企业之间、企业与政府之间的相互依存性决定了自利动机的社会效果。事实上，这并非一个典型的伦理问题，而只能算是一个企业自利行为的伦理后果问题。造成这一后果的企业是否担负社会和道德责任，倒是一个典型的伦理问题，即自利性的普遍性问题。如果将每一个人、每一家企业都视作利益主体，那么每一个人、每一家企业的利己动机就都是合理的。如果每一个人和每一家企业都放弃促使自己利益最大化的努力，而等待其他利益主体的救济，那么谁又会通过利己行为而客观上造成社会利益的增加呢？这里的关键不在于利己动机，而在于人于己有利的自利行为，而不是损人利己。在市场经济条件下，正是不同利益主体之间的相互依存性，导致人们或不同企业之间必须遵循互利原则。这正是康德所给出的普遍法则：要按照你希望别人对待你的方式对待别人。依照康德的论证，只有出于责任的行为才具有道德价值，如果出于自利目的而不得不遵循互利原则，对于遵循互利原则本身并无爱好，那么这种行为只具有功利价值，因为每个利益主体都是依照利己意图而行动的。相反，反乎责任的行为不仅不具有道德价值，而且具有负道德价值，但此种情形不会持久而普遍，因为，如果互相欺骗成为普遍法则，则任何人的自利目的都无法实现。

然而，斯密的“看不见的手”的理论没有充分考虑到私有制与公有

---

① 亚当·斯密．国富论．郭大力，王亚南，译．北京：商务印书馆，2015：428.

制的本质区别。如若每一位企业家首先都是资本家，进一步说，“看不见的手”是在资本家与雇佣工人之间的阶级对立和对抗条件下运行的，那么，即便产生了意想不到的社会公益后果，它的伦理基础也是不道德的，是一部分人压迫和剥削另一部分人的后果，尽管遵循的是互利原则，但它们的前提是不公正的。马克思对貌似平等实则不平等的“看不见的手”的理论及其实践后果做了正确的批判：“劳动力的买和卖是在流通领域或商品交换领域的界限以内进行的，这个领域确实是天赋人权的真正伊甸园。那里占统治地位的只是自由、平等、所有权和边沁。自由！因为商品例如劳动力的买者和卖者，只取决于自己的自由意志。他们是作为自由的、在法律上平等的人缔结契约的。契约是他们的意志借以得到共同的法律表现的最后结果。平等！因为他们彼此只是作为商品占有者发生关系，用等价物交换等价物。所有权！因为每一个人都只支配自己的东西。边沁！因为双方都只顾自己。使他们连在一起并发生关系的唯一力量，是他们的利己心，是他们的特殊利益，是他们的私人利益。正因为人人只顾自己，谁也不管别人，所以大家都是在事物的前定和谐下，或者说，在全能的神的保佑下，完成着互惠互利、共同有益、全体有利的事业”①。

斯密用他的“旁观者”理论来约束和矫正一个功利者的利己动机。人与人之间之所以构成一个互惠互利的利益整体，除了那只“看不见的手”的作用之外，还有一种根本性的主体性力量，那就是同情和怜悯。“无论人们会认为某人怎样自私，这个人的天赋中总是明显地存在着这样一些本性，这些本性使他关心别人的命运，把别人的幸福看成是自己的事情，虽然他除了看到别人幸福而感到高兴以外，一无所得。这种本性就是怜悯或同情，就是当我们看到或逼真地想象到他人的不幸遭遇时所产生的感情……这种情感同人性中所有其它的原始感情一样，决不只是品行高尚的人才具备，虽然他们在这方面的感受可能最敏锐。最大的恶棍，极其严重地违反社会法律的人，也不会全然丧失同情心”②。同情和怜悯，作为

① 马克思．资本论：第1卷．北京：人民出版社，2018：204－205.

② 亚当·斯密．道德情操论．蒋自强，钦北愚，朱钟棣，等译．北京：商务印书馆，1997：5.

一种原始情感，产生于不同的人之间，是一个没有遭受痛苦的人，在直接感受到或想象地感受到遭受痛苦的人的感受时而产生的内心体验，本质上是一个移情的过程，即把他人的感受迁移到自己的想象中来，然后再把这种想象体验推至遭受不幸的人那里，继而产生安慰、抚慰。同情和怜悯使自我一分为二了，这便是斯密有名的“旁观者”理论。这种理论，虽然斯密是在同情心这种原始情感中运用的，但对于深入理解康德普遍法则的有效性，同样有着深刻的借鉴意义。一个法则能被普遍地遵守，在心理机制和意识水平方面，是建立在想象力的基础上的，即当我遵守某个法则而行动时，我意愿同时我也相信他人一如我那样遵守，反之亦然。

“显然，当我努力考察自己的行为时，当我努力对自己的行为作出判断并对此表示赞许和谴责时，在一切此类场合，我仿佛把自己分成两个人：一个我是审察者和评判者，扮演和另一个我不同的角色；另一个我是被审察和被评判的行为者。第一个我是个旁观者，当以那个特殊的观点观察自己的行为时，尽力通过设身处地地设想并考虑它在我们面前会如何表现来理解有关自己行为的情感。第二个我是行为者，恰当地说是我自己，对其行为我将以旁观者的身份作出某种评论。前者是评判者，后者是被评判者。不过，正如原因和结果不可能相同一样，评判者和被评判者也不可能全然相同”①。一个公正的旁观者，既可以用同情和怜悯来表达对遭受不幸的人的关爱和安慰，也可以把自己分成两个人，以公正的态度对自己的行为做出公正的评价，就如同评价别人的行为那样，运用相同的评价标准；也如同别人评价自己的行为那样，保持和他者评价的一致性。

经过40余年的经济体制改革和市场经济的发展，斯密所描述的“看不见的手”和“公正的旁观者”景象并未普遍地出现，相反，资本和权力这两只“看得见的手”却牢牢地掌控着那只“看不见的手”。处在不利地位的弱势群体在初始分配中就被置于后续持续性的不利处境，一种日益严重的固化现象普遍地呈现出来。这着实令人深思：不改革原有的经济体制和经济增长模式，结果是共同贫穷与落后；建立市场经济体制，解放生

① 亚当·斯密．道德情操论．蒋自强，钦北愚，朱钟棣，等译．北京：商务印书馆，1997：140.

产力和发展生产力，财富积累起来了，经济总量增加了，却又加深了相对贫困的程度。

事实证明，市场经济尽管内在地拥有通过价值与价格的对立统一关系调节着现代生产的四个要素，但却无法合理安排生产资料和生活资料以及随资本积累而来的权力、地位、身份、机会等权威性资源和市场化要素在整个社会领域里的公平分配。进言之，经济力量无法解决由资本的运行逻辑所可能导致的劳动异化、两极分化和社会矛盾，它必须借助政治力量，通过体现公平与效率的分配制度，合理分配社会资源和社会财富，这就是社会主义制度的根本优势。如何充分并合理运用政治力量推进中国式现代化，业已成为一个根本性的道路问题。

2. 构建体现正义和平等原则的政治制度

在推进中国式现代化的过程中，政治力量和政治智慧愈益显示出它的根本作用；这种作用是双重的，既是目的又是手段。如何建构一种令每个人都自愿且合理表达其政治意志的制度安排，就是手段论意义上的政治力量；培养每个人自觉、自愿、理性地关注和参与公共政治生活的政治意识，使其能充分表达民意和公意，就是目的论意义上的政治力量。自人类进入阶级社会并形成国家以来，“政治”作为一种观念、制度和行动，便开始在人们的集体行动和公共生活中起着根本性的作用。在阶级对立的社会状态下，政治是一个用以描述在经济上居支配地位的阶级通过思想上层建筑和政治上层建筑维护自己的统治地位的概念，在此种状态下，自由、民主、平等、公正这些观念和价值是没有现实性的。而在社会主义制度之下，政治概念虽然依旧保留着政党、政府通过公共管理而为公民提供最大化的公共物品这一含义，但在性质及功能上已经具有全新的内涵和作用。

中国式现代化要求同时培育现代政治文明。这种政治文明既不同于西方基于近代的现代化运动而来的资本主义政治文明，也不同于传统社会基于差序格局的封建主义政治文明，而是基于中国特色社会主义政治制度、既继承又超越中外古今政治文化而形成的新型政治文明形态。首先，现代政治文明是一套新型的观念体系。这套观念体系是普遍的、根本性的。它来自当代形态的个体与类的理性自身，是这个理性的概念化和观念化，这个理性被变成相关于目的之善的价值命题时，就体现为财富的持续创造与合理分配、令每个人都自愿且合理表达其政治意志的制度安排、能够过一种整体性的美好生活。当把终极之善标划为初心和使命时，政治观念就被改造成了朝向天人之道的生态文明、朝向人伦之道的社会文明和朝向基于对美好生活追求的整体素养提升的政策设计和制度安排，即制度文明。就天人之道而言重构当代的自然观、时空观和生态观，就人伦之道而言重构财富观、效率观、平等观、权力观、公平观、正义观，就整体性的美好生活而言重构道德观念、自由观和幸福观，是重构当代制度体系的观念基础。在财富的持续创造和合理分配的过程中，作为体现公平与效率的经济制度和生态政策，必须坚持代内伦理和代际伦理原则，亦即为保护自然环境所付出的成本和所担负的道德与法律责任必须与个体和组织的所得成正比，生态正义原则所要实现的目标就是人与自然的和谐相处，促进人类社会的可持续发展。在财富、权力、地位、身份、机会的分配上，必须充分考虑天赋地位和自致地位的历史差异性，在坚持公平与效率有机统一的基础上，防止财富、权力和机会在优势人群那里持续积累，防止由资本的运行逻辑所可能导致的两极分化。既要人们有足够的积极性和创造性参与社会总财富的创造和分配，又不至于通过缩小甚至消灭差别而推行平均分配。共同富裕既是一个社会概念，又是一个历史范畴。作为一个社会概念，共同富裕是指每一个人都有分得和享有社会财富的权利，从经济平等、社会平等和政治平等回溯到人格平等，每一个受法律保护的公民都有平等的权利和义务，都既有积极参加社会劳动的权利和义务，又有分得社会财富、享受社会主义制度优越性的权利。在实现共同富裕的道路上，作为观念和制度的政治，面临着两个根本性的问题，一个是如何阻止权力、知识和资本之间的“互联互通”问题，权力知识化、资本化，知识权力化、资本化，资本权力化，是导致腐败的根本原因，权力、知识和资本作为现代化运动中的核心力量，失去其最基本的限制时，就必然造成社会资源和财富在少数人群那里快速聚集，致使处于不利地位的弱势群体无法突破日益固化的社会利益关系，自愿而合理地进入“市场”，参与社会财富的创造和分配。将权力、知识和资本限制在合理范围内的核心力量便是政治，这着实是一个悖论：用权力限制权力就如同能够利用权力谋得私利的人限制自己一样，是很难有道德和法律效力的。为此，就必须重构一种权力观和政治观，而这种充分体现民主、平等、正义价值的观念才是中国式现代化之伦理基础的核心内容，也是现代政治文明的重要标志。相反，如若依旧运用被证明已经落后的权力观和政治观来推动现代社会建设，那必然是徒有现代文明的外表而实则包含落后文化的内容。在向整体性的美好生活迈进的过程中，政治发挥着核心作用。当我们描述一种整体性的美好生活时，它往往意味着，人们在社会总劳动的分配上，能够在物质财富和精神财富的创造上合理分配社会必要劳动时间，合理配置劳动力资源。由资本的运行逻辑所造成的社会财富生产、分配与消费的结构性失衡，是依靠资本自身的运行所无法改变的困境。事实证明，始自 15 世纪下半叶的西方现代化运动，本质上是一个全面改造自身自然和身外自然的过程，物质需要的细致化和物质产品的多样化，致使人们在物质需要的满足上乐不思蜀、乐此不疲；快速发展起来的现代技术，更是把人们置于一种被物包围的世界之中。虽然无法精确计算，但至少从感性知觉上可以得知，人们用于创造精神产品的意愿、时间和精力远远弱于用于物质产品的生产和消费。现代化运动似乎是一个单方突进式的运行过程，这与市场经济的本质密切关联。只有当同类产品被快速生产出来且被快速消费掉的时候，通过生产和交换而完成的收益最大化才能实现；相反，与物质产品不同，精神产品可以多人多次消费，更为重要的是，以衣食住行为主要内容的物质需要，本质上是自在而自为的，而以信知情意为根本内容的精神需要则一定是通过后天的教育和教化而养成的；前者表现为人的物质性或生物性，而后者则表现为人的精神性或社会性。当人们沉浸于物质性或生物性需要的满足，甚至陷入奢侈与浪费而不能自拔时，人们的精神性和社会性都得不到相应的进化与提升，我们无论如何都不能说这是一种高级的文明形态。由资本的运行逻辑所导致的物质生产与物质需要和精神生产与精神需要的不平衡发展，也是中国式现代化必然面临的困境。如果人们将时间和精力用在与整体性的美好生活没有直接相关性的事务上，甚至用在形式主义的事务上，那么，作为国家治理和社会管理之核心力量的政治就未能行使它的指向终极之善的使命。

其次，政治是一个制度体系。如若使政治发挥它的真理性和终极性功能，就不能仅仅停留在观念的状态，而必须将政治观念制度化，只有借助制度，一个好的政治观念才能广泛而持续地发挥作用。制度是观念和行动的规范化形式，政治制度借助思想上层建筑和政治上层建筑而完成规范设置，它是相关于每个人的根本利益的事项；它具有合法性、强制性、权威性和不可逆性。作为一种“看似有理性结构”，政治制度一经被创制出来，就变成意义不再增加的固定结构，因此，政治制度是否合理，是否真正朝向终极之善而被共创，直接决定着政治生态的合理性、合法性程度。百余年党史实践的最大功绩就在于建立了一个体现共同富裕、民主、平等、正义价值的政治制度体系，这是中国式现代化最为坚实的基础。

3. 追求自愿而自足的整体性的美好生活

促使每一个人拥有丰富的客体性条件和坚实的主体性根据，过一种整体性的美好生活，是中国式现代化所欲求的终极目的。就美好生活的原始发生及其演进逻辑而言，可有两种道路：一种是对象化的道路，另一种是自主性的道路。世界只为人的美好生活提供了物质和环境，而没有提供既成的生活资料。所谓“质料”，就是可供人类生产用于满足其各种需要所需的元素，人类只能在自然给定的条件下进行生产劳动，借以创造出各种生活资料。这些元素通常是不能直接成为生活资料的，而必须经过人的加工和改造，这便是对象化的过程。劳动作为人的对象化活动的基本形态，是人的本质力量及其实现的根本标志；人通过劳动创造了一个对象性的存在，继而也就创造了一个属人的世界。然而，这个作为对象性存在的属人世界是否成为对于人的美好生活而言的客体性条件，则既取决于人类对自身之对象性存在的支配能力，更取决于人类能否创制出一种防止对象性存在成为异己性存在的政治制度。前者是一个普遍性问题，亦即在任何一种社会状态下，对象性存在都可能成为异己性存在；后者是一个特殊性问题，亦即在阶级对抗社会，异己性存在除了自然而然的对象性存在之外，还有人为的要素，即私有制。资产阶级消灭了以前的异己性存在，但又把由资本主义私有制制造的异己性存在发展成了最高的、最完备的形式。当自然的和人为的、普遍的和特殊的对象性及其异己性被统合在一起，成为一个根本性的社会问题时，建构何种样式的政治制度就成为人类追求整体性的美好生活的根本任务。人从人对人的依赖中摆脱出来，成为一个相对独立的存在，但却又因为资本的运行逻辑而陷入对物的依赖之中。“在世

界市场上，**单个人**与一切人发生**联系**，但同时**这种联系又不以单个人为转移**，这种情况甚至发展到这样的高度，以致这种联系的形成同时已经包含着超越它自身的条件……毫无疑问，这种物的联系比单个人之间没有联系要好，或者比只是以自然血缘关系和统治从属关系为基础的地方性联系要好。同样毫无疑问，在个人创造出他们自己的社会联系之前，他们不可能把这种社会联系置于自己支配之下。如果把这种单纯**物的联系**理解为自然发生的、同个性的自然（与反思的知识和意志相反）不可分割的、而且是个性内在的联系，那是荒谬的。这种联系是各个人的产物。它是历史的产物。它属于个人发展的一定阶段。这种联系借以同个人相对立而存在的异己性和独立性只是证明，个人还处于创造自己的社会生活条件的过程中，而不是从这种条件出发去开始他们的社会生活。这是各个人在一定的狭隘的生产关系内的自发的联系"①。只有在既超越狭隘的血缘联系、地方性联系，又超越人对物的依赖关系，而成为整个作为对象性存在的社会关系的支配者的时候，人的全面发展才有可能。"全面发展的个人——他们的社会关系作为他们自己的共同的关系，也是服从于他们自己的共同的控制的——不是自然的产物，而是历史的产物。要使这种个性成为可能，能力的发展就要达到一定的程度和全面性，这正是以建立在交换价值基础上的生产为前提的，这种生产才在产生出个人同自己和同别人相异化的普遍性的同时，也产生出个人关系和个人能力的普遍性和全面性"②。这是人类理性、历史理性，谁将这个理性澄明出来并使之现实化，谁就是他那个时代的伟大人物；哪种社会制度能够为个人自由而全面的发展提供充分必要条件，哪种社会制度就是体现人类理性和历史理性的现实事物。中国式现代化正是朝向这种现实事物的现实运动。

如果说中国式现代化为个人自由而全面的发展提供外在的基础、条件和环境，那么，如何过一种整体性的美好生活，则取决于每个人的意愿、素养和能力。这里的美好生活是一个整体性概念，就一个积极的人生而言，意味着对自身和他者而言的责任或义务。令每一个人都拥有获得美好

---

① 马克思恩格斯文集：第8卷．北京：人民出版社，2009：55－56.

② 马克思恩格斯文集：第8卷．北京：人民出版社，2009：56.

生活的条件和环境，是集体和国家朝向每个人的责任，但这种责任是相互的，当每一个拥有最基本思考和实践能力的人都拥有了来自他者的供给时，他同时也就产生了为他者供给的责任。一个不劳而获、躺平内卷的人，一个从不对他人和社会履行应尽义务的人，本质上是没有拥有美好生活的充分根据的，因为不劳而获、躺平内卷、自私自利不可能成为一条普遍原则。

当我们把中国式现代化所欲追求和实现的终极之善，先行标划出来，最为艰苦的工作则是为了实现这一终极之善而为中国式现代化进行道德基础的奠基，而用以奠基的文明体就是新形态的中华伦理文明。建构中华伦理文明新形态的初始力量，是朝向这个新形态自身的善良意志以及由此形成的公共意志。

二、从善良意志到公共意志

意志，既指一种能力，又指使用这种能力的动机。前者被称为意志力，是一个能思者完成某个行动所需要的总体能量，包括身体素质、情感总量、精神结构三个主要部分；后者被称为意愿、意向、意向性，是一个行动者自知的、这个行动所具有的善恶性质，亦即善良意志。建构中华伦理文明新形态，既需要被称为意志力的总体能量，又需要善良意志，并在善良意志的推动下，形成一种朝向公共价值的公共意志。意志力保证我们能够建构起一种实现终极之善的伦理范型；善良意志和公共意志保证这种伦理范型能够为中国式现代化奠定伦理基础。

（一）朝向由意志自身的性质而来的分析和论证

意志是就完成一个行动所应有的动机和意志力而言的，无论这个行动是向善的，还是为恶的，意志，作为一种明确的意向性和强大的心理能量，都是必需的。无论是向行动者而言还是向他者而言，只要其行动是依善念而发、遵道德而行，亦即以善念存贮心中、以善行施之于自己和他者，其意志就是善良的，即其动机要么是出于责任的，要么是合乎责任的，从而区别于反乎责任的那种情形。经院哲学中有一个古老的公式：若不是认其为善，我们就不贪求任何事情；若不是认其为恶，我们就不憎恶任何事情。康德解释说："'认其为善'（sub ratione boni）这个说法也是意义双关的。因为它的含义很可能是：我们所以把某种东西表象为善的，乃是因为我们欲求（愿望）它；但是它的含义也可能是：我们所以欲求一种东西，乃是因为我们把它表象为善的。因此，如果不是欲求为善的动机，就是善为欲求（意志）的动机。因而在前一种情形下，所谓'认其为善'的这个说法就会意味着：我们是本着善的观念而欲求某种东西，在第二种情形下，则是，我们是根据这个观念而欲求那种东西——这个观念是必须在愿望之前，而为其动机的"①。同理，"认其为善"对于建构中华伦理文明新形态也是双关语：唯其自身是善的，我们才欲求它；我们是根据某种善的观念而欲求它。那么，什么决定中华伦理文明新形态自身即是善的呢？

第一，必须确定与确证中华伦理文明新形态是目的性和功能性的"认其为善"。作为目的性概念，中华伦理文明新形态自身就值得追求，因为它是人的发展和社会进步的根本标志，是进步状态下的主体德性和进化状态下的规范，其本身就令人愉悦，亦即合于德性的实现活动即是幸福，德性与幸福是相互规定的。

第二，作为功能性概念，中华伦理文明新形态是既为着个体又为着类的终极之善而建构起来的文明体，是向着终极之善而流动起来的德性和规范。这个终极之善可以这样来表述：找到一种能够持续创造财富并合理分配财富的经济组织方式；创制一种令每一个人都自愿且合理表达其政治意志的制度安排；令每一个人都有能力也有条件过一种整体性的美好生活。这个终极之善是出于个体而又超越个体而达于类的价值诉求。若试图使中华伦理文明新形态朝向这个目的之善并最大限度地实现它，那么建构这个新形态的主体的意志就是善良的，它自觉而自愿地实现了从善良意志到公共意志的飞跃。

（二）特殊意志与公共意志的关系问题

相反，从真实动机看，如若谁只是形式地而不是实质地拥有伦理文明

---

① 康德．实践理性批判．关文运，译．桂林：广西师范大学出版社，2002：49 注释①.

新形态，那么他的意志就是一般意志，只是令自己的支配地位得以巩固，令自己的利益得以增加，令因自己的支配行为而得来的愉悦得以持存。如果将官僚主义和形式主义的观念和行为贯彻到建构中华伦理文明新形态之中，那么，整个社会结构就会在自利动机的支配下而使指向终极之善的善良意志和公共意志失去人性基础与社会根源，进而与人的发展和社会进步的人类文明道路相背而行。这不是启蒙、开化和进步，而是蒙昧、愚化和退步。当然，潜藏于个体心灵之中的追求整体性的美好生活的原始动力和深藏于历史深处的“理性”，不会使虚情假意和诸种假象持续地遮蔽历史理性自身和人类理性的眼睛，只要去除官僚主义和形式主义的形而上学迷雾而回归理性自身，建构中华伦理文明新形态的历史的声音和民众的心声就会“招致前来”，这是一种不可阻挡的必然趋势。“公共舆论中有一切种类的错误和真理，找出其中的真理乃是伟大人物的事。谁道出了他那个时代的意志，把它告诉他那个时代并使之实现，他就是那个时代的伟大人物。他所做的是时代的内心东西和本质，他使时代现实化。谁在这里和那里听到了公共舆论而不懂得去藐视它，这种人决做不出伟大的事业来”①。把公共舆论中的真理和时代的意志呈现在表象里、把握在意识中，以理论和思想的形式诉诸现实，是思想家的事情；把历史的声音和人民的心声呈现于理念中、实现在治理中，是政治家的任务。作为伟大人物，思想家把时代精神变成了观念，政治家把时代精神变成了行动。建构伦理文明新形态既是思想家的初心，又是政治家的使命。它是我们的实际性，是我们这个时代的“内心东西和本质”；谁把终极之善先行标划出来，告诉给世人，并使之实现，谁就是这个时代的伟大人物。可以相信，也必须坚信，只有善良意志和公共意志才能成为建构中华伦理文明新形态的道德基础。

现在的问题是：我们为何要在善良意志和公共意志的支配下建构中华伦理文明新形态？这看似是一个前提性问题，实质上却是一个建构中华伦理文明新形态的基本原则问题。在这个原则的指导下，我们需要明确：建

---

① 黑格尔．法哲学原理．范扬，张企泰，译．北京：商务印书馆，1961：334.

构什么样的伦理文明才能称之为中华伦理文明新形态？如何判断新旧中华伦理文明的根本区别？两者是替代关系还是发展关系？如何证明新旧中华伦理文明各自的有效性？更为根本的是：中华伦理文明新形态作为时代精神，作为中国式现代化的内心东西和本质，是如何必然地展现出其自身，并命令每一个有理性存在者都要感悟、领悟和把握到它的？

三、结构现象学：伦理文明的所是与应是

即便先行确定了建构中华伦理文明新形态的善良意志和公共意志，也未必能够拥有并切实地运用这个文明体，它们只构成必要条件。只有将意愿变成行动，新型伦理文明体才是可能的，这就需要从其构成上指明它的要素及生成机理。

（一）语义学和语言哲学视域中的中华伦理文明新形态

将新型伦理文明体概念化和观念化是将其呈现在表象里、把握在意识中的关键环节，而完成这一环节的学科基础则是语义学和语言哲学。借助它们所欲完成的是，把对于这个伦理文明体而言的确定性和明晰性澄明出来。确定性实现的是，作为被指，新型伦理文明体是一个能指的对象，但它既可以是意识所具有的实项内容，也可以是意向内容。意识的实项内容包括意识活动，也包括感觉材料，亦即意识用何种要素和环节去指称一个对象；而意识的意向内容则包括意识对象及其被给予方式，亦即意识用要素和环节所指称的那个对象究竟为何，以及是如何被指称出来的。于是，就确定性而言，作为被指，伦理文明新形态是可以被所指者指明的实存；就明晰性而言，这个所指过程是清楚明了的，它以符合实存的方式也以符合可言说的方式被指称在表象里和意识中。

然而，这却是一件极其困难的事情，因为作为被指的中华伦理文明新形态是应然之是，而不是实然之是，更不是已然之是，且作为所是与应是不是一个实体性的存在，它只是实体所应具有的功能和属性，唯其功能和属性不能独立自存，故而不能被定义，而只能被描述。作为被指之物的新型伦理文明体只是一种意向性的而不是实体性的存在，于是，所指与被指就难以相互共属、相互共在。马克思曾说："感觉为了物而同物发生关

系，但物本身是对自身和对人的一种**对象性的**、**人的**关系，反过来也是这样"①。马克思对这一论断做了一个更加深刻的表述："当物按人的方式同人发生关系时，我才能在实践上按人的方式同物发生关系"②。诠释者与诠释对象之间的对象性关系虽然不是直接的改造与被改造的实践关系，但也是显现与被显现的共在关系，同样蕴含着马克思所说的相互印证的关系。"这样我们就有了在被意向状态的方式之间，在 Intentio（意向行为）和 Intentum（意向对象）之间的一种固有的相互共属（Zugehörigkeit），根据这一相互共属，意向对象即被意向者就当在以上所揭示的意义上得到理解：不是作为存在者的被感知者，而是存在者所从出于其中的被感知状态、意向对象所从于其中的被意向状态。运用这一属于每一意向行为的被意向状态，才能在根本上（尽管只是初步地）将意向性的根本枢机纳入眼界"③。只有当意向对象进入意向者的视界，只有当诠释对象走进诠释者的诠释视域，对象的意思与意义才能被意向者和诠释者见出，这就是对象之意思与意义的被给予性；同时，意向者和诠释者也只有在见出对象的意思与意义时才得到规定，才能证明他是意向者和诠释者。所以，意向和诠释本质上就是一个解蔽的过程，它使对象由遮蔽状态进入解蔽和无蔽状态，向意向者和诠释者亮出它的光彩，展现它的魅力，这正是让意向者和诠释者感到惊异之处。对此，海德格尔继续说："只有当意向性被看作意向行为（Intentio）与意向对象（Intentum）的相互共属的时候，意向性才能得到充分的规定。现在可以概括地说：意向性与其说是一种事后指派给最初的非意向式体验和对象的东西，还不如说是一种结构，所以此结构所禀有的根本枢机就必然总是蕴涵着它自己的意向式的何所向即意向对象。这里我们把意向性的根本枢机暂先标揭为意向行为和意向对象两个相对之方的相互共属，但这却并不是最后的结论，而只是对我们所探察的课题域的一种最初的指引和显示"④。

---

① 马克思．1844 年经济学哲学手稿．北京：人民出版社，2018：82.

② 马克思．1844 年经济学哲学手稿．北京：人民出版社，2018：82.

③ 海德格尔．时间概念史导论．欧东明，译．北京：商务印书馆，2009：56.

④ 海德格尔．时间概念史导论．欧东明，译．北京：商务印书馆，2009：57.

建基于“相互共属”之上的诠释，更加复杂的情形在于“所指”与“被指”和“能指”之间的非对称关系。诠释现象中的“所指”与“被指”和“能指”是一个典型的语义学和语言哲学问题。当意向对象、诠释对象以本真状态向意向者、诠释者敞开的时候，诠释者能够用最接近这种本真状态的范畴与话语将这个本真的意思和意义揭示出来，指示给自己也指示给他者，这就是“能指”，这时所指与被指是重合的。这种状态是一种难得的情形，如若此种情形能够普遍出现，那么建构一种指向文本的版本学、阐释学和诠释学的价值诉求就是一种毫无意义的工作；相反，物理事实、社会事实和精神事实都是复杂的，具有多面性和多义性，诠释者的知识结构、认知方式、情感结构、价值取向各异，诠释者与诠释对象之间具有多种结合方式，于是“见仁见智”的诠释效应就不可避免了。当诠释者依照自身的理性结构、知识体系和情感世界对有限对象进行无限诠释时，就会出现所指大于被指的后果，作为所指与被指之差额的语言剩余可能指向一个虚拟的意思领域，从文本中开显出增加的知识和思想，也可能创设出一个充满合理性的意义世界，这是一个更加体现自由、民主、平等、正义、富强、快乐和幸福的价值世界。看来，诠释、阐释、解释是人类生活永远都不可或缺的存在形式。马克思在《关于费尔巴哈的提纲》中说：“哲学家只是用不同的方式**解释**世界，而问题在于**改变**世界”①。虽然改变世界极为重要，但解释世界也并非可有可无。当诠释的话语权向每一个有理性的存在者开放时，以追求正确性和正当性为目标的诠释就显得越来越重要，因为以民主、平等、正义为实践法则的社会才是一个相对完好的社会。

于是，在所指、被指和能指之间就始终存在着双重任务：一个是，作为被指的伦理文明新形态能否被指，亦即它是怎样一种结构和构成方式，哪怕是在描述的意义上，这个应然之事也应当能被刻画出来；另一个是，这个被刻画出来的应然之事如何被把握到，即具有一种怎样的被给予方式。必须承认，唯其被指之物是可能的应然之事，是一种尚未是，而且是因人的思考与行动构成的事情，故而其确定性无法像康德所期许的那样，

---

① 马克思恩格斯文集：第1卷．北京：人民出版社，2009：506.

是一个主客观都有充分根据的那种“视其为真”，而是一种主观有充分根据而客观根据不充分的那种“视其为真”。由于所指大于当下的所是，它指向一个尚未是的他物，作为被指之物的他物总是大于当下的所是，因为这个他物拥有我们所意愿的意义，而当下的能指恰好缺少这一意义，因而就成为一个无论如何都不能指出其全部内容的被指，所以人们无法对可能之物进行一种基于明晰性需要的指称。这就出现了所指大于能指的情形，这是一种语言剩余，这种语言剩余为任何一个解释者和行动者提供了可能性空间。也就是说，它同样可以为那种完全出于个人的占有、支配和表达意志提供基础，只要它认其为善，区别只在于康德所言的“认其为善”这个双关语之不同指向；也可以出于公共价值、充分运用公共意志和公共理性共建出一个普遍有效的伦理文明体系。由此可以说，预先指明建构“中华伦理文明新形态”何所向与何所为该具有怎样的前提性意义。只有指向终极之善的建构意愿才是可行的，这是一种基于善良意志和公共意志的所指行动；这是要在意识中预先完成的构造活动。在意识中先行构造出一个具有普遍有效的伦理文明体，然后再去寻找实现这个文明体的人心基础和社会根源，恰恰是个体与类之积极性、能动性和创造性的充分表现。

（二）先验还原与本质还原

在完成语义学和语言哲学上的所指、被指、能指之后，中华伦理文明新形态的确定性和明晰性就有了清晰的轮廓，但这对于统握中华伦理文明新形态的整体结构和本质规定还只是初步的理论工作，更为重要的是要通过主客体双重悬置实现对中华伦理文明新形态的“本质直观”。

1. 诉诸“先验还原”与“本质还原”相统一的现象学方法

现象学之于我们的意义固然有许多方面，但最为重要的则是方法论意义，而“先验还原”与“本质还原”又是这种方法论意义中的核心部分。“先验还原”是要完成两个“悬置”或“加括号”。朝向“我思”主体的悬置指的是，若想把握一个对象，就先将先见、成见、偏见悬置起来，将日常经验、常识悬置起来，求得一个“纯粹自我”，这是一个“排除作用之剩余”。经过若干排除、悬置之后，一个由“自我”“我思”为核心要素的“纯粹自我”就被构造出来，“纯粹自我似乎是某种本质上必然的东西；而且是作为在体验的每一实际的或可能的变化中某种绝对同一的东西……纯粹自我在一特殊意义上完完全全地生存于每一实显的我思中，但是一切背景体验也属于它，它同样也属于背景体验；它们全体都属于为自我所有的一个体验流，必定能转变为实显的我思过程或以内在方式被纳入其中。按康德的话说，'我思'必定能伴随着我的一切表象"①。一如笛卡尔所做的工作那样，人们可以怀疑任何事情，直至最后一个事项即"怀疑"本身，这是不能被怀疑的，因为只有使这个"怀疑"自身持续地进行着，"怀疑"的行为系列才能实现，"我思"作为"怀疑"剩余是"怀疑"工作的最大成果，它不是只具有否定的意义，而是在积极的意义上，通过质疑、怀疑获得了具有确定性和正确性的知识。胡塞尔的"悬置"工作同样是为了获得一个可靠、可信的"主体"，它是人们获得知识、真理的本体，这个本体就是"纯粹意识"，它含有"自我"和"我思"两个要素。"如果在对世界和属于世界的经验主体进行了现象学还原之后留下了作为排除作用之剩余的纯粹自我（而且对每一体验流来说都有本质上不同的自我），那么在该自我处就呈现出一种独特的——非被构成的——超验性，一种在内在性中的超验性。因为在每一我思行为中由此超验性所起的直接本质的作用，我们均不应对其实行排除；虽然在很多研究中与纯粹自我有关的问题可能仍然被悬置不问。但是只就直接的、可明证论断的本质特征及其与纯粹意识被共同给予而言，我们将把纯粹自我当作一种现象学材料，而一切超出此界限的与自我有关的理论都应加以排除"②。简约地说，所谓"先验还原"，就是彻底排除经验、常识、成见、偏见对"我思"的干扰作用，虽然不能彻底清除它们，但可以将它们悬置起来，尽一切可能不使它们起阻碍和偏离作用，尽管永远无法将它们从"自我"中彻底清除出去，如此，"自我"也就不再是一个完整的"自我"了。不要以为胡塞尔殚精竭虑地所进行的排除行为是一种"独断论"，是一种毫无实践意义的"主观游戏"，相反，这是试图获得知识和真理所必须预先完成的"意识游戏"。

---

① 胡塞尔．纯粹现象学通论．李幼蒸，译．北京：商务印书馆，1992：151.

② 胡塞尔．纯粹现象学通论．李幼蒸，译．北京：商务印书馆，1992：151－152.

既然“先验还原”旨在获得“真”，那么就必须实现从“先验还原”到“本质还原”的过渡。这就是朝向客体的“本质还原”。作为“先验还原”的成果、业绩，纯粹意识可直面事物自身，在纯粹意识中，事物自身与自我形成了一个双向互逆结构：纯粹意识只有以符合事物本质的方式才能将事物的本质呈现在直观中，而意见、情绪、常识、成见就是与事物本质不符的把握方式，它们使事物的“真”陷入“遮蔽”“掩盖”的状态中。反之，事物的本质只有以向“自我”敞开的方式在纯粹意识中“招致前来”，才能被从“遮蔽”状态中解救和解放出来，置于“澄明”和“解蔽”状态中，这就是“真”的“被给予性”。不是自我通过纯粹意识生成、造就了“真”，而是“真”因“自我”而被呈现出来，显现出它无比的光亮和光彩。一如马克思在《1844 年经济学哲学手稿》中所说的：“当物按人的方式同人发生关系时，我才能在实践上按人的方式同物发生关系”①。通过“先验还原”与“本质还原”，“自我”通过“纯粹意识”完成了双向过渡和相互嵌入，被呈现在表象里、把握在意识中的“事物本质”不再是一点、一线、一面，而是一个整体。当这个整体被呈现在“纯粹意识”中时，一种关于事物自身的“本质直观”就被建构起来了。

2. 诉诸作为“本质还原”之结果的“本质直观”：直面伦理文明新形态自身

“先验还原”与“本质还原”的目的在于获得“真”，即在于获得一个事物的“是其所是”。那么，什么才是“伦理文明新形态”的是其所是呢？无论是作为目的性存在还是作为功能性存在的伦理文明新形态，都以这个存在的完整结构为基础。

第一，从其来源看，伦理文明新形态是源出于人的意志和行动的过程及其结果，因而是自为之物，它并不自在地立在那里，等待着人们去拥有和分有它；它也不是可以与人的意志和行动相分离的实体性存在，相反，它就是人的情感、意志、欲求、理性和行动本身，是与人的身体和心灵不可分离的具身性存在。长期以来，人们总是被一种分离性的观念控制着，

① 马克思. 1844 年经济学哲学手稿. 北京：人民出版社，2018：82.

如“以德治国”“依法治国”“重构道德”“建构新型伦理”等，这些术语并不仅仅是一种语言、话语，而是一种根深蒂固的观念，将德、法、伦理实体化，犹如创造一个物质存在物那样，建构所谓外在于人的德、法、伦理，长此以往，人人都是建构者，而不是正确思考者、公正的旁观者和正当行动者。建构伦理文明新形态，本质上不是要建构一个附身性的他者，毋宁说，这是在建构我们之本己的、属己的具身性道德结构和伦理世界自身。建构伦理文明新形态是思考者和行动者向自己提出的朝向终极之善的价值诉求；我们不是德性、法律和伦理的旁观者，而是其拥有者和践行者，缺少这样一种新观念，任何类型的建构伦理文明新形态的行为都将是形式主义的；成为正确思考者、公正的旁观者和正当行动者，本身就是伦理文明新形态中的核心要义。能够持续推进人类文明不断进步的道德基础，不是一种可能能力，而是一种可行能力。若人们沉浸在对可能能力的美好描述中，而不去培养可行能力，那么任何新型伦理文明的产生就都是绝不可能的；在建构伦理文明新形态的具体道路上，官僚主义和形式主义都是有百害而无一利的做法。

第二，从其结构看，伦理文明新形态是原初形态的伦理文明。所谓“原初形态”，是指个体与类在任何一种状态下都能够拥有的德性结构，主要是指作为潜能的德性；不同社会状态下的现实的德性结构则是这个原初的作为潜能的德性的充分实现和表现，建构伦理文明新形态同样基于这种德性潜能之上。首先，这个隐藏在诸种伦理范型背后的原初德性结构是构建可践行的伦理范型的潜能。若要求得个体的生存、发展与幸福，个体就必须以类的形式创制出能够实现这些终极之善的德性和规范，借以创造出可供分享或共享的财富；一如个体与类拥有创造财富的诸种潜能那样，个体与类同样具有创制用于规约人的意志和行动、用于分配资源之诸种规范的潜能。“约束性的根据既不能在人类本性中寻找，也不能在他所处的世界环境中去寻找，而是完全要先天地在纯粹理性的概念中去寻找”①。德性与规范根源于人们之间的相互依存性情形，来源于理性，亦即来源于

① 康德．道德形而上学原理．苗力田，译．上海：上海人民出版社，1986：37.

创制概念的知性、建基于落实于行动的（实践）理性。其次，只有就德性与规范得以生成和持存做根源与来源上的严格分别，才能指出它们得以持存的内在机理。创造规范和尊德性而行的潜能并非实体性存在，相反是人这个特殊实体内含于自身之内的信息、趋向，正如一株麦子的全部信息都内含于一粒麦子之中那样，它总会以各种适合于它自身的方式实现出来、展现出来，从而完成它的应有之义。人类以何种方式进行生产、交往和生活，便以何种方式养成德性、创制规范；而德性和规范一经形成便又反身嵌入诸种社会行动和社会结构中，形成一个互为前提的系统。

第三，原初形态的伦理文明，可以这样来表述：作为主体形态，伦理文明就是个体在道德人格上所达到的文明程度，亦即个体之精神世界的进步程度；这就是信、知、情、意四个元素的相互嵌入、相互促进的程度。道德人格在促使一个个体成为一个正确的思考者、公正的旁观者和正当的行动者的道路上，具有基础性作用。只有健全的道德人格才能使一个人成为有理性存在者，并充分运用他的诸种理性能力；无论是原初形态的伦理文明还是新形态的伦理文明，无不建基在一个健全的道德人格之上。作为客体形态，伦理文明就是社会规范体系的完善性和合理性程度。任何一种伦理范型，只要曾经推动了个体与类的进步和发展，就可以被称为伦理文明；如若已经成为滞阻个体与类向更加高级的文明形态进化的因素，就不再被称为伦理文明，而只能是伦理文化，如官僚政治曾经持续地支撑了大一统皇权系统的存续，在现代性场域下，它就不再是积极的伦理元素，而是落后于时代必然要求的因素了。在作为客体性的伦理文明中，又有基于社会地位之上的差序伦理和基于公共理性之上的普遍伦理。任何一种伦理文明形态，只要在历史上存在过，甚至发生过或积极或消极的作用，都充分表明，它自有存续的根据和理由，将这种根据和理由澄明出来、表述出来，对于培养更加高级的伦理文明无疑具有极为重要的方法论意义。

3. 诉诸伦理文明新形态的类型学考察

由中华伦理文明新形态这一题材所决定，我们既不可能也没必要对人类历史上已经和正在出现的伦理文明之各种形态一一加以考察，而是集中讨论中华伦理文明的发生和发展史。

如若从社会进步与人的发展的维度审视中华伦理文明的发生和发展

史，便可以将其划分为三个阶段或三种形态：前现代、现代和后现代。其内在根据在于，它们所建立于其上的生产方式、交往方式和生活方式存在明显差异。在前现代社会状态下，以家庭为基本生产单位、以农业生产为基本类型、以自给自足为分配方式、以自然消费为基本目的，构成了生产方式的基本样式；在此基础上，不可能出现普遍的交换和广泛的陌生人交往，交往仅限于有限社会空间内的熟人交往；在生活方式上，人们重复性地过着在生产与消费之间具有直接关系的简朴的日常生活，大规模的公共生活是绝无可能的，以夺取封建王朝之政治权力为目的的数次农民起义，绝不是真正的公共生活。在此种历史场域下，涂尔干笔下的“有机团结”尚不具备产生的社会基础，人们只能在既定的观念、规范、习惯的规约下进行伦理意义上的交换和交往。在这种社会结构及其运行模式下，伦理文明具有怎样的结构和呈现方式呢？

第一，以主体形式存在着的、作为可行能力的德性结构。每一个生命个体无须接受专门的道德教化便可以在反复进行的道德叙事中完成以善念存贮心中、使身心互得其益的成良能、致良知的道德修养功夫，以善行施之他人使众人各得其宜的兼济天下的道德实践过程，此谓内得于己、外得于人。

第二，以客体形式存在着的、千百年来不曾改变的伦理规范体系。起初，这个规范体系完全是与人们的日常生活须臾不可分离的日常概念和日常话语，它们的所指、意指、被指和能指是极其清晰的，虽然规范所指的对象即人们的思考与行动是流动和易变的，但人们从不会在进行道德判断和评价时发生莫衷一是甚至前后矛盾的情形，这便是“中庸”的本义和妙用，妙用至极就是“时中”，不但在时间地点上是适宜的、合宜的，在机会的把握上更是“一语中的”；人们无须专门习得规范体系的含义，但绝对能够确定与领悟概念和话语的本义、转义、新义。客体性的规范体系并非如人们想象的那样，是一种实体性存在，实质上是以文字、符号、数字等为精神标识的观念，是将人们应该遵守的规范体系文字化、符号化和数字化。在传统社会，社会规范体系的生成和呈现方式更是达到了话语与俗语、学理与道理高度统一的程度。智者、先哲、圣人将日常生活中无处不在、无时不有的道德语言加以提炼、凝练，构造出精妙的道德词典，或者是言简意赅的道德词句，或者是凝练至极的道德范畴，例如仁、义、礼、智、信，恭、宽、信、敏、惠；等等。孟子认为恻隐、羞恶、辞让、是非四种情感是仁义礼智的萌芽，仁义礼智即来自这四种情感，故称四端。四书就是四部精妙的道德词典，重要的不是其概念和语句显得多么精妙与简约，而是通过将其变成私塾教育的“通用教材”，变成可以识记的知识，将抽象的概念和形上的理论改造成可与日常言行紧密结合的话语，从而实现了话语与俗语、学理与道理的完美统一，也完成了从具体到抽象、再从抽象到具体的双重逻辑变奏。在传统社会，实践哲学与实践智慧的完美统一，着实是一个独特的伦理文明类型，这种情形只在雅典城邦中隐约出现过，然而其伦理文明的内涵与本质却是不同的。在雅典城邦中所实现的实践哲学与实践智慧的统一，是那种基于公共生活之上的、基于同时也是朝向城邦之公共之善的伦理文明范型；在中国传统社会则是那种将基于血缘、地缘和情缘关系之上的私人伦理文明普遍化的范型。在西方，及至近代，道德哲学理论与道德生活实践便有了明显的分野，这与其说是理论与实践的“脱节”，倒不如说是回归理论本身；正是保持了理论与实践的若即若离、不即不离的关系，才使道德哲学理论保持了鲜明的反思、批判与建构的风格，只有向真理而生而行的理论才是有生命力的理论，相反，理论只要变成了为权力和资本辩护与论证的工具，就不再以真理为伍了，也就丧失了道德哲学的反思、批判和建构的功能，隐匿甚或丢失了它的批判气质。

如果说，在传统社会，话语与俗语、学理与道理的完美统一是伦理文明的一大优势，那么，当意识形态将话语与俗语、学理与道理的统一纳入自己的支配下时，独立于日常生活和政治生活之外的朝向真理的科学精神、思辨理性、实践哲学也就被遮蔽甚至放逐了。于是，往日的那种“时中”也就变成了技术主义、权变主义、实用主义和机会主义的行动指南。在用意识形态逐渐统合家庭与国家的情形下，适用于家庭、家族和村社的道德感觉、体验、判断以及规范体系也逐渐政治化，变成了国家伦理；当这一由一阶实践逻辑晋升到高阶实践逻辑而形成的统一的伦理文明体逐渐被确定和稳定下来，一种外在于家庭、家族和村社的，以权力、地位、身份、角色和机会为本质关联的伦理文明便被创制出来。之所以将其称为传统的伦理文明体的重要部分，就在于它强有力地维系了一个以权力为最高原则的大一统的官僚政治社会，在适合于这种官僚政治的意义上，它是卓有成效的。这种外在于家庭、家族和村社的政治伦理文明体，就其最本质的方面而言，可有皇帝情结、主奴意识和支配意志。这三种面相均奠基于将差别演变成优势与劣势、再将优势演变成权势这一实践逻辑之上。在传统的伦理文明体中，是绝少有普遍观念的，相反，差别、个别、特殊才是普遍观念；皇帝情结、主奴意识和支配意志正是将差别发展成特殊、再将特殊发展成特权的重要环节。当情结、意识和意志被并置在一起，成为一种普遍性的无意识和潜意识，一种以权力、地位、身份、角色和机会为轴心的伦理文化就会形成。如果说，这种伦理文化在维系传统社会之“超稳定结构”的意义上可被称为“伦理文明”的话，那么及至近代，封建制度的自我发展空间已经丧失殆尽，它就变成了社会发展和人的进步的桎梏；虽然可以将其称为“伦理文化”，但绝不能将其称为“伦理文明”。

当内忧外患以一种整体性民族危机的形式向人们汹涌而来的时候，在那个觉醒的年代，觉醒了的人们开始艰难地探索救亡图存的道路，同时也拉开了探索中国式现代化道路的序幕。然而，中国虽然经历了各种社会改良和政治革命，结束了封建帝制，但却陷入了更加混乱的局面：地方割据、军阀混战，政权多次易手，不但更加趋向文明的伦理范型难以形成，就连暂时统一的国家形式都难以自存，中国官僚政治的劣根性暴露无遗。1921年，中国历史开启新纪元——中国共产党成立，虽然当时尚未以一个完整国家的形式表现出来，但已通过革命的形式改变着几千年不曾变化的生产、交往和生活方式。1949 年，中华人民共和国成立，标志着一种完全不同于以往任何一种社会形态的所有制形式、国体、政体和思想观念体系逐步确立起来；这是一种统一形式的伦理文明新形态。在政治伦理文明方面，它建立了以公有制为主体、多种所有制经济共同发展的制度安排；在物质伦理文明方面，它通过解放生产力和发展生产力，解决人民日益增长的物质文化需要同落后生产力之间的矛盾，以及生产力发展后人民对美好生活的向往与发展不平衡不充分之间的矛盾；在生态伦理文明方面，它通过重构新型的自然观和生态观，实施严格的生态管理政策和制度，打造了新型的生态文明。在个体德性与公共之善的关系上，它逐步培育适应现代化需要的道德人格结构、构建创造公共之善并合理分配公共之善的国家治理和社会管理模式。

新中国成立以来，虽说建构了一种不同于以往任何社会形态下的伦理范型，指向一种更加进步和发展的整体性的好状态，但它绝不是一个绝对自足的、完美无缺的体系，相反，它是一个不断自我反思、矫正和完善的开放体系。人们不是刻意地构造一个伦理文明体，从外部供给人们一个伦理文明体，以便人们进行正确思考和正当行动，而是人们在寻找更能体现效率与公平、正义与平等、自由与幸福的生产、交往和生活方式的过程中，从其心灵深处和社会结构中自发、自觉、自愿地生发出具有道德性质的感知、体验、判断、推理、思考，是可以在行动中反复运用的实际的道德人格能力。20 世纪 70 年代末的改革开放，使中国走上了新型的现代化道路，历经 40 余年的经济、政治、文化体制改革，基本上形成了一个具有中国特色的伦理文明体，这是一种实然的伦理范型；然而，这却是一个充满先进与落后、利他与利己、公共与私人、普遍与特殊、同一与差别、统一与矛盾、和谐与冲突的混合体。一些不适合于中国式现代化要求的道德思维与判断以无意识和潜意识的形式严重地影响着人们的正确思考和正当行动。这就为矫正、修正、完善这一伦理文明体提供了必要性和可能性，这不是重构，而是修正和完善。在此，我们试图在比较哲学的意义上，将这种修正和完善的过程尽可能清晰地标划出来，为形成伦理文明新形态提供学理依据和事实根据。

如若以先行标划出的终极之善为形成伦理文明新形态的直接目的，那么这个虽然尚未实现但却具有可能性和现实性的新型伦理文明体就必然以价值现象学展开其自身，并逐渐呈现出它的基础性、根本性和全局性作用。

四、价值现象学的视角

我们不仅要明见性、明晰性地澄明与呈现伦理文明新形态的内部构成，而且要指明它的目的价值和工具价值。

（一）作为主体性存在的德性结构

我们可以将理智德性和道德德性、进取性道德和协调性道德有机地整合在一起讨论。理智德性是灵魂用以肯定和否定真的五种方式——科学、技艺、明智、智慧和努斯，其中智慧既相关于事物自身的真也相关于对于我们而言是真的东西，努斯则是出于欲求而对合目的性事物的把握；道德德性是在以意愿、选择、考虑和希望为基本环节的行为中，一个人既令自己又令他人处在整体性的好状态从而出色地完成他的活动所需要的能力和品质。理智德性与生产性的技艺相关，而道德德性则与行为的正当性和财富分配的适当性相关；技艺是创造一种外在善的过程，这种外在善显然比技艺更重要，实践的逻各斯则因行为或分配而产生的状态而表现为优良品质，自制、节制、勇敢、智慧、正义、友爱等就属这一类。在这种规定性之下，理智德性与进取性道德、道德德性与协调性道德就具有了某种相似性。如果把它们视作个体与类所具有的原初德性结构，那么不同形态的伦理文明体就表现为这一原初德性结构在与生产、交往和生活方式相互嵌入、相互促进的过程中所形成的具体的伦理范型。源出于中国式现代化之内在要求的伦理文明范型必是以这样的面相来呈现。

1. 社会领域分离基础上的重叠式德性结构

在家国同构的传统社会中，家庭、社会与国家是一体化的，适合这三种领域的德性结构并无本质差别，而只有角色上的差别，亦即血缘关系与政治关系相互贯通；作为不同的具身性和附身性关系，家庭伦理和国家伦理原本是不同的，然而人们却在同一种道德思维的支配下消解了它们之间的本质区别，在这一方面比附性思维起到了关键作用，如“师徒如父子”“君权即父权”“君王即父王”，等等。市场经济的发轫、发展和拓展，逐渐打破了家国同构的状态，使社会逐渐出现了多领域情形；从领域合一到领域分离的转变，使家庭、社会与国家相对独立地存在着。这是被证明相对有效的社会结构及其运行模式，出于这种有效的社会结构的内在要求，个体与类的德性结构必然发生现代性转变，这就是领域分离基础上的重叠式德性结构，这是一种完全不同于传统道德思维的现代思维。

第一，家庭伦理。家庭伦理描述的是在一个反复交往的家庭共同体之中，基于血缘关系的家庭成员会在反复进行的相互嵌入和相互促进中形成类型化、内在化的感知、体验、认知、判断和意志结构，它们通常都是非反思的；人们依照逐渐内在化的德性结构去建构、维系、调节家庭成员之间的情感和利益关系，从而形成一种本质上不同于社会伦理和国家伦理的伦理范型。在家国同构的场域下，同时在一个相对固定的生产、交往和生活空间之内，家庭伦理表现为相对固定而完整的形态，而在领域分离的情形下，家庭功能社会化、社会职能家庭化，使传统的家庭伦理受到挑战，正逐渐改变着人们的婚姻家庭观念。于是，源于中国式现代化内在要求的家庭伦理便逐渐生发出来，而且一经生发出来便又返身嵌入人们的家庭伦理关系中。它在两个向度上发生着潜移默化的变化：一方面，用以建构、维系、调节家庭伦理关系的道德基础发生着情感结构上的变化，亦即由先前的情优先于理向情理并重甚至理优先于情的方向转变。日益广泛而深化的社会交往致使社会情感部分地取代了自然情感的作用，过往的紧密关系逐渐演变成了松散的关系。另一方面，与情理结构的优先地位的变化趋势相适应，一种基于权力观念的平等观念逐渐渗透到家庭伦理关系中，这意味着，当家庭伦理关系出现矛盾甚至冲突时，一种法律救济的形式便逐渐参与进来，它弥补了依靠基于血缘关系的自然情感无法维系和调节重大利益关系的脆弱性。这意味着，正如个体的社会化程度越来越高那样，家庭的社会化程度也越来越高。

第二，公民伦理。“以物的依赖性为基础的人的独立性，是第二大形式，在这种形式下，才形成普遍的社会物质变换、全面的关系、多方面的需要以及全面的能力的体系”①。市场经济构建出了一个完全不同于传统社会的现代生产逻辑：生产-分配-交换-分配。这个通过劳动的分工与协作而建立起来的需要体系以及基于劳动和需要而形成的广泛的活动空间，就是市民社会。“市民社会含有下列三个环节：第一，通过个人的劳动以及通过其他一切人的劳动与需要的满足，使需要得到中介，个人得到满足——即需要的体系。第二，包含在上列体系中的自由这一普遍物的现实性——即通过司法对所有权的保护。第三，通过警察和同业公会，来预防

① 马克思恩格斯文集：第8卷．北京：人民出版社，2009：52.

遗留在上列两体系中的偶然性，并把特殊利益作为共同利益予以关怀”①。这个广阔的社会空间既是实体性的，也是精神性的。作为实体性存在，市民社会就是人们日常的和非日常的生产、交往和生活空间，或者因为利益相关性而结合在一起，或者出于个人消费而发生公共交往；作为精神性的存在，它是公共舆论形成和表达的意志空间，在这一意志空间内，道德以相对独立的身份发挥着不受家庭伦理和国家意识形态决定的反思、批判和预设作用，它使朝向公共价值的公共意志得以形成并活跃起来，它要最大限度地阻止来自市民社会的个体与组织的任性和狂妄，以及来自国家机器的专权专制，防止现代官僚政治的形成。诚如黑格尔所言：“在市民社会中，每个人都以自身为目的，其他一切在他看来都是虚无。但是，如果他不同别人发生关系，他就不能达到他的全部目的，因此，其他人便成为特殊的人达到目的的手段。但是特殊目的通过同他人的关系就取得了普遍性的形式，并且在满足他人福利的同时，满足自己。由于特殊性必然以普遍性为其条件，所以整个市民社会是中介的基地；在这一基地上，一切癖性、一切秉赋、一切有关出生和幸运的偶然性都自由地活跃着；又在这一基地上一切激情的巨浪，汹涌澎湃，它们仅仅受到向它们放射光芒的理性的节制”②。在这个意义上可以说，公民伦理就是基于利益相关性的交往规范，为使每个人的利益最大化，必须遵守人们可以相互提出的有效性要求；它构成自由、平等、民主和正义的社会基础。在这一基地之上，每个人都是利己的，这是普遍的，但若以一己之利损他人之利，这同样是普遍的，那么每个人的利己动机便不可能实现，于是，正是这种相互依存性情形，人们就必须构建起促使市民社会得以可能的道德基础。

这正是康德给出的先天实践法则，以及以绝对命令式出现的定言命令：“定言命令只有一条，这就是：要只按照你同时认为也能成为普遍规

① 黑格尔．法哲学原理．范扬，张企泰，译．北京：商务印书馆，1961：203.

② 黑格尔．法哲学原理．范扬，张企泰，译．北京：商务印书馆，1961：197－198.

律的准则去行动”①；“你的行动，应该把行为准则通过你的意志变为普遍的自然规律”②；“你的行动，要把你自己人身中的人性，和其他人身中的人性，在任何时候都同样看作是目的，永远不能只看作是手段”③。第一条是认识命令，第二条是实践命令，第三条是于实践中实现的形式与质料相结合的综合命令。适用于市民社会的绝对命令，并不仅仅具有社会哲学意义，更具有政治哲学意义，这就是国家伦理问题。

第三，政治伦理。黑格尔说：“国家是伦理理念的现实——是作为显示出来的、自知的实体性意志的伦理精神，这种伦理精神思考自身和知道自身，并完成一切它所知道的，而且只是完成它所知道的”④。这是黑格尔用诗一般的语言说出的话，然而却令人感到疑惑，国家是非人格化的物理设置，没有灵魂、感知和判断，更没有罪感和耻感，那何来自知其一切并完成它所知道的一切呢？国家是由人构造出来以统一的形式治理国家、管理社会的系统的、复杂的物理装备（政治上层建筑）和思想体系（思想上层建筑），这种装备和体系无疑是没有灵魂、判断、推理和情感的，但构造和运用国家这部机器的人或集团却是有观念、知识和理性的，他们知道国家这种伦理精神，并把他们理解的一切实现出来，而且他们只完成国家向他们提出的伦理精神。于是，所谓“国家的伦理精神”，不过是被政治家或政治精英集团理解和实现了的公共意志，这种意志是历史的声音和人民的心声。不是政治家或政治精英集团能够代表国家意志与伦理精神，而是历史的声音和人民的心声选择了政治家或政治精英集团来实现国家意志与伦理精神。这就是现代政治伦理。

在中华伦理文明新形态中，政治伦理居于核心地位。如果说在传统社

---

① 康德．道德形而上学原理．苗力田，译．上海：上海人民出版社，1986：72.

② 康德．道德形而上学原理．苗力田，译．上海：上海人民出版社，1986：73.

③ 康德．道德形而上学原理．苗力田，译．上海：上海人民出版社，1986：81.

④ 黑格尔．法哲学原理．范扬，张企泰，译．北京：商务印书馆，1961：253.

会，权力、地位、身份、角色是社会运转的轴心，人们将政治视作权力的观念已然根深蒂固，那么建构现代伦理文明，首先要做的就是建构现代政治伦理文明，将政治确立为约束权力分割与权力运用的法则、宗旨、制度和体制，将政治确立为相关于每个公民之根本利益的所有方面。在现代化运动中，权力、资本和知识业已成为社会运转的轴心，但它们均不具备约束自己并共同创造公共之善、合理分配资源和财富的功能，相反，三者倒有可能形成“通存通兑”的情形，产生特权阶层、既得利益集团，也有可能将资本和知识垄断在权力之下，形成专权专制。只有形成朝向终极之善的现代政治观念，才能真正形成约束与引导权力、资本和知识的力量。

2. 意志与理性：从一般意志到特殊意志、从实用理性到公共理性

从传统伦理文明体转向现代伦理文明体，最核心同时也是最困难的方面，是意志与理性的转型。如若将道德哲学定位于关于道德人格的养成和运用的沉思方式，因而是始点意义上的，伦理学是关于规范与环境的生成和作用的，因而是关于过程及其后果的沉思方式，那么，道德哲学无疑是伦理学最为坚实的理论基础。构成道德哲学最核心内容的则是意志与理性，情和理则是解决意志与理性问题的两种方式。“自然的一切事物都按照规律发生作用。唯有一个有理性存在者才具有按照对规律（法则）的表象，即按照原则去行动的能力，或者说它具有意志。既然从法则引出行动来需要理性，所以意志就不是别的，只是实践理性。如果理性免不了要规定意志，则这样一种存在者的行动，作为客观必然的来认识，也是主观必然的，就是说，意志是一种只选择那种理性不依赖于爱好而认为在实践上是必然的、也就是善的东西的能力。但如果理性凭自己单独不足以规定意志，如果意志还受到那些并不总与客观条件相一致的主观条件（某些动机）的支配，简言之，如果意志不是自在地完全合乎理性（这就像在人身上现实发生的那样），那么被认为客观上必然的那些行动就是主观偶然的了，而按照客观法则对这样一个意志的规定就是强制（Nötigung），就是说，客观法则与一个并非绝对善良的意志的关系可以被表象为对一个理性存在者的意志的规定，虽然是通过理性的根据来规定，但这一意志按

照其自然本性而言并不是必然服从这些根据的"①。这就是一般意志与特殊意志的关系问题。就原初含义而言，意志乃指意向、意向性，是起于心意以内的由己性，即动机。当把动机与意欲获得的价值客体关联起来，从而在主观上确立起一种相互证明或相互肯定的关系时，动机主体就必须把主要的甚至全部的注意力、情感和经历投入获得价值客体的行动中，这种综合性的能力就是意志力和实践理性。为获得价值客体所遵循的法则如若仅对行动者有效，而对他者无效，那就是主观上必然的和客观上不必然的。如果这种在主观上认其必然的行动并不对他者构成有利或有害的关系，那么它就是自在合理的；相反，当以加害于他者的人格或以利己的方式而有利于自己时，则是不合理的。如果在特定历史场域下，行动者从不考虑那个客观上普遍有效的法则，而只是将利己动机视作行动的首要动机，那么所谓的普遍实践法则就会成为实现各种利己动机的手段。我们把对普遍法则的意识并依照它而行动的动机视作特殊意志，把出于利己动机而将普遍法则视作手段的意识和行动称作一般意志；将按照普遍法则而行动的意志力称为实践理性，将按照利己动机而行动的意志力称为实用理性。

在现代化运动中，随着市场经济的拓展和深化，一种朝向公共上的普遍性要求就会生成，权力、资本和知识必须在有利于创造公共之善并合理分配公共之善方面得到规定。一种没有经过合理性批判的私有观念一定是生产资料私有制基础上的，而经过合理性论证的私有财产才是合法且合理的。这正是从前现代社会向现代社会转型的过程中所必然要发生的事情，如若依照未经合理性论证的私有观念去发动和推动现代化运动，那么就绝不可能实现我们所普遍诉求的终极之善。

社会领域分离基础上的重叠式德性结构只是一种主观意志的法，只是一种可能的战斗力量，只有将主观意志的法变成对象性存在，成为以绝对命令形式出现的普遍法则，甚至变成一种在善良意志支配下的行动，个体与国家都能获得总体性的善的那种情形才会出现。这就是作为客体性存在

---

① 康德．道德形而上学奠基．杨云飞，译．北京：人民出版社，2013：40－41.

的规范体系和伦理环境。

（二）作为客体性存在的规范和场域

将规范和场域视作客体性存在，并非说它们是以实体性的形式立在那里的具象存在，而是指它们是可普遍化的根据和标准，是可共同感受到的伦理环境。伦理环境是由人的道德认知和道德实践所形成的过程及其后果，包括主体形态的思与行、客体形态的规范体系。伦理环境原本是后果性的社会事实和精神事实，但它一旦形成便又反身嵌入人们的道德世界中，从而制约着人们的道德认知、情感、意志、选择、行动和评价。规范是人们基于交往的需要而制定出来的共同遵守的游戏规则，它要么是用于分配资源和财富的，要么是用于规约人的意志和行动的。在规范的诸种类型中，道德规范是最不能独立自存的那一种，似乎从不存在脱离其他规范形式的道德规范，相反，道德规范是以家规、族规、村规、风俗、习惯、管理、宗教、巫术、禁忌、法律等形式表达自己“意志”的“命令句”或“祈使句”；就一个具体行动的动机、过程和结果，运用各种规范形式表达善恶、正当判断，被称为道德评价；由若干或一致或并行或矛盾的道德评价组合而成的观念和意志场域，被称为道德舆论。以道德舆论名义出现的道德评价未必是合理的，而真正决定道德评价是否合理的条件有两个：一个是知识，亦即并非出于故意，而是因为缺少足够的道德理性知识，或信息存在缺陷；另一个是动机，亦即故意歪曲事实，出于个人偏好，或因人格缺陷，埋怨、抱怨、怨恨、仇恨是评价者的基本情感结构，或对评价者充满敌意，进行道德污名化，或进行人格侮辱。由此可以说，社会舆论是充满了真理与谬误的公共意志空间。

现代伦理文明体，在规范和场域两个向度上具有与传统社会不同的面相。任何一种被视作能够表达公共意志的规范，都必须是具有坚实的内在根据和充分的外在理由的行为规则，亦即不但在客观上普遍有效而且主观上认为其是必然的行动命令。这意味着，任何以表达公共意志为旨归的规范命题，都必须是经得起实践检验的根据和标准，因而是反思性的，而不是一种习惯或直观。在意识上，它是被普遍意愿的命题陈述，我意愿我自己认其为善并践行它，我同时也意愿他者承认并践行它。在这个意义上，这个被普遍承认且被共同遵守的道德命题，就是一个金律式的意志表达，可称之为道德黄金律。

在道德舆论层面，每一个有理性存在者都会逐渐形成基本的道德理性知识，并就涉及善恶的观念和行动，基于善良意志并依据实践法则而做出正确判断。我们将做出正确判断的行为视为具有正当性基础的行为。

当从主体性和客体性两个维度深度开显现代伦理文明体的基本面相时，一个更为复杂而困难的问题便紧随而来：如何拥有并充分运用这个伦理文明体？这是一个发生现象学问题。

五、发生现象学的视角

在可描述的意义上，我们给出了新型伦理文明体的内部构成及其在实现终极之善的过程中所能起到的积极作用，然而我们尚不具备这个完整的伦理文明体，在人们的无意识、潜意识中还有诸多严重滞阻人们形成这个文明体的要素和环节。

（一）一个原初的形成新型伦理文明体的道德人格如何可能

前文已经在始点的意义上先行标划出了形成新型伦理文明体从而实现终极之善的始点：就其目的论始点而言，是指新型伦理文明体更有利于实现效率与公平、正义与平等、自由与幸福；就实践论始点而言，要成为一个真正的现代人，就必须形成现代道德人格。

一个完整的道德人格，是由信、知、情、意四个要素构成的整体性的能力和品质，即令一个人处在整体性的好状态并使之出色地完成他的活动所需要的能力和品质。人类构建怎样的社会结构及其运行逻辑，同时也就构建与这一运行逻辑相一致的伦理文明体，亦即构建怎样的道德人格；人们如果想构建一个现代社会结构及其运行逻辑，就必须成为现代人，特别是掌握社会核心资源从而能够引领伦理风尚的人群，则需肩负更重的责任和使命。在此，我们只是深入分析和论证作为一个有理性存在者所应普遍具有的道德人格。就“信”而言，可有信仰和信念两种，而就现代信仰和信念而言，则是对终极之善的确证和确信，以及为这一目的而孜孜以求的过程。为使这一目的能够实现，就必须确信一种手段之善，并殚精竭虑地构建它，这就是体现效率与公平、正义与平等价值原则的国家治理和社会管理模式。将人民视作实践论和目的论意义上的主体，就必须促使每一个人成为真正的主体，即成为正确的言说者、公正的旁观者和正当的行动者。拥有且行使政治权力和公共职权的人群就要始终将特殊意志置于一般意志之上，用公共理性约束实用理性，用利他动机规定和限制利己动机。丧失了信仰和信念，人们也就是失去了实现终极之善的动力和方向。如果说信仰和信念是主观有充分根据而客观根据不充分的那种“视其为真”，那么要实现初心和使命就必须遵天人之道而行、照人伦之道而为、据心性之道而思，这便是知识、理论和思想。不同于传统社会，在现代性场域下，流动性、易变性、风险性是人类必须面对的本质特征，为此就必须构建适合于现代化要求的知识系统、理论体系和思想逻辑；尤其是在危机管理中，依靠意见、情绪和常识，常常招致致命性失败。没有哪个时代能像今天这样，强烈需要一种整体性的对类意识、类实践和类本质的哲学沉思，类哲学将成为当今哲学的主流形态。知识和真理是主客观都有充分根据的那种视其为真；在世界化和全球化的过程中，谁把真理澄明给人类，并指明一种依照真理的指引而行动的现实道路，谁就是伟大民族和伟大人物。在情的意义上，现代伦理文明体要求一种立体的或重叠的情感结构，这就是自然情感、社会情感和人类情感的有机统一。这种统一为构建人类生命共同体、社会共同体、精神共同体和命运共同体创造了道德情感基础。就意而言，除了已经规定的动机和意志力之外，还包含一个重要环节，即意是把信、知、情连接到行动中去的关键环节，如若信、知、情不能产生一个创制手段之善以实现终极之善的行动，一切就只具有形式意义而无质料作用，而这正是长期以来，在形成伦理文明新形态的过程中，形式主义始终不能根除的顽疾、痼疾。

（二）制定、修正和完善制度何以如此重要

一个组织、民族和国家实现总体善的坚实基础是制度，而不是意见、情绪和常识，在充满流动、易变和风险的现代社会尤其如此；制度的合理性程度标志着这个组织、民族和国家的伦理文明程度，亦即制度文明程度。在一个反复交往的人群 P 中，出于交往的需要，人们通过权威者供给或民主讨论形成需人人遵守的游戏规则 R；若不遵守 R 反而有收益，那么人人都不遵守，反之则人人遵守。无论是通过权威者供给还是通过民主讨

论，都只是产生制度的路径问题，都要体现普遍性和特殊性有机统一原则。普遍性原则体现的是所有人的利益和意志，特殊性原则体现的是弱势或边缘人群的利益和意志；如果制定者将个人和少数人的利益作为首要动机决定制度的制定、矫正和变迁，那么由制度性缺陷造成的不公平、不公正则是普遍的。由于缺少溯及以往的追责制度，就会因为违约成本过低而广泛持续地产生权力滥用和不作为。若是出于公共意志而实现政策设计和制度安排，却也未必实现总体意义上的公平，因为在同一种制度安排之下，处于弱势和边缘地位的人群不能同等程度地获得来自制度安排的益处，继而在反复进行的制度矫正和修正中始终处于不利地位；相反，既得利益集团会利用各种资源与机会影响制度矫正和修正，从而使自己始终处于优势地位，以至于产生不劳而获的后果。如何在效率意义上的公平和人道意义上的公平之间寻找平衡，无疑是现代政治文明所着力寻求的国家治理和社会管理艺术。

（三）从场域到舆论

市场经济被视作到目前为止人类能够找到的相对有效率的经济组织方式，它不仅仅具有经济意义、政治意义，更具有哲学意义；它真正打开了一个普遍追寻自由、民主和平等的世界。以权力、习性和游戏规则为核心要素的“场域”被打破了，一切都要被置于理性的反思与批判中，接受正确性和正当性审查，在此种情形下，一切专权专制都将无法遁形，官僚政治更是没有存续的土壤。“（一）官僚政治得从技术的、社会的两方面去说明，而我们当作一种社会体制来研究的官僚政治，宁是重视它的社会的那方面，虽然我们同时没有理由不注意它的技术的那方面。（二）大约官僚政治在社会方面有了存在依据，它在技术上的官僚作风，是会更加厉害的，反之，如官僚不可能把政府权力全掌握在自己手中，由自己按照自己的利益而摆布，则属于事务的、技术的官场流弊，自然是可能逐渐设法纠正。（三）技术性的官僚作风，不但可能在一切设官而治的社会存在，在政府机关存在，且可能……在一切大规模机构，如教会、公司，乃至学校中存在，可是，真正的官僚政治，当作一个社会体制看的典型的官僚政治，却只允许在任何社会的某一历史阶段存在，而就欧洲说，却只允许在16世纪到18世纪末乃至19世纪初那一个历史阶段存在"①。无论是社会方面的还是技术方面的官僚政治，都与现代社会的效率与公平、正义与平等、自由与幸福的价值原则相抵牾；如果只是将现代社会的价值原则作为信仰或信念加以立意，而无政治制度方面的保证，那么绝不会有真正的现代化，也难以形成现代社会。

市场经济不但需要而且构造现代政治制度，同时还生成一个表达公意的社会空间：社会舆论。黑格尔在谈到公共舆论的价值时说："公共舆论是人民表达他们意志和意见的无机方式。在国家中现实地肯定自己的东西当然须用有机的方式表现出来，国家制度中的各个部分就是这样的。但是，无论哪个时代，公共舆论总是一支巨大的力量，尤其在我们时代是如此，因为主观自由这一原则已获得了这种重要性和意义。现时应使有效的东西，不再是通过权力，也很少是通过习惯和风尚，而确是通过判断和理由，才成为有效的"②。快速发展的现代传媒又为公共舆论的表达创造了技术支持，各种传播方式的发展，为每一个有理性存在者表达个人意志，更为呈现公共意志，创造了物质基础。尽管在公共舆论中，真理与谬误都在活跃着，但代表历史的声音和民众的心声的终极之善终究会借着真理的形式而表达其自身、实现其自身。

---

① 王亚南．中国官僚政治研究．北京：商务印书馆，2010：8.

② 黑格尔．法哲学原理．范扬，张企泰，译．北京：商务印书馆，1961：332.

第三章　中华伦理文明新形态的思想基础

创造中华伦理文明新形态是中国式现代化和中国特色社会主义建设的必然要求。中国式现代化和中国特色社会主义建设需要中华伦理文明新形态的道德价值引领。它们既需要从马克思主义伦理思想及其中国化成果中获取指导思想，也需要从中华优秀传统文化特别是中华传统伦理思想中汲取思想智慧。中华民族在奋力推进中国式现代化和中国特色社会主义建设的过程中，虚心向古今中外的思想和文明观学习，积极推进思想创新和文明观创新，因而能够创造出人类文明新形态，尤其是能够创造出中华伦理文明新形态。思想是实践的先导。研究中华伦理文明新形态，应该首先探究中华民族创造它的思想基础。

一、马克思主义伦理思想的道德真理启迪

马克思主义是一种极具革命性的理论形态，于19世纪中叶由马克思和恩格斯共同创立。它由马克思主义哲学、马克思主义政治经济学和科学社会主义三个部分构成，每个部分都具有非常鲜明的革命性品格。马克思主义哲学宣告德国古典哲学的终结，旗帜鲜明地把哲学的基本问题归结为思维与存在、精神与自然界或意识与物质的关系问题——“全部哲学，特别是近代哲学的重大的基本问题，是思维和存在的关系问题”①，理直气壮地用存在统一性、自然界统一性或物质统一性原理来解释世界的存在，毫不含糊地将世界哲学划分为唯心主义和唯物主义两大阵营，并义无

① 马克思恩格斯文集：第4卷．北京：人民出版社，2009：277.

反顾地坚持历史唯物主义和辩证唯物主义立场。马克思主义政治经济学对蒲鲁东、李嘉图等人建构的资产阶级政治经济学进行了猛烈批判和坚决否定，认为“政治经济学，从最广的意义上说，是研究人类社会中支配物质生活资料的生产和交换的规律的科学”①，即研究生产方式与生产关系辩证运动规律的科学，揭示了资本家残暴榨取剩余价值的真相，呼吁在资本主义社会饱受压迫、剥削之苦的工人阶级彻底推翻资本主义私有制。科学社会主义是关于无产阶级运动的理论。它号召全世界无产者通过无产阶级革命推翻资产阶级统治，建立由无产者当家作主的社会主义社会，强调社会主义是“无产阶级和资产阶级之间斗争的必然产物”②，坚信人类最终会步入人人自由全面发展的共产主义社会。

马克思主义伦理思想是马克思主义哲学的重要组成部分。具体地说，它是马克思主义伦理学的核心内容，是马克思和恩格斯对道德问题展开深入系统的哲学反思、探究与诠释而建构的一个自成体系的伦理思想体系。与其母体“马克思主义”一样，马克思主义伦理思想具有特别鲜明的革命性品格。

人类伦理思想源远流长，但总体上看，很少有为被压迫被剥削的劳动人民利益做论证和辩护的伦理思想。只有马克思主义伦理思想才真正代表广大劳动人民的利益，并始终竭力捍卫广大劳动人民的利益和权利。也只有在以马克思主义为指导的社会主义社会里，道德才因为被从抽象的人性论基础上转移到二重性的人性论基础上而获得真正的现实性，才因为被从抽象的道德说教转化为现实的道德实践而彰显出应有的活力，才因为从少部分人的价值认同发展为全体社会成员的价值共识而使其价值最大化。马克思主义伦理思想在注重凸显无产阶级道德的阶级性的同时重视弘扬道德的人民性，其产生具有里程碑意义，标志着人类伦理思想发生了最深刻最伟大的革命性变革。

中华民族创造中华伦理文明新形态，首先应该坚持以马克思主义伦理思想为指导。马克思主义伦理思想蕴含强烈的真理性，但它反对康德、黑

① 马克思恩格斯文集：第9卷．北京：人民出版社，2009：153.

② 马克思恩格斯文集：第9卷．北京：人民出版社，2009：388.

格尔、费尔巴哈等非马克思主义哲学家追求绝对道德真理的做法。恩格斯指出："我们拒绝想把任何道德教条当做永恒的、终极的、从此不变的伦理规律强加给我们的一切无理要求，这种要求的借口是，道德世界也有凌驾于历史和民族差别之上的不变的原则"①。马克思主义伦理思想是真理，能够为中华民族创造中华伦理文明新形态提供真理指引，但它不是道德教条，不应该用教条主义的方式看待和对待它。作为正确伦理思想，它至少能够为中华民族创造中华伦理文明新形态提供四个方面的真理指引。

（一）在批判旧世界中发现新世界——马克思主义伦理思想对中华伦理文明新形态的创造性引领

马克思主义伦理思想是一个在批判旧世界的过程中发现新世界的伦理思想体系，坚持以其为指导能够增强中华民族奋力创造中华伦理文明新形态的动力。在马克思和恩格斯生活的时代，欧洲出现了多种社会主义或共产主义学说，如空想的社会主义、粗陋的共产主义、小资产阶级社会主义，等等。这些学说在对资本主义的态度和对未来社会的价值旨趣上表现出了一些共同特点：（1）看到了资本主义社会所存在的阶级矛盾，也对资本主义社会的丑恶现象进行了批判和抨击；（2）主张以理论的而不是实践的态度来对待资本主义私有制，即只通过"批判的武器"来谴责资本主义社会的丑恶现象；（3）从客体的角度而不是从主体的角度来看待社会主义，即只关注对物质财富的重新分配或重新占有，而不关注人的真正解放。

马克思和恩格斯是在批判旧世界的过程中发现了新世界，因此，他们的社会主义思想或共产主义思想中必然包含了对资本主义的强烈的道德谴责。可以说，在批判资本主义所达到的深刻性方面，迄今为止没有人可以超越马克思和恩格斯。这是因为：（1）马克思和恩格斯把资本主义置于历史发展的维度中来分析批判它所产生的种种病症和异化现象。他们既不以非批判的态度也不以历史虚无主义的态度来对待资本主义，在揭露资本主义社会丑恶现象的同时，也指出了它在人类历史发展过程中所取得的

① 马克思恩格斯文集：第9卷．北京：人民出版社，2009：99.

巨大成就；不过，资本主义社会的固有矛盾决定了它的暂时性或过渡性，社会主义社会必然会在一定的社会条件下破茧而出。（2）马克思和恩格斯并未以实证主义的态度来看待社会主义和共产主义，其主要表现是他们并不主张从客体的角度即从社会物质财富均等化分配的角度，而是强调从人类解放、个人自由全面发展和人的尊严实现的角度，来体现社会主义和共产主义的特质。因此，马克思和恩格斯的社会主义思想并不是纯粹“实务”意义的，而主要是价值层面的。当然，他们反对仅仅以道德批判的方式来对待资本主义制度，更反对仅仅通过道德救赎的方式来实现社会主义和共产主义，而是主张把“批判的武器”和“武器的批判”结合起来，把实现社会主义和共产主义变为无产阶级现实的实践斗争，但这并没有遮蔽马克思社会主义和共产主义思想中的“道德应然性维度”。

马克思主义伦理思想的直接理论来源是德国古典伦理学。康德开创的德国古典伦理学，经费希特、谢林的持续推进，最终在黑格尔的伦理有机体思想那里得以完成。马克思深受德国古典伦理学的熏陶，德国古典伦理学也因此成为马克思的主要批判对象。马克思和恩格斯直接批判的对象主要是德国古典道德哲学集大成者黑格尔以绝对精神为基础建构的绝对唯心的伦理思想体系。他们肯定黑格尔伦理思想的合理之处，认可黑格尔把抽象法权、道德、伦理等人的存在与存在方式看作互相消融、互相产生的运动环节。同时，马克思和恩格斯批判黑格尔从抽象的人和精神的历史出发，从辩证逻辑的角度运用道德范畴的演进来建构抽象的伦理学体系，用绝对精神与道德逻辑取代了社会实践。他们进而深刻地批判了专制制度蔑视人、践踏人的罪恶本质。在批判黑格尔伦理思想和专制制度的基础上，他们还把黑格尔颠倒的思想重新颠倒过来，直面现实的伦理实践，从现实的人出发，从生产方式和生产实践出发，从现实的社会历史条件出发，揭示人的价值存在与伦理关系，并阐述了关于国家与市民社会、君主与人民、等级制与民主制等相互关系的伦理思想。

马克思和恩格斯具有强烈的批判精神，其伦理思想的逻辑起点就是对旧道德的深刻批判。马克思在《道德化的批评和批评化的道德》中说：“任何领域的发展不可能不否定自己从前的存在形式。而用道德的语言来讲，**否定**就是**背弃**”①。马克思主义伦理思想正是在对旧道德学说的批判、否定或背弃中不断发展的开放的伦理思想。批判是对人类优秀伦理思想的扬弃或超越，而非完全抛弃。作为富有批判精神的道德哲学，马克思主义伦理思想是在秉持基本伦理法则的基础上，批判汲取人类历史上的各种伦理思想资源，反思现实的重大伦理问题，不断丰富自身内涵，进而形成的独具一格的富有批判精神的道德学说。马克思指出：“哲学家们只是用不同的方式**解释**世界，问题在于**改变**世界”②。然而，批判本质上是激情的理性，而非理性的激情。批判不能仅仅囿于理论冥想与哲学审视的抽象领域，更应当在群众运动和社会生活中成为摧毁陈旧秩序、否定旧伦理规范的强大的革命力量。马克思和恩格斯痛斥资本主义是一个压制自由、缺乏自由的不合理社会，因为它使人异化而成为被奴役的对象或使人不成为人。

（二）立足于现实的人及其社会需要——马克思主义伦理思想对中华伦理文明新形态的实践引领

马克思主义伦理思想是一个以现实的个人和人的社会生活需要为关注重心的伦理思想体系，坚持以其为指导能够推动中华民族以实事求是的态度对待中华伦理文明新形态的创造问题。马克思主义认为，人之为人的重要标志在于人类从事劳动所进行的物质资料的生产，这也是人类生活的基本条件。在劳动实践的历史中，人与自然的关系、人与人的关系得以形成，也就是说，各种社会关系的总体所体现的人的本质得以形成。这是因为劳动使人的本质力量得以对象化，同时也使客观对象得以人化。

在马克思看来，要真正确保伦理道德的客观性和普遍有效性，并不需要建构一个假想的“形而上”的或虚幻的理念来论证人类及人类社会的存在，恰恰相反，是要从现实的人和社会的特征出发，必须看到社会关系对于“人”以及“人的伦理道德”的必然限制。马克思在《〈政治经济学批判〉序言》中强调：“物质生活的生产方式制约着整个社会生活、政

① 马克思恩格斯全集：第4卷．北京：人民出版社，1958：329.

② 马克思恩格斯文集：第1卷．北京：人民出版社，2009：502.

治生活和精神生活的过程。不是人们的意识决定人们的存在，相反，是人们的社会存在决定人们的意识”①。种种物质生活的生产方式为何能够限制乃至决定人的意识，包括伦理道德方面的精神和意识，其原因在于“意识”在任何时候都只能是被意识到了的“存在”，而人们的存在就是他们的现实生活过程。如果在全部意识形态中，人们和他们的关系就像在照相机中一样是倒立成像的，那么这种现象也是从人们生活的历史过程中产生的，正如物体在视网膜上的倒影是直接从人们生活的生理过程中产生的一样。由此，真实的而非虚假的伦理道德受到人类所在社会之诸种关系（尤其是物质生产关系）的规约和影响，也只有真正把人视为社会中现实的人，把人的伦理道德真正当作一种社会存在时，伦理道德的这一本体论特征才能够被呈现。

伦理道德的客观性实质上是社会存在的客观性。作为一种社会存在，伦理道德的客观性和普遍有效性不能仅仅由纯粹的主体意识所保证，而只能由现实的人及其现实的社会关系所确定；其具体的本体论特征也不能单纯从主体意识中推演出来，而必须回到复杂的社会关系中，回到现实个人的感性生活世界中，作为一种“被意识到了的存在”而被投射出来。马克思在历史唯物主义视角下所揭示的作为社会存在的社会关系，其本体论特征既指明了伦理道德的本体论特征，也解释了人类现实伦理生活在历史进程中得以辩证发展的基本逻辑。

历史唯物主义以现实的个人作为历史的起点。现实的个人之“现实性”，既不表现为由观念所虚构的思辨性，也不体现为与动物的生命活动完全同一的肉体感受；既不意味着处于离群索居或固定不变的状态，也不是人的血液、胡子等纯粹生物学意义上的肉体特征。现实的个人首先是有血有肉的鲜活的生命，他为了维持自己的肉体存在，必然要通过实践与自然界进行物质交换并在实践的基础上进行社会交往，人类历史就是在人与自然界和人与人之间的交往活动中向前发展的。这种交往活动不仅创造了人的物质生活条件，还使人形成了相应的思想观念。所以，现实的个人既是考察历史发展的起点，也是探寻道德发展的起点。

---

① 马克思恩格斯文集：第2卷．北京：人民出版社，2009：591.

马克思主义伦理思想不仅从理论上批判康德式的道德命令，而且旗帜鲜明地否定把任何永恒不变的伦理规律当作道德教条，断然拒绝任何独断的伦理说教。恩格斯从人类伦理思想史的视角对旧有伦理思想进行了深刻批判。他指出："一切以往的道德论归根到底都是当时的社会经济状况的产物。而社会直到现在是在阶级对立中运动的，所以道德始终是阶级的道德；它或者为统治阶级的统治和利益辩护，或者当被压迫阶级变得足够强大时，代表被压迫者对这个统治的反抗和他们的未来利益"①。马克思和恩格斯始终坚持在直面社会生活与社会变革的实践中，在反对任何僵化陈腐的旧道德的过程中，不断地自我扬弃并自我发展其伦理思想。

与康德、黑格尔相比，马克思和恩格斯把伦理道德的理论建构真切地置于人类生存的物质活动中，置于现实的人的实践活动中，从而揭示了伦理道德作为一种社会产物的实践性本质。在他们看来，伦理道德并非先在于人类社会，而是现实的个人所生产的社会产物，是一种只能生成于社会实践的意识形态。伦理道德并不是一种从思辨伦理体系中推导出来的静态的、绝对的意识存在，而是动态的、实践的社会产物。必须回到真实的人、真实的社会、真实的世界，把伦理道德置于现实的社会关系与社会生活中，置于真实个人的"社会关系"及"社会实践"中，避免抽象、绝对的伦理断言，拒绝欺骗、虚幻的意识形态，只有这样的伦理学理论才是科学的，才有可能真正为人们的社会生活、道德生活提供指引。事实上，作为实践哲学的伦理学或道德哲学，探究的是何为美好生活，而对美好生活的现实追求，并不能依据一种绝对而普遍的律令，悬隔一切人类实践与社会历史的场景，更不能止步于思辨抽象对意识与实践之关系的错置，只有根植于具体的、现实的社会场域，立足于血肉丰满的个人及其实践，美好生活才有可能是真实的。

（三）以人的自由全面发展为价值目标——马克思主义伦理思想对中华伦理文明新形态的崇高价值引领

马克思主义伦理思想是一个以人的自由全面发展为价值目标的伦理思想体系，坚持以其为指导能够引导中华民族在创造中华伦理文明新形态

---

① 马克思恩格斯文集：第9卷．北京：人民出版社，2009：99－100.

的过程中追求更高远的价值目标。马克思主义伦理思想的价值目标是人的自由全面发展。马克思和恩格斯并没有建构一种体系化的伦理学，但伦理思想是其思想拓展的一个重要维度。这一维度的大致进路可被概括为：从早期带有浓厚启蒙色彩的伦理思想的阐发，进展到对道德与利益关系的初步关注；从通过对市民社会的解剖发现道德的现实基础，进展到通过对资产阶级政治革命的批判来寻找人类解放的承担者；从通过对异化劳动的批判揭示人的本质存在，进展到对无产阶级使命的确认；从对资本主义社会的总体性批判，进展到对共产主义社会的必然性的揭示。这一进展表明马克思主义伦理思想是一个发展的过程，它是连续的而非中断的，更不存在思想的前后矛盾。虽然它在不同历史阶段对伦理问题关注的侧重点不同，但是它始终没有背离人的自由全面发展这一价值主题。在马克思和恩格斯看来，人类社会可以根据人的主体性划分为三大发展形态：（1）“人的依赖关系（起初完全是自然发生的），是最初的社会形式”①；（2）“以物的依赖性为基础的人的独立性，是第二大形式”②；（3）“建立在个人全面发展和他们共同的、社会的生产能力成为从属于他们的社会财富这一基础上的自由个性，是第三个阶段。第二个阶段为第三个阶段创造条件”③。马克思和恩格斯据此认为，自由精神在人类社会历史中自我实现的过程本质上是经验自由的实践过程，也就是秉持人为目的法则、实现人的自由全面发展的历史过程。他们认为，人的自由全面发展超越意识形态和阶级利益而具有独立的规范基础地位，并以人的自由全面发展的程度作为判断一个社会在价值层面是否值得被追求的标准。首先，不同于作为意识形态的道德善，人的自由全面发展是一种更具超越性的伦理善。这意味着人的自由全面发展作为一种价值并不是法权性的，它不像权利、义务，在一定程度上也包括正义等道德善那样受制于社会的生产力水平，也不以是否契合于生产力作为判断标准。相反，人的自由全面发展以非异化的人类需要和欲望为基础，并指向一种属人的美好生活。但这种对人的价值关怀的背后

---

① 马克思恩格斯文集：第8卷．北京：人民出版社，2009：52.
② 马克思恩格斯文集：第8卷．北京：人民出版社，2009：52.
③ 马克思恩格斯文集：第8卷．北京：人民出版社，2009：52.

没有思辨哲学家们对生活和意识的颠倒，也不会导致一种保守主义倾向，它因自身之故而具有独立的价值地位，并能够激发现实的行动以改变过往历史中的异化状态。其次，不同于狭隘的阶级利益，人的自由全面发展是一种对于每个现实的人而言的人类善好。以往的一切历史都是阶级统治的历史，被统治阶级总是比统治阶级拥有更少发展自我能力和个性的资源与权利，但即便是统治阶级也无法完全掌控生产关系。马克思和恩格斯追求的自由全面发展指向的是每一个人的解放，或者说每一个人都从当前物化的人类关系中解脱出来，重新获得对人所创造的生产世界的支配，进而把资本主义社会颠倒的手段-目的关系颠倒过来，把人再次确立为“生产的目的”。基于自由全面发展的内在性和普遍性，它在马克思主义伦理思想中具有一种跨越历史和社会的评价标准地位：一个社会在价值层面能否得到辩护取决于生活于其中的人获得自由全面发展的程度。也正因如此，马克思主义伦理思想对资本主义社会的批判和对共产主义社会的赞扬才在规范维度具有坚实基础。

马克思和恩格斯把自由精神落实为个体自由发展与一切人自由发展在自由联合体中的完美统一。在马克思主义伦理思想中，自由王国是人类历史的终极状态和伦理追求的目的。它把每个人自由和一切人自由的自由联合体作为价值追求的至高目的，把现实的感性的人的价值实现与自身完善作为属于超越世俗世界之上的伦理精神。欲达此自由之境界，就必须具备直面现实的伦理实践精神。就是说，批判精神、自由精神，归根结底落实为以实践精神为目的的伦理追求；每个人自由全面发展的共产主义社会不仅是历史发展的必然结果，也是价值层面的应然诉求。共产主义者应当在直面各种现实伦理问题中，拒绝任何道德教条，进而不断超越自我、完善自我，为实现共产主义的伟大目标而奋斗。马克思主义哲学家提出了自由人联合起来的伦理共同体思想，把伦理思想奠定在社会生活和社会变革的共产主义运动的坚实的实践基础之上。伦理生活和社会变革的开放性与实践性，蕴含着以自由精神为灵魂、以实践精神为目的的伦理诉求。

（四）植根于实践性、现实性与人文关怀——马克思主义伦理思想对中华伦理文明新形态的路径引领与方法论启示

马克思主义伦理思想是一个以实践性、现实指向和人文关怀为核心要

素的伦理思想体系，坚持以其为指导能够引导中华民族通过创造中华伦理文明新形态造福中国人民和世界人民。马克思和恩格斯的伦理文明观充满着现实指向和对人的价值关怀，既重视人的现实物质利益需要的满足，更重视人的尊严价值和全面发展，主张实现人的全面自由发展是马克思和恩格斯的伦理文明观的核心要素。马克思和恩格斯的伦理文明观不同于旧伦理文明观的首要之点，就是对社会历史发展的物质、经济因素的重视和揭示。马克思和恩格斯的伦理文明观注重物质生产实践的基础意义，坚持认为物质生产实践是文明产生的根源。全部人类历史的第一个前提无疑是有生命的个人的存在。毋庸置疑，没有人类就没有文明。实践作为人的存在方式，不仅在从古猿到人的演化历程中起着决定性作用，生成文明创造的主体，而且是人类生存即人类历史展开的基本形式，推动文明创造的展开。也就是说，人类为了能够生活、创造历史，就必须通过物质生产实践获取物质生活资料。在实践活动中，人的本质力量对象化为一定的积极成果即物质成就与精神成就，进而凝结为人类文明。不仅如此，物质生产实践还是文明发展的动力来源。在马克思和恩格斯看来，文明的一切进步，或者换句话说是社会生产力的一切增长或劳动本身的生产力的一切增长。物质生产实践中劳动方式、生产工具的改进能够创造出巨大的社会生产力，为人类文明进步提供不竭动力。恩格斯在《英国状况　十八世纪》中就发现了工业的改进必然带来文明程度的提高。他阐明机器发明同生产实践相结合对于英国工业革命的推动作用，英国工业的革命化是整个社会的运动动力，从而揭示出经济社会变革对英国社会走向现代工业文明的基础性、支配性意义。从某种意义上说，物质生产实践是文明发展的决定因素。现实的个人在现实生活过程中，以满足人的生存与发展需要为前提，通过实践创造了物质文明、政治文明、精神文明、社会文明、生态文明等多层次的文明成果。物质生活的生产方式制约着整个社会生活、政治生活和精神生活的过程。物质文明的发展状况，从根本上影响并决定着其他文明要素乃至文明整体的发展程度。

马克思和恩格斯还论述了文明对社会实践的作用与影响，坚持认为文明是社会实践的结果。文明是实践的，而人的实践一开始就是社会性的活动。孤立性、个人性的社会生产是具有前提条件的罕见之事，只有在已经内在地具有社会力量的文明人偶然落到荒野时才可能发生。现实的个人是处于特定社会关系中的社会性存在，总是在一定的社会关系范围内凭借着社会力量从事物质生产实践。马克思和恩格斯之所以能够实现伦理文明观的革命，就在于确立了科学的实践观点，从人的现实活动出发看待文明现象、问题，从而超越了唯心主义和旧唯物主义。简言之，文明创造既需要人的社会性实践，又需要集体的社会性实践。文明是社会进步的体现。随着实践的展开，生产关系不断优化，人类社会呈现出日渐开放、进步的发展态势与历史阶段。马克思和恩格斯创立的唯物史观，就是从直接生活的物质生产出发阐述现实的生产过程，从社会基本矛盾运动出发看待人类文明的发展演进。作为社会素质的“文明”，被马克思和恩格斯作为衡量社会进步的标准与尺度。在马克思和恩格斯看来，社会是一个多要素、多层次、多结构的庞大生命体、有机体。他们以“文明”作为透视社会有机体及其历史发展的又一研究视角，指明作为社会素质的文明是一个整体性范畴。文明的社会，既体现为社会内部多要素、多层次、多结构的提升与进步，又体现为在此基础之上人的发展与社会发展的双向互动和协同发展。人类文明存在、变迁与繁荣的过程，其根本动力源于物质生产实践，其主体力量是人民群众。物质生产实践的动力作用与人民群众的主体作用是内在统一的，人民群众通过物质生产实践创造文明。

二、毛泽东思想的道德观引领

毛泽东思想是中华文明的重要精神标识和文化精髓。坚持马克思主义伦理思想和推进马克思主义伦理思想中国化，是毛泽东思想的重要内容。毛泽东说：“道德是人们经济生活与其他社会生活的要求的反映，不同阶级有不同的道德观，这就是我们的善恶论”①。毛泽东是一位坚定的马克思主义者，中国化的马克思主义道德观在毛泽东思想体系中占据着十分重要的位置。毛泽东始终坚持马克思主义伦理思想，但他不仅没有把它当作

① 中共中央宣传部. 毛泽东邓小平江泽民论社会主义道德建设. 北京：学习出版社，2001：1.

伦理思想教条，而且特别注重伦理思想创新。以毛泽东为主要代表的中国共产党人坚持以马克思主义伦理思想作为指导思想，对道德问题进行深入且系统的理论反思，建构了自己的第一种集体性道德观——毛泽东道德观。

毛泽东道德观是中华民族建构无产阶级道德和社会主义道德的指导思想。20世纪是中国革命和中国社会的创世纪，它不仅成功地完成了新民主主义革命和社会主义革命，推翻了压在中国人民身上的三座大山，而且成功地建立了独立自主的中华人民共和国和社会主义制度，开始了改革开放和社会主义现代化建设的伟大历程，揭开了中国历史的崭新一页。20世纪是中华伦理文化的创世纪，它不仅在指导思想上用马克思主义伦理思想取代了中华传统伦理思想，开始了中华伦理文化马克思主义化的伟大历程，而且成功地跨越了封建主义道德和资本主义道德的藩篱，产生了无产阶级的革命道德，并在社会主义革命和社会主义建设的过程中形成与发展起了社会主义道德。这一伦理文化的巨大转变是历史性的伟大的革命性变革，具有空前的意义和价值。从人类伦理文明发展的总趋势上看，这是大势所趋，符合道德进步和伦理学发展的潮流，无疑具有极大的进步性和革命性。这种道德和伦理学的巨大转变，极大地改变了中国社会的道德状况，使中国人民的道德生活发生了天翻地覆的伟大变化，同时也改变了原来伦理学混乱杂陈的发展状况，开辟了通向科学伦理学和崇高伦理学的新路径。

要创造中华伦理文明新形态，中华民族应该坚持以毛泽东道德观作为指导思想。毛泽东道德观的精髓在于，它既没有以马克思主义道德观排斥中国传统道德观，也没有以马克思主义道德观排斥其他形态的外国道德观。毛泽东说："我们信奉马克思主义是正确的思想方法，这并不意味着我们忽视中国文化遗产和非马克思主义的外国思想的价值"①。毛泽东思想博采众长的观点无疑对中华民族创造中华伦理文明新形态具有智慧引领作用。

---

① 中共中央宣传部．毛泽东邓小平江泽民论社会主义道德建设．北京：学习出版社，2001：57.

（一）中国化伦理思想转化的实践动能——毛泽东道德观对中华伦理文明新形态的创新意识激活

毛泽东道德观坚持对马克思主义伦理思想进行中国化改造，坚持以其为指导能够推动中华民族在创造中华伦理文明新形态的过程中弘扬创新意识。毛泽东道德观是马克思主义伦理思想与中国具体道德生活实践相结合的产物，也是以毛泽东为代表的中国共产党人集体培育中国革命道德、社会主义道德的经验总结。毛泽东既总结和概括了中国革命道德建设特别是共产主义道德培育的一系列独创性经验，又批判地借鉴和吸收了中国近代以来道德革命的积极成果和历史上优秀的道德遗产以及资本主义社会所创造的有益伦理文化遗产，科学地阐释了为人民服务、无产阶级的革命功利主义、共产主义道德品质以及动机与效果相统一的道德评价等理论，为促进中国马克思主义伦理学科学理论的形成和发展做出了历史性的重大贡献。

毛泽东道德观是在世界进入帝国主义和无产阶级革命时代，对新民主主义革命和社会主义革命的道德生活实际和伦理文化建设进行深度把握与科学总结的产物。“当毛泽东同志等中国共产党的缔造者们登上政治舞台的时候，中华民族正处在帝国主义、封建主义的黑暗统治之下，国家四分五裂，民族备受凌辱，军阀混战不已，人民在苦难中挣扎”①。毛泽东道德观产生和形成于20世纪前中期，当时的主要时代特点是战争与革命。1914年第一次世界大战的爆发造成了革命形势，随后俄国爆发了十月社会主义革命。俄国十月革命开辟了无产阶级革命和社会主义革命新时代，这是毛泽东伦理思想产生的国际背景。俄国十月革命对中国革命运动产生了极为重要的影响，一大批先进知识分子认识到必须“走俄国人的路”，用马克思主义指导中国革命。因而，把马克思主义与中国实际结合起来，形成适合中国国情的科学指导思想就成为时代的基本要求。近代中国工业的兴起和工人运动的发展，是毛泽东道德观产生的物质基础和阶级条件。新文化运动的兴起和马克思列宁主义的传播与引进，为毛泽东道德观的产生和形成准备了思想理论条件。

---

① 江泽民文选：第1卷. 北京：人民出版社，2006：340.

毛泽东之所以为毛泽东，就在于他特别善于把其主体的社会理想同社会的运动的实践统一起来。毛泽东通晓中国的历史文化，深谙传统中国社会的内部结构以及各个阶级的处境，尤其是对占中国人口百分之九十以上的农民阶级心理和愿望有深入的把握，且具有非凡的务实能力和创造智慧，这就使他能将异域的马克思主义同中国革命的实际需要、同中华传统文化灵活地结合起来，使马克思主义思想转化为连村野百姓也喜闻乐见的民族化的思维方法和语言形式，这是那些言称共产国际而把理论搞得貌似深奥、只能照搬马克思主义教条的自诩为“百分之百的布尔什维克”所远远不能比拟的。在中国共产党内部，有些人懂马克思主义却不懂中国的历史文化和中国革命的具体实际，有些人懂中国的历史文化和中国革命的具体实际却不懂马克思主义，只有毛泽东实现了两者的结合。他不仅能提纲挈领、总体把握和自如地运用马克思主义基本原理，而且能如鱼得水、灵活轻松地在浩瀚的中华传统文化中漫游。“当毛泽东在马克思主义范畴中思考现实课题时，他那意识深处的传统智慧和行为方式往往得到淋漓尽致的发挥；当他怀着伟大的民族感情一意要在尽可能短的时间内改造中国社会使之强大起来时，他确实又在自觉地同某些传统的价值观念实行‘决裂’，并一意尊奉马克思主义提供的思想武器和社会目标”①。毛泽东把马克思主义中国化，并不是把马克思主义与中华传统文化简单相加。我们既不能把毛泽东所信仰主张的马克思主义当作一种被他简化或外在工具化的东西，从而掩盖他对中华传统文化主线的深沉而持久的信仰，也不能简单地说他只深深扎根于马克思主义思想土壤，并仅仅用他对马克思主义的理论方法、价值观念的公开宣传与信仰来解释他的行为和思想特征②。毛泽东把马克思主义中国化有其自身的特点：一是通过民族形式来实现马克思主义，赋予马克思主义基本原理一种新鲜活泼并为中国老百姓所接受的中国特色、中国风格、中国气派；二是把中国历史与现实中的一些道德范畴和道德现象上升到马克思主义基本原理的高度来说明与发挥。例如，他在给张闻天的信中就肯定孔儒思想的真理性因素，主张以马克思

---

① 陈晋．毛泽东的文化性格．北京：中国青年出版社，1991：166－167.

② 唐凯麟，王泽应．毛泽东伦理思想新探．毛泽东思想论坛，1996（1）.

主义对之进行改造。他在1939年4月29日做的关于国民精神总动员的讲话中提出，"对国家尽忠，对民族尽孝，我们赞成，这是古代封建道德，我们要改变它，发扬它。就是要特别忠于大多数人民，孝于大多数人民，而不是忠孝于少数人。对大多数有益处的，叫做仁；对大多数人利益有关的事情，处理得当，叫义。对农民的土地问题，工人的吃饭问题，处理得当，就是真正的行义者"①。毛泽东改造了孔孟儒家的仁义道德，主张爱人民恨敌人，认为对敌人的仁慈就是对人民的残忍，号召人民向鲁迅学习，"横眉冷对千夫指，俯首甘为孺子牛"。毛泽东结合中国革命年代的道德生活实际，创造性地提出和论述了为人民服务、无产阶级的革命功利主义和革命人道主义思想，丰富和发展了马克思主义的规范伦理学理论。毛泽东在领导中国人民进行反帝反封建的革命斗争中从革命的性质和目的出发，系统地阐述了为人民服务的道德宗旨，使"为人民服务"成为时代伦理精神的集中体现和社会主义道德的核心。他结合中国革命和社会主义建设的具体道德生活实际创造性地论述了集体主义道德原则，无产阶级的革命功利主义以及革命人道主义等道德原则，并深刻揭示了爱祖国、爱人民、爱劳动、爱科学、爱护公共财物的社会主义道德规范，从而构建了一个颇具中国特色的社会主义道德规范体系。

（二）中国化马克思主义伦理的主体性自觉——毛泽东道德观对中华伦理文明新形态的内生动力

毛泽东道德观是中国马克思主义道德观，坚持以其为指导能够推动中华民族在创造中华伦理文明新形态的过程中始终保持特色意识。毛泽东道德观既非原封不动的马克思主义伦理思想体系，亦非儒家伦理文化的简单复归，它是对马克思主义伦理思想的一种创造性发展，这种创造既在马克思主义伦理思想的发展史上赢得了特殊地位，也使马克思主义伦理思想实现了从西方到中国的转变，又在中国伦理文化的发展史上赢得了特殊地位，揭示出了中国伦理文化从传统到现代转变的一条有效途径。毛泽东道德观的基本特征集中表现在以下四个方面：

第一，革命理想主义与现实主义态度的有机统一。早在青年时代，毛

---

① 陈晋．毛泽东的文化性格．北京：中国青年出版社，1991：158.

泽东就提出了寓个人主义于现实主义之中的自我实现论，强调把理想与现实结合起来。青年毛泽东崇拜的理想人格是曾国藩那样的既“传教”又“办事”的“圣人”，向往既立德又建功的德业俱全。他曾说：“要做马克思加秦始皇”①。渴望实现设立正确的理想目标与在实践中贯彻实施正确的理想目标的统一。在成为马克思主义者以后，毛泽东始终不曾改变浪漫情怀与务实能力相统一的个性。毛泽东具有党内一般的实干家所不具备的理想主义精神，即使在任何艰难困苦的场合都不会失去对未来的希望与信心。

第二，阶级性与人民性的有机统一。毛泽东道德观首先强调道德的阶级性，认为在阶级社会中，每一个人都在一定的阶级地位中生活，各种思想无不被打上阶级的烙印。阶级社会里只有阶级的爱而无超阶级的爱。毛泽东强调区分敌和友，指出我们的革命要有不走错路和一定成功的把握，不可不注意团结我们的真正的朋友，以攻击我们的真正的敌人。他主张对人民以爱，对敌人以恨，我们不能爱敌人，不能爱社会的丑恶现象，我们的目的是消灭这些东西。毛泽东伦理思想，不仅具有鲜明的阶级性，还有突出的人民性。毛泽东把为人民服务视作共产主义道德的基本原则的集中体现，指出共产党人的一切言论行动，必须以合乎最广大人民群众的最大利益、为最广大人民群众所拥护为最高标准，强调共产党的责任是向人民负责，每句话、每个行动、每项政策都要合乎人民的利益，为人民谋福利。毛泽东在相信农民、肯定农民、了解农民的基础上发展起了其思想中最有特色的部分——群众史观和群众路线，提出“历史是人民创造的”和“一切从人民的利益出发”，“从群众中来，到群众中去”的著名论断，充分显示了毛泽东道德观的人民性。

第三，无产阶级革命功利主义与革命人道主义的有机统一。毛泽东道德观，从其精神上讲首先是一种无产阶级的革命的功利主义道德观。它十分强调功利效用在人们道德生活中的意义和价值，但它又不是一般的功利主义或资产阶级的功利主义道德观，而是无产阶级的革命的功利主义道德观，是以占全人口百分之九十以上的最广大群众的目前利益和将来利益的统一为出发点的，是追求长远价值目标的革命功利主义道德观。这种功利

---

① 陈登才．毛泽东的领导艺术．北京：军事科学出版社，1989：28.

主义道德观的核心内容便是为最广大人民群众谋取最大利益，充满着对人民群众的物质利益的高度尊重与关心，因而又包括革命人道主义的因素。革命人道主义就是将道义纳入无产阶级革命和解放全人类、实现共产主义的轨道，强调从道义上去关心尊重每一个无产阶级革命战士的利益、人格，形成革命队伍互相关心、互相爱护、互相帮助的道义氛围；就是救死扶伤，实行革命人道主义，包括“不调戏妇女”“不虐待俘虏”等；就是像白求恩那样毫不利己专门利人，对工作极端负责任，对同志对人民满腔热忱，对技术精益求精。毛泽东说：“我们都是来自五湖四海，为了一个共同的革命目标，走到一起来了。……我们的干部要关心每一个战士，一切革命队伍的人都要互相关心，互相爱护，互相帮助”①。革命人道主义的核心是全心全意为人民服务，是毫不利己专门利人，而这同革命功利主义是十分一致的，两者血浓于水，水乳交融，不可分割。毛泽东在 1939 年 4 月 29 日关于国民精神总动员的讲话中直截了当地指出：“对大多数有益处的，叫做仁，对大多数人利益有关的事情，处理得当，叫义。对农民的土地问题，工人的吃饭问题，处理得当，就是真正的行义者”②。这就是说功利与道义是密切相关的，没有离开功利的抽象的道义，也没有不同道义相关的纯粹孤独的功利。无产阶级的革命功利主义即是无产阶级的道义论，它们之间是一种辩证统一的关系。

第四，无产阶级爱国主义与无产阶级国际主义的有机统一。一方面，毛泽东道德观主张弘扬中华民族在悠久历史文化基础上产生和发展起来的爱国主义精神，主张“为保卫祖国流最后一滴血”③，倡导共产党人做爱国主义的模范。在《在纪念孙中山逝世十三周年及追悼抗敌阵亡将士大会上的讲话》中，毛泽东指出：“中华民族决不是一群绵羊，而是富于民族自尊心与人类正义心的伟大民族，为了民族自尊与人类正义，为了中国人一定要生活在自己的土地上，决不让日本法西斯不付重大代价而达到其无法无天的目的。我们的方法就是战争与牺牲，拿战争对抗战争，拿革

① 毛泽东选集：第 3 卷．北京：人民出版社，1991：1005.

② 陈晋．毛泽东的文化性格．北京：中国青年出版社，1991：158.

③ 毛泽东选集：第 2 卷．北京：人民出版社，1991：357.

命的正义战对抗野蛮的侵略战。这种精神，我们民族的数千年历史已经证明，现在再来一次伟大的证明”①。在毛泽东看来，中华民族不但是一个勤劳勇敢的伟大民族，同时也是一个酷爱自由、富于革命传统的伟大民族。“中国人民，百年以来，不屈不挠、再接再厉的英勇斗争，使得帝国主义至今不能灭亡中国，也永远不能灭亡中国”②。另一方面，毛泽东道德观又从共产主义事业出发，主张把爱国主义与国际主义统一起来，反对狭隘的民族主义，号召大家向国际主义战士白求恩学习，做国际主义的模范。“我们要和一切资本主义国家的无产阶级联合起来，要和日本的、英国的、美国的、德国的、意大利的以及一切资本主义国家的无产阶级联合起来，才能打倒帝国主义，解放我们的民族和人民，解放世界的民族和人民”③。毛泽东始终用爱国主义与国际主义相统一的道德观点教育中国人民，倡导既立足本国又放眼世界，以爱国主义实现国际主义的伦理要求，以国际主义激发爱国主义的伦理行为，使爱国主义与国际主义在新的起点和基础上统一起来。

毛泽东道德观的独特贡献在于，实现了马克思主义伦理学的基本原理与中国革命的道德实践及中华优秀传统伦理文化的结合。这种结合不是对马克思主义伦理思想的简单移植，也不是马克思主义伦理思想与中华传统伦理思想的糅合或混合，而是在完整准确地把握马克思主义伦理思想基本精神的基础上的一种卓越创造。具体来说，就是以马克思主义伦理思想为指导来审视和重估中华传统伦理文化，对中华传统伦理文化做出辩证唯物主义的理解与分析，进而扬长避短；同时用马克思主义伦理思想的基本精神来指导中国革命进程中的道德建设，既注重保持民族道德的特色，又将其纳入共产主义道德的轨道。这种创造性的结合使毛泽东道德观获得了理论与实践相统一、历史与现实相统一的品格，从而揭开了中国乃至世界伦理文化史上空前辉煌的一页。毛泽东道德观既实现了马克思主义伦理思想的民族化、本土化，又推进了马克思主义伦理思想的中国化发展，因此具

① 毛泽东文集：第2卷．北京：人民出版社，1993：113.
② 毛泽东选集：第2卷．北京：人民出版社，1991：632.
③ 毛泽东选集：第2卷．北京：人民出版社，1991：659.

有既立足本国又面向世界、既立足传统又面向未来的精神特质，是民族精神和时代精神的高度统一，赢得了中国社会和人民发自内心的欢迎与敬重，并且成为中国人民内化于心、外化于行的精神力量和价值指南。

三、习近平文化思想的“道”和“理”指引

“党的十八大以来，以习近平同志为主要代表的中国共产党人立足党和国家事业发展全局，着眼实现中华民族伟大复兴的历史任务，系统回答了新时代坚持和发展什么样的中国特色社会主义文化、怎样坚持和发展中国特色社会主义文化的重大课题，深刻阐释了一系列方向性、根本性、全局性问题，为新时代文化建设提供了总方针、总遵循、总要求，形成了习近平文化思想，开辟了中国特色社会主义文化建设新境界”①。习近平文化思想是习近平新时代中国特色社会主义思想的文化篇，是当代中国马克思主义文化思想、二十一世纪马克思主义文化思想、中华文化和中国精神的时代精华。它不仅内含深刻的“道”和“理”，而且充分体现了两者的辩证统一。创造中华伦理文明新形态，我国社会各界应该深入学习习近平文化思想，应该悟透、弄懂其中的“道”和“理”及其辩证统一的逻辑机理、内涵要义，应该坚持以习近平文化思想为指导。

（一）引人悟“道”：体现思想的深刻性

“道”是中国哲学中的基本概念，为儒家、道家、墨家、法家等各个传统哲学流派共同使用。孔子说：“礼之用，和为贵。先王之道，斯为美，小大由之”②。老子说：“天之道，利而不害；圣人之道，为而不争”③。墨子说：“兼者圣王之道也，王公大人之所以安也，万民衣食之所以足也”④。韩非说：“有道之君，外无怨仇于邻敌，而内有德泽于人民”⑤。

---

① 中共中央宣传部．习近平文化思想学习纲要．北京：学习出版社，人民出版社，2024：8.

② 论语·大学·中庸．陈晓芬，徐儒宗，译注．北京：中华书局，2015：12.

③ 老子．饶尚宽，译注．北京：中华书局，2006：192.

④ 墨子．方勇，译注．北京：中华书局，2015：150.

⑤ 韩非子．高华平，王齐洲，张三夕，译注．北京：中华书局，2015：204.

在中国哲学中，“道”是一个外延宽广、内涵丰富的概念，并且具有多种多样的形态。

中国哲学中的“道”是指隐藏于世界万事万物背后而又对万事万物发挥着支配作用的客观规律。张岱年指出：“道包含过程与规律的意义，这都是客观世界的反映”①。因此，“道”具有客观性、必然性和普遍性，兼有不容忽视的抽象性。例如，自然万物都遵守的能量守恒定律是“道”的重要表现形式，但它并不直观地呈现在人们面前。中国哲学家喜欢用“天之道”“人之道”“君子之道”“圣人之道”等概念来表达“道”的具体形态。

习近平深谙中国哲学，也强调求“道”、悟“道”、知“道”的重要性。2016年，习近平在党的新闻工作座谈会上的重要讲话中指出：“话语的背后是思想、是‘道’。不要为了讲故事而讲故事，要把‘道’贯通于故事之中，通过引人入胜的方式启人入‘道’，通过循循善诱的方式让人悟‘道’”②。在习近平新时代中国特色社会主义思想中，“道”是隐藏于事物和话语背后的东西，但人们可以用生动、鲜活的语言将它表达出来。

习近平新时代中国特色社会主义思想是一个内含“道”的思想体系。从表面上看，它是一个由一系列概念、论断、观点构成的话语体系，实质上反映了习近平对人的生存规律、国家发展规律、民族发展规律、历史发展规律、文明发展规律、世界发展规律、自然发展规律和实践规律的正确认识和深刻把握。我们认为，蕴含在习近平新时代中国特色社会主义思想之中的“道”至少有八个方面的主要内容。

1. 人之道

人之道就是人的生存规律。马克思说：“人的本质不是单个人所固有的抽象物，在其现实性上，它是一切社会关系的总和”③。人在本质上和现实性上都是社会性存在者。个体性只是人呈现的表象，社会性才是人的

---

① 张岱年．中国古典哲学概念范畴要论．北京：中华书局，2017：34.

② 中共中央文献研究室．习近平关于社会主义文化建设论述摘编．北京：中央文献出版社，2017：213.

③ 马克思恩格斯文集：第1卷．北京：人民出版社，2009：501.

本质所在。习近平看到了人作为个体存在的表象性，认为每个人都是鲜活的生命体，都有自己的思想观念、价值理念和理想信念。他说："每个人都有理想和追求，都有自己的梦想"①。实现个人的理想、梦想是中国梦的基本内容，个人对美好生活的追求应该受到充分尊重。不过，人的社会性本质决定了个人的生存状况必须在社会框架内才能得到合理解释。习近平说："历史告诉我们，每个人的前途命运都与国家和民族的前途命运紧密相连。国家好，民族好，大家才会好"②。将个人始终置于国家共同体和民族共同体之内来加以认识、理解和把握，这就是习近平所遵循的人之道。

2. 国家之道

国家之道就是国家发展规律。恩格斯认为，国家是文明社会的概括，它在一切典型的时期毫无例外地都是统治阶级的国家③。这是指，国家是人类文明的总标识，它在本质上是统治阶级统治被统治阶级的机器。在社会主义中国，由于统治阶级是广大人民群众，实行的是人民民主专政的政治制度，善待人民是最重要的国家之道。习近平多次强调："国无德不兴，人无德不立"④。道德不仅是个人安身立命的根本，而且是国家繁荣发展的根本。国家的道德是什么？它是国家善待人民所体现的良好道德修养。国家的道德主要通过执政党来体现。习近平强调："一切国家机关工作人员，无论身居多高的职位，都必须牢记我们的共和国是中华人民共和国，始终要把人民放在心中最高的位置，始终全心全意为人民服务，始终为人民利益和幸福而努力工作"⑤。社会主义中国的国家之道就是心系人民、关心人民、服务人民的道德。

3. 民族之道

民族之道就是民族发展规律。民族是一定数量的人基于血缘、文化等

---

① 习近平谈治国理政：第 1 卷．北京：外文出版社，2018：36.

② 习近平谈治国理政：第 1 卷．北京：外文出版社，2018：36.

③ 马克思恩格斯文集：第 4 卷．北京：人民出版社，2009：195.

④ 中共中央文献研究室．习近平关于社会主义文化建设论述摘编．北京：中央文献出版社，2017：139.

⑤ 习近平谈治国理政：第 3 卷．北京：外文出版社，2020：139.

因素的传承和发展而结成的族群。族群性是决定民族繁衍发展的根本因素，也是民族繁衍发展遵循的民族之道。一个民族的族群性主要表现在血缘和文化上。由于血缘相近、文化相通，汉族、维吾尔族等 56 个民族构成了“中华民族”这一民族共同体。中华文化更是联结中华民族的关键性纽带。习近平说：“我们的同胞无论生活在哪里，身上都有鲜明的中华文化烙印，中华文化是中华儿女共同的精神基因”①。文化是民族的灵魂。一个民族不能没有灵魂。尊重和维护中华民族的族群性，从根本上说就是要传承弘扬中华文化。这就是习近平坚守的民族之道。

4. 历史之道

历史之道就是历史发展规律。根据历史唯物论，历史是人类不断进行物质生产和精神生产的过程，它总是遵循客观历史规律；物质利益需求是推动人类创造历史的直接动力，但精神追求在人类创造历史的过程中也发挥着非常重要的作用；人民群众是创造历史的主体，也是社会变革的决定性力量。习近平说：“历史是一面镜子，从历史中，我们能够更好看清世界、参透生活、认识自己；历史也是一位智者，同历史对话，我们能够更好认识过去、把握当下、面向未来”②。习近平总是根据历史之道来审视和看待中国特色社会主义所处的历史方位，即总是从中华民族发展史、中国发展史、中国共产党发展史与人类发展史、世界发展史复杂交织的历史格局中来思考和推进中国特色社会主义建设事业。在习近平新时代中国特色社会主义思想中，中国特色社会主义是合乎历史发展规律的中国式发展模式，也是具有光明前景的中国式发展模式。正是基于这样的历史观，习近平号召中国共产党、中国人民、中华民族树立中国特色社会主义道路自信、理论自信、制度自信、文化自信。

5. 文明之道

文明之道就是文明发展规律。人类文明演进主要遵循两个规律：一是

---

① 中共中央党史和文献研究院．习近平关于社会主义精神文明建设论述摘编．北京：中央文献出版社，2022：217.

② 中共中央文献研究室．习近平关于社会主义文化建设论述摘编．北京：中央文献出版社，2017：17.

从低级到高级的发展规律，二是文明互鉴规律。中华文明的历史演进也遵循这两个规律。一方面，中华文明表现为一个不断演进的过程，并且在演进过程中形成了丰富多彩的精神标识和精深厚重的文化精髓。中华民族在历史上创造了辉煌灿烂的中华文明，在中国式现代化进程中又在奋力创造人类文明新形态，这两个事实既证明了中华民族具有强大文明创造能力的事实，也证明了中华文明不断演进、发展的事实。另一方面，中华文明表现为一种能够交流互鉴的开放性文明形态。习近平说："中华文明是在同其他文明不断交流互鉴中形成的开放体系。从历史上的佛教东传、'伊儒会通'，到近代以来的'西学东渐'、新文化运动、马克思主义和社会主义思想传入中国，再到改革开放以来全方位对外开放，中华文明始终在兼收并蓄中历久弥新"①。习近平总是站在人类文明演进规律的高度来审视和思考中华文明的传承发展、对外传播和交流互鉴问题。

6. 世界之道

世界之道就是世界发展规律。世界是由众多国家和民族组成的一个共同体。在这个共同体中，国家与国家、民族与民族之间相互联系、相互影响，彼此的命运息息相关。习近平说："一个国家能不能富强，一个民族能不能振兴，最重要的就是看这个国家、这个民族能不能顺应时代潮流，掌握历史前进的主动权"②。习近平总是从世界发展规律的高度来看待中国在国际社会所处的历史方位和现实地位、国际关系的演变、国际新秩序的建构、全球治理体系的改革、国际正义的维护等问题。正是基于这样一种世界观，习近平提出了推动构建人类命运共同体的中国方案。该方案是习近平基于对世界发展历史、世界发展现状和世界发展大势的理性分析与科学判断而建构的一个理念。它是习近平世界观的核心，在当今世界得到了很多国家和民族的价值认同。

7. 自然之道

自然之道就是自然发展规律。自然界先于人类而存在，是孕育人类的

① 中共中央党史和文献研究院．习近平关于社会主义精神文明建设论述摘编．北京：中央文献出版社，2022：228.

② 习近平．深入理解新发展理念．社会主义论坛，2019（6）：6.

母亲，其演化、发展遵循不以人的意志为转移的自然规律。恩格斯说："我们对自然界的整个支配作用，就在于我们比其他一切生物强，能够认识和正确运用自然规律"①。无论进化到何种水平、发展到何种程度，人类始终是自然之子，我们的生命始终对自然界有着天然的严重依赖性，我们的所思所想和所作所为都必须遵循自然规律。习近平坚持马克思主义自然观，从生态哲学、生命哲学的高度来认识、理解和把握人与自然的关系。他说："必须牢固树立和践行绿水青山就是金山银山的理念，站在人与自然和谐共生的高度谋划发展"②。坚守自然之道，坚持"绿水青山就是金山银山"的理念，将人与自然视为生命共同体，追求人与自然和谐共生的生态伦理价值目标，是习近平新时代中国特色社会主义思想的重要维度。

8. 实践之道

实践之道就是社会实践规律。马克思说："全部社会生活在本质上是**实践的**"③。人类具有理论思维能力，但人类的思维是否具有真理性，这最终必须通过实践来检验，因此，"人应该在实践中证明自己思维的真理性，即自己思维的现实性和力量，自己思维的此岸性"④。实践就是行动，但行动必须遵循自然规律、社会规律以及其他规律。习近平坚持马克思主义实践观，认为坚守实践之道是马克思主义的重要特征。他说："实践的观点、生活的观点是马克思主义认识论的基本观点，实践性是马克思主义理论区别于其他理论的显著特征"⑤。习近平尤其强调，马克思主义不是书斋里的学问，而是为了改变人民历史命运而创立的理论，是在人民求解放的实践中形成、丰富和发展的理论，是指引人民认识世界的理论，更是指引人民行动的理论。要求人们按照规律行动，体现习近平对实践之道的

---

① 马克思恩格斯文集：第9卷．北京：人民出版社，2009：560.

② 习近平．高举中国特色社会主义伟大旗帜　为全面建设社会主义现代化国家而团结奋斗：在中国共产党第二十次全国代表大会上的报告．北京：人民出版社，2022：50.

③ 马克思恩格斯文集：第1卷．北京：人民出版社，2009：501.

④ 马克思恩格斯文集：第1卷．北京：人民出版社，2009：500.

⑤ 习近平．论中国共产党历史．北京：中央文献出版社，2021：198.

尊重和遵循。

中国哲学所说的“道”是深奥的，也是简单的。它是“万物之奥”①，主宰着万事万物的存在，但它又是“惟恍惟惚”② 的，似有似无，难以名状；它是抽象的，又是实在的。也就是说，道是形而上的，显得恍恍惚惚，但它并非不可捉摸，其现实表现形式就是社会中的德，而一旦表现为德，它就是有形的、有内容的、有精神的。因此，老子说：“孔德之容，惟道是从”③。意思是说，德的存在形态是由道决定的，也是随着道的运行而变化的。推崇深奥而又简单的道是中国哲学的重要特征。中国哲学思想的深刻性在很大程度上源于“道”这一概念的提出和运用。

习近平是具有哲学智慧的政治家，总是从哲学的高度来建构思想。人之道、国家之道、民族之道、历史之道、文明之道、世界之道、自然之道和实践之道是内含于习近平新时代中国特色社会主义思想体系中的“道”的形态。它们与习近平新时代中国特色社会主义思想交融在一起，在其中居于最深层的位置，对习近平新时代中国特色社会主义思想发挥着根本性的统领作用，是习近平新时代中国特色社会主义思想的灵魂和根本依据，赋予习近平新时代中国特色社会主义思想难能可贵的深刻性。或者说，习近平新时代中国特色社会主义思想是一个以“道”为主导和引领的思想体系，也是一个引人向“道”、引人悟“道”、引人入“道”的思想体系。

（二）以“理”服人：凸显思想的逻辑性

中国哲学家崇尚“道”，是为了将人们的思想提升到哲学理念的高度，使人们不为事物和语言的表象所迷惑，以引导人们认识“道”的客观性、必然性和普遍性特征。人们将自己对“道”的认识、理解和把握表达出来，这就导致了“理”的产生。“理”是人们借助语言对“道”进行表达或叙述的产物，具体表现为话语的逻辑性、条理性等。更进一步说，“理”就是通过合乎逻辑、具有条理的话语表达出来的

① 老子. 饶尚宽，译注. 北京：中华书局，2006：151.

② 老子. 饶尚宽，译注. 北京：中华书局，2006：53.

③ 老子. 饶尚宽，译注. 北京：中华书局，2006：53.

思想。

习近平对中华民族讲“理”的文化传统有深刻认识。2013 年，他在十八届中央政治局第十二次集体学习时的重要讲话中强调：“文化是沟通心灵的桥梁。以理服人，以文服人，以德服人，是中华文化的生命禀赋和生存耐性”①。中华民族是一个既崇尚“道”又推崇“理”的民族。一方面，中华民族能够通过求“道”、悟“道”和知“道”彰显思维的深度、高度；另一方面，中华民族擅长通过求“理”、识“理”和讲“理”展现思想的逻辑性、条理性。

习近平新时代中国特色社会主义思想是一个非常庞大的思想体系，但它表达的逻辑和条理是清晰的。也就是说，它内含严密的逻辑、清晰的条理。学习习近平新时代中国特色社会主义思想，必须深刻认识和把握它在思想上所体现的逻辑性和条理性。我们认为，习近平新时代中国特色社会主义思想至少内含八大“理”。

1. 遵循人之道，坚持以人民为中心的发展思想

在习近平新时代中国特色社会主义思想中，“人民”是指 14 亿多中国人民，即全体中国人。坚持以人民为中心的发展思想，就是坚持人民至上的发展理念，“维护人民根本利益，增进民生福祉，不断实现发展为了人民、发展依靠人民、发展成果由人民共享，让现代化建设成果更多更公平惠及全体人民”②。坚持以人民为中心的发展思想，是对中国共产党长期坚持的“为人民服务”思想进行升华而形成的重要思想成果，包括实现全体人民共同富裕、发展全过程人民民主等丰富内容，充分体现了习近平新时代中国特色社会主义思想的人民性特征。

坚持以人民为中心的发展思想，是习近平新时代中国特色社会主义思想的逻辑起点。习近平提出以人民为中心的发展思想，主要基于三点理由：（1）人民是历史的创造者，是创造历史的英雄。习近平说：“人民既

---

① 中共中央文献研究室．习近平关于社会主义文化建设论述摘编．北京：中央文献出版社，2017：201.

② 习近平．高举中国特色社会主义伟大旗帜　为全面建设社会主义现代化国家而团结奋斗：在中国共产党第二十次全国代表大会上的报告．北京：人民出版社，2022：27.

是历史的创造者、也是历史的见证者，既是历史的‘剧中人’、也是历史的‘剧作者’”①。(2) 人民是伟大的。习近平说：“我们的人民是伟大的人民。在漫长的历史进程中，中国人民依靠自己的勤劳、勇敢、智慧，开创了各民族和睦共处的美好家园，培育了历久弥新的优秀文化”②。(3) 人民是中国共产党的根基和血脉。习近平说：“中国共产党根基在人民、血脉在人民。坚持以人民为中心的发展思想，体现了党的理想信念、性质宗旨、初心使命，也是对党的奋斗历程和实践经验的深刻总结”③。中国共产党在中国人民中诞生，依靠中国人民发展壮大，由中国人民中的先进分子组成，只有与人民同呼吸、共命运、心连心才能行稳致远。中国式现代化和中国特色社会主义建设应该始终以不断增强人民的存在感、获得感和幸福感作为根本目的。

2. 遵循国家之道，坚持推进国家治理体系和治理能力现代化

当今中国是社会主义国家，遵循社会主义国家之道。社会主义中国既具有国家的一般特性，又具有社会主义国家的特殊性。从一般特性来说，它是阶级统治的机器——人民民主专政的工具，属于典型的现代国家形态，具有开放性、包容性、民主性等现代性特征。从社会主义国家的特殊性来说，它是以马克思主义为指导建立的国家，社会主义核心价值观是它的国德。习近平说：“社会主义核心价值观是当代中国精神的集中体现，凝结着全体人民共同的价值追求”④。社会主义核心价值观是社会主义价值体系与非社会主义价值体系相区别的根本标志。

社会主义国家之道决定了我国的国家治理体系和治理能力状况。“新时代谋划全面深化改革，必须以坚持和完善中国特色社会主义制度、推进国家治理体系和治理能力现代化为主轴，深刻把握我国发展要求和时代潮流，把制度建设和治理能力建设摆到更加突出的位置，继续深化各领域各方面体制机制改革，推动各方面制度更加成熟更加定型，推进国家治理体

① 习近平谈治国理政：第2卷. 北京：外文出版社，2017：314.

② 习近平谈治国理政：第1卷. 北京：外文出版社，2018：4.

③ 习近平谈治国理政：第4卷. 北京：外文出版社，2022：53.

④ 中共中央党史和文献研究院. 习近平关于社会主义精神文明建设论述摘编. 北京：中央文献出版社，2022：122.

系和治理能力现代化”①。推进国家治理体系和治理能力现代化，体现社会主义国家之道的内在要求。

推进国家治理体系现代化，关键是要形成成熟、定型、稳定的德治体系和法治体系，形成以德治国和依法治国相结合的国家治理格局。“法律是准绳，任何时候都必须遵循；道德是基石，任何时候都不可忽视”②。在中国特色社会主义新时代，要落实依法治国方略、落实依法执政理念、落实法治中国建设，必须坚持以德治国和依法治国相结合，将德治和法治纳入相互补充、相互促进、相辅相成、相得益彰的轨道。

推进国家治理能力现代化，实质上是推进德治能力和法治能力现代化。改革开放40余年，我国在推进德治能力和法治能力现代化方面积累了成功经验，也积累了深刻教训。一方面，推动法律和道德协同发力，在国家治理能力上体现了“德治和法治两手抓、两手都要硬”的鲜明特征；另一方面，德治和法治领域的突出问题并没有得到根治，说明我国德治能力和法治能力还有很大的提升空间。

推进国家治理体系和治理能力现代化的根本目的是要从根本上提高我国的国家治理水平，以“善治”服务人民、造福人民。党的十九大把这一目标实现的时间确定为：到2035年，各方面制度更加完善，国家治理体系和治理能力现代化基本实现；到21世纪中叶，实现国家治理体系和治理能力现代化。推进国家治理体系和治理能力现代化是一项正在推进的事业，需要完成的工作还非常繁重，但它的重要性是不言而喻的。

3. 遵循民族之道，坚持挺立中华民族的精神独立性

精神独立性是中华民族的根和魂。习近平说：“精神是一个民族赖以长久生存的灵魂，唯有精神上达到一定的高度，这个民族才能在历史的洪流中屹立不倒、奋勇向前”③。精神的本质在于自由，精神的价值在于独立。对于中华民族来说，拥有精神独立性，就是拥有独立自主的思想观

---

① 习近平谈治国理政：第3卷．北京：外文出版社，2020：112.

② 习近平谈治国理政：第2卷．北京：外文出版社，2017：133.

③ 中共中央文献研究室．习近平关于社会主义文化建设论述摘编．北京：中央文献出版社，2017：13.

念、价值理念和理想信念；拥有精神独立性，才能在人类历史发展的洪流中屹立不倒、砥砺前行。

精神独立性是构建中国经济大厦、政治大厦、文化大厦的基础。习近平强调，“如果没有自己的精神独立性，那政治、思想、文化、制度等方面的独立性就会被釜底抽薪”①。中华民族应该坚持自己在中华大地上形成和发展起来的正确思想观念、价值理念和理想信念，始终保持自己的精神独立性，而不是不加区分、盲目地成为西方思想观念、价值理念和理想信念的应声虫。

坚持挺立中华民族的精神独立性，是习近平新时代中国特色社会主义思想的基本立场。实现中华民族伟大复兴，首先应该挺立中华民族的精神独立性。习近平说：“一个民族的复兴需要强大的物质力量，也需要强大的精神力量”②。如果言必称西方、崇洋媚外，跟在西方人后面亦步亦趋、东施效颦，盲目“去中国化”，搞西化主义，虚无民族历史、中华文化、中华文明，中华民族不仅会丧失应有的精神独立性，而且会因为精神独立性沦丧而失去民族独立性、国家独立性。

4. 遵循历史之道，坚持以史为鉴

遵循历史之道是中华民族的优良传统，也是习近平新时代中国特色社会主义思想的重要内容。习近平强调遵循历史之道，是为了以史为鉴。这主要体现在三个方面：

第一，坚持以人类发展史作为借鉴。习近平重视研究人类发展史，注重从人类发展史中吸取历史教训。例如，他往往从历史的视角来评价中华民族。他说：“古往今来，中华民族之所以在世界有地位、有影响，不是靠穷兵黩武，不是靠对外扩张，而是靠中华文化的强大感召力和吸引力”③。显而易见，这一关于中华文化的重要论断建立在对世界历史的深

① 中共中央宣传部. 习近平文化思想学习纲要. 北京：学习出版社，人民出版社，2024：46.

② 中共中央党史和文献研究院. 习近平关于社会主义精神文明建设论述摘编. 北京：中央文献出版社，2022：19.

③ 中共中央文献研究室. 习近平关于社会主义文化建设论述摘编. 北京：中央文献出版社，2017：6.

入研究基础之上，既论及西方资本主义国家穷兵黩武、对外扩张的历史，也论及中国从古至今坚持走和平发展道路的历史。

第二，坚持以中华民族发展史作为借鉴。习近平深谙中华民族发展史，擅长从中华民族发展史中获取启迪。他说："在几千年的历史流变中，中华民族从来不是一帆风顺的，遇到了无数艰难困苦，但我们都挺过来、走过来了，其中一个很重要的原因就是世世代代的中华儿女培育和发展了独具特色、博大精深的中华文化，为中华民族克服困难、生生不息提供了强大精神支撑"①。中华民族具有悠久历史，并且在推进历史发展的过程中创造了博大精深的中华文化，这是一代又一代中华儿女砥砺前行、不断发展的精神力量源泉。

第三，坚持以中国共产党发展史作为借鉴。中国共产党只有100多年的发展历史，但它给我们提供了很多历史启示。党的十八大以来，习近平围绕中国共产党历史发表了一系列重要论述，既展现了中国共产党在100多年发展历程中取得的辉煌成就，又从中总结出了很多宝贵经验。习近平说："我们要用历史映照现实、远观未来，从中国共产党的百年奋斗中看清楚过去我们为什么能够成功、弄明白未来我们怎样才能继续成功，从而在新的征程上更加坚定、更加自觉地牢记初心使命、开创美好未来"②。中国共产党是一个特别注重以史为鉴的政党。

5. 遵循文明之道，坚持传承发展中华文明

实现中华民族伟大复兴，必须遵循文明之道，传承发展中华文明。习近平高度重视中华文明的传承发展问题，对此做了深入研究和系统论述，其内容主要有四个方面：

第一，通过弘扬中华文化传承发展中华文明。习近平说："在五千多年文明发展中孕育的中华优秀传统文化，在党和人民伟大斗争中孕育的革命文化和社会主义先进文化，积淀着中华民族最深沉的精神追求，代表着

① 中共中央文献研究室．习近平关于社会主义文化建设论述摘编．北京：中央文献出版社，2017：6.

② 习近平．在庆祝中国共产党成立100周年大会上的讲话．北京：人民出版社，2021：10.

中华民族独特的精神标识”[①]。传承发展中华文明，就是要继承和弘扬中华优秀传统文化、革命文化和社会主义先进文化。

第二，通过推进中国特色社会主义建设传承发展中华文明。中国特色社会主义是社会主义中国的国家之道，也是社会主义中国的文明之道。推进中国特色社会主义建设的一个题中之义是推进中华文明的当代建构。习近平说：“中国特色社会主义是物质文明和精神文明全面发展的社会主义”[②]。意思是说，中国特色社会主义是当代中华民族正在创造和发展的一种文明形态。

第三，通过创造人类文明新形态传承发展中华文明。借助中国特色社会主义的创新驱动力，当代中华民族正在奋力创造人类文明新形态。习近平说：“我们坚持和发展中国特色社会主义，推动物质文明、政治文明、精神文明、社会文明、生态文明协调发展，创造了中国式现代化新道路，创造了人类文明新形态”[③]。在中国特色社会主义新时代，中华民族创造的物质文明、政治文明、精神文明、社会文明、生态文明呈现出新内容、新内涵，并且彰显出并驾齐驱、协调发展的新特征，从而催生了人类文明新形态。

第四，通过文明交流互鉴传承发展中华文明。习近平认为文明是多彩的、平等的、包容的，主张推进文明交流互鉴。他说：“文明交流互鉴，是推动人类文明进步和世界和平发展的重要动力”[④]。中华文明之所以能够赓续不断、历久弥新，这在很大程度上得益于它的交流互鉴品质。倡导文明交流互鉴是习近平新时代中国特色社会主义思想的重要内容。

6. 遵循世界之道，坚持和平发展和推动构建人类命运共同体

中国发展离不开世界，世界发展也需要中国。中国共产党要行稳致远，中华民族要实现伟大复兴，中国人民要自立、自强，中国要实现

---

① 中共中央文献研究室．习近平关于社会主义文化建设论述摘编．北京：中央文献出版社，2017：15.

② 中共中央党史和文献研究院．习近平关于社会主义精神文明建设论述摘编．北京：中央文献出版社，2022：31.

③ 习近平．在庆祝中国共产党成立100周年大会上的讲话．北京：人民出版社，2021：13－14.

④ 习近平谈治国理政：第1卷．北京：外文出版社，2018：258.

“强起来”发展目标，既应该具有聚焦于党情、民情和国情的国内视角，也应该具有聚焦于人类历史演进、世界发展格局、全球文明发展状况的国际视野。坚持统筹国内国外两个大局是习近平新时代中国特色社会主义思想的重要思维基础。

中华民族致力于实现伟大复兴，同时努力用和平发展造福全人类。这也是习近平新时代中国特色社会主义思想的重要维度。习近平在党的二十大报告中指出，“中国式现代化是和平发展的现代化”，“我们坚定站在历史正确的一边、站在人类文明进步的一边，高举和平、发展、合作、共赢旗帜，在坚定维护世界和平与发展中谋求自身发展，又以自身发展更好维护世界和平与发展”①。

推动构建人类命运共同体是习近平遵循世界之道提出的一个重要思想，其要旨是强调世界各国命运与共的事实，倡导和平共处、同舟共济、共同发展、合作共赢、同生共荣等价值理念。习近平认为，当今世界正处于大发展大变革大调整时期，政治多极化、经济全球化、社会信息化、文化多样化深入发展，新一轮科技革命和产业革命正在孕育成长，世界各国之间的相互联系、相互依存更加紧密，和平、发展、合作、共赢的潮流更加强劲，因此，构建人类命运共同体已经成为世界大势。他说：“让和平的薪火代代相传，让发展的动力源源不断，让文明的光芒熠熠生辉，是各国人民的期待，也是我们这一代政治家应有的担当。中国方案是：构建人类命运共同体，实现共赢共享”②。坚持和平发展和推动构建人类命运共同体，体现了习近平新时代中国特色社会主义思想关心人类前途命运、关心世界发展未来的思想特质。

7. 遵循自然之道，坚持推动构建人与自然和谐共生的生命共同体

习近平非常重视人与自然的关系问题。他说：“生态环境是关系党的使命宗旨的重大政治问题，也是关系民生的重大社会问题”③。一方面，

---

① 习近平．高举中国特色社会主义伟大旗帜　为全面建设社会主义现代化国家而团结奋斗：在中国共产党第二十次全国代表大会上的报告．北京：人民出版社，2022：23.

② 习近平著作选读：第1卷．北京：人民出版社，2023：563.

③ 习近平谈治国理政：第3卷．北京：外文出版社，2020：359.

党中央历来高度重视人与自然的关系问题，将保护生态环境确定为基本国策，把可持续发展确定为国家战略；另一方面，提高生态环境质量是人民最关心最直接最现实的利益问题，是人民追求美好生活的重要内容。

人与自然的关系问题，实质上是人如何看待、对待自然生态环境的问题。党的十八大以来，习近平围绕人与自然的关系问题展开系统论述，提出了一系列新观点、新思想，形成了系统化的自然观。要求人们树立尊重自然、顺应自然、保护自然的生态文明理念，是习近平自然观的逻辑起点。习近平说："人因自然而生，人与自然是一种共生关系，对自然的伤害最终会伤及人类自身。只有尊重自然规律，才能有效防止在开发利用自然上走弯路"①。

习近平自然观的核心内容是把人与自然视为生命共同体。他说："人与自然是生命共同体，无止境地向自然索取甚至破坏自然必然会遭到大自然的报复"②。习近平自然观是马克思主义自然观。恩格斯说："我们不要过分陶醉于我们人类对自然界的胜利。对于每一次这样的胜利，自然界都对我们进行报复"③。习近平自然观与马克思主义自然观在核心思想上是高度一致的。

建设美丽中国是习近平自然观的价值目标。党的十八大做出建设"美丽中国"的战略部署。习近平说："全社会都要按照党的十八大提出的建设美丽中国的要求，切实增强生态意识，切实加强生态环境保护，把我国建设成为生态环境良好的国家"④。"生态环境良好的国家"就是"美丽中国"。

习近平自然观认为，走生态文明发展道路是建构人与自然生命共同体和建设美丽中国的必由之路。早在 2013 年，习近平就号召当代中华民族

---

① 习近平谈治国理政：第 2 卷. 北京：外文出版社，2017：394.

② 习近平. 高举中国特色社会主义伟大旗帜　为全面建设社会主义现代化国家而团结奋斗：在中国共产党第二十次全国代表大会上的报告. 北京：人民出版社，2022：23.

③ 马克思恩格斯文集：第 9 卷. 北京：人民出版社，2009：559－560.

④ 习近平谈治国理政：第 1 卷. 北京：外文出版社，2018：207.

努力走向社会主义生态文明新时代，他说："要清醒认识保护生态环境、治理环境污染的紧迫性和艰巨性，清醒认识加强生态文明建设的重要性和必要性，以对人民群众、对子孙后代高度负责的态度和责任，真正下决心把环境污染治理好、把生态环境建设好，努力走向社会主义生态文明新时代，为人民创造良好生产生活环境"①。习近平将生态文明建设视为功在当代、利在千秋的伟大事业。

8. 遵循实践之道，坚持马克思主义基本原理同中国具体实际相结合、同中华优秀传统文化相结合

实践是检验真理的唯一标准。马克思说："人的思维是否具有客观的真理性，这不是一个理论的问题，而是一个**实践的**问题"②。马克思主义是我们立党兴党、立国兴国的指导思想，但如何运用这一指导思想不是理论问题，而是实践问题。

习近平指出："只有把马克思主义基本原理同中国具体实际相结合、同中华优秀传统文化相结合，坚持运用辩证唯物主义和历史唯物主义，才能正确回答时代和实践提出的重大问题，才能始终保持马克思主义的蓬勃生机和旺盛活力"③。坚持"两个结合"是习近平新时代中国特色社会主义思想的重要内容，也是推进中国式现代化和中国特色社会主义应该坚持的两个实践原则。

坚持以马克思主义作为根本指导思想，必须同中国具体实际相结合。坚持以马克思主义作为指导，并不是要死记硬背它的概念、术语、论断、结论，更不是要把它当作僵化的教条，而是要活学活用，用它包含的正确世界观、人生观、价值观和方法论来解决中国问题、世界问题。具体地说，应该将马克思主义基本原理当作正确的行动指南，灵活地借助它们来解答中国之问、世界之问、人民之问、时代之问，为中国式现代化和中国特色社会主义的社会实践提供正确指导，而不是用教条主义的态度看待

① 习近平谈治国理政：第1卷．北京：外文出版社，2018：208.

② 马克思恩格斯文集：第1卷．北京：人民出版社，2009：500.

③ 习近平．高举中国特色社会主义伟大旗帜　为全面建设社会主义现代化国家而团结奋斗：在中国共产党第二十次全国代表大会上的报告．北京：人民出版社，2022：17.

它、对待它。

坚持以马克思主义作为根本指导思想，必须同中华优秀传统文化相结合。习近平说："中华优秀传统文化是中华民族的文化根脉，其蕴含的思想观念、人文精神、道德规范，不仅是我们中国人思想和精神的内核，对解决人类问题也有重要价值"①。中华优秀传统文化深刻影响着中华民族的思维方式、认知方式、话语表达方式和行为方式。坚持以马克思主义为指导，必须实现马克思主义基本原理与中华优秀传统文化的融通、结合，否则，它的指导作用必定难以发挥出来。

"两个结合"是习近平遵循实践之道形成的马克思主义实践观，其主旨是要求在社会实践中灵活运用马克思主义基本原理。习近平坚持走马克思主义中国化时代化道路，坚持用马克思主义审视中国发展历史和世界发展历史、观察中国社会现实和世界发展现实、把握时代脉搏和问题、思考中国未来和世界未来，坚持将"两个结合"灵活地运用于治国理政的社会实践，这是习近平新时代中国特色社会主义思想得以产生的实践基础，也是以习近平同志为核心的党中央能够团结带领中国人民、中华民族不断推进中国特色社会主义伟大实践的方法论保证。

坚持和发展中国特色社会主义是"两个结合"在实践层面的集中体现。习近平指出："中国特色社会主义，是科学社会主义理论逻辑和中国社会发展历史逻辑的辩证统一，是根植于中国大地、反映中国人民意愿、适应中国和时代发展进步要求的科学社会主义，是全面建成小康社会、加快推进社会主义现代化、实现中华民族伟大复兴的必由之路"②。中国特色社会主义，不是空想社会主义，也不是苏联式的社会主义，而是马克思主义基本原理同中国具体实际相结合、同中华优秀传统文化相结合的伟大成果。

（三）"道"与"理"辩证统一：展现思想的系统性

中华民族具有将"道"和"理"相统一的思想传统。韩非说："道

---

① 中共中央党史和文献研究院．习近平关于社会主义精神文明建设论述摘编．北京：中央文献出版社，2022：225.

② 习近平谈治国理政：第1卷．北京：外文出版社，2018：21.

者，万物之所然也，万理之所稽也。理者，成物之文也；道者，万物之所成也。故曰：‘道，理之者也’”①。意思是说，道是万物之所以如此的原因，是各种理的汇总；理是构成万物的条理，道是万物得以构成的根据；道是能够使万物条理化的东西。韩非还说：“万物各异理，而道尽稽万物之理，故不得不化；不得不化，故无常操”②。这是指，万物各有各的“理”，而“道”是统一万物之“理”的“一”，因此，“道”是不变的；由于“理”是变化的，所以没有一成不变的“理”。

“道”与“理”的辩证统一，导致“道理”的产生。所谓“道理”，是指依据“道”确定的“理”；或者说，它是合乎“道”的“理”。“道理”可以言说，这就是中国人所说的“讲道理”。讲道理，就是把基于“道”的“理”说清楚、讲明白。“凡理者，方圆、短长、粗靡、坚脆之分也，故理定而后可得道也”③。讲道理，就是说清楚事物的方圆、长短、粗细、强弱的区别，因此，“理”的确定意味着“道”的获得，意味着“道”与“理”的统一。

习近平新时代中国特色社会主义思想是一个将“道”和“理”有机统一的思想体系。它寓“道”于“理”，以“理”叙“道”，既形成了深刻的“道理”，又展现了思想的系统性。学习习近平新时代中国特色社会主义思想，不能停留在对“道”或“理”的单向度把握上，而是应该上升到对其中的“道理”进行整体把握的高度。我们认为，习近平新时代中国特色社会主义思想至少蕴含八大“道理”。

道理一：民心是最大的政治④。这是对中国古人所说的“得民心者得天下，失民心者失天下”的道理进行现代诠释而形成的一个新道理。政治归根结底是人的政治。亚里士多德说：“人在本性上是政治的”⑤。中国共产党是马克思主义政党，必须坚持立党为公、执政为民，必须把人民对美好

---

① 韩非子．高华平，王齐洲，张三夕，译注．北京：中华书局，2015：208.

② 韩非子．高华平，王齐洲，张三夕，译注．北京：中华书局，2015：208.

③ 韩非子．高华平，王齐洲，张三夕，译注．北京：中华书局，2015：211.

④ 习近平谈治国理政：第4卷．北京：外文出版社，2022：57.

⑤ 亚里士多德选集：伦理学卷．苗力田，编．北京：中国人民大学出版社，1999：14.

生活的向往作为始终不渝的奋斗目标，否则，它就会被民心抛弃、否定。

道理二：中国特色社会主义最本质的特征是中国共产党领导①。习近平在党的二十大报告中强调："中国特色社会主义最本质的特征是中国共产党领导，中国特色社会主义制度的最大优势是中国共产党领导，中国共产党是最高政治领导力量，坚持党中央集中统一领导是最高政治原则"②。中国共产党成为中国社会的领导力量，这是历史选择的结果，也是人民选择的结果。只有坚持中国共产党领导，中国式现代化和中国特色社会主义才能欣欣向荣、兴旺发达。

道理三：一个国家、一个民族不能没有灵魂③。文明特别是思想文化是一个国家、一个民族的灵魂。"无论哪一个国家、哪一个民族，如果不珍惜自己的思想文化，丢掉了思想文化这个灵魂，这个国家、这个民族是立不起来的"④。对于中国和中华民族来说，守护自己的灵魂，就是要不断传承与弘扬中华文明和中华文化。

道理四：走得再远都不能忘记来时的路⑤。对于每一个中国共产党人来说，党的全部历史都是由中共一大开启的，无论走到哪里，都应该不忘初心、牢记使命。源远流长、博大精深的中华文化和中华文明是中华民族的精神根脉，中华儿女无论走到哪里、身处何方，都应该传承与弘扬自己民族的历史记忆、文化记忆和文明记忆。

道理五：文明因交流而多彩，文明因互鉴而丰富⑥。西方资本主义国

① 习近平．高举中国特色社会主义伟大旗帜　为全面建设社会主义现代化国家而团结奋斗：在中国共产党第二十次全国代表大会上的报告．北京：人民出版社，2022：6.

② 习近平．高举中国特色社会主义伟大旗帜　为全面建设社会主义现代化国家而团结奋斗：在中国共产党第二十次全国代表大会上的报告．北京：人民出版社，2022：6.

③ 习近平谈治国理政：第3卷．北京：外文出版社，2020：322.

④ 中共中央文献研究室．习近平关于社会主义文化建设论述摘编．北京：中央文献出版社，2017：5.

⑤ 习近平谈治国理政：第3卷．北京：外文出版社，2020：497.

⑥ 习近平谈治国理政：第1卷．北京：外文出版社，2018：258.

家鼓吹的文明隔阂论、文明冲突论和文明优越论不利于人类文明进步与世界和平发展，唯有倡导和坚持文明交流、文明互鉴、文明共存，充分尊重文明多样性、多元性，世界各国人民才能共同应对各种各样的全球性挑战。

道理六：构建人类命运共同体是世界各国人民前途所在①。国与国之间、民族与民族之间不是相互否定的关系，而是相互依存的关系。只有命运与共、开放包容、和睦相处、对话协商、共建共享，才能普遍安全、和平发展、合作共赢、同生共荣。构建人类命运共同体，体现“万物并育而不相害，道并行而不相悖”② 的世界之道。

道理七：共谋绿色生活，共建美丽家园③。工业化具有无与伦比的物质财富创造能力，但也导致了令人恐惧的生态危机。每个人都向往远离生态危机的绿色生活，都希望地球是一个生态安全的家园。“面对生态环境挑战，人类是一荣俱荣、一损俱损的命运共同体，没有哪个国家能独善其身”④。唯有共谋绿色生活、共建美丽家园，人类才算步入人间正道。

道理八：团结就是力量，奋斗开创未来⑤。团结产生力量，奋斗创造希望，团结奋斗产生无比巨大的创造力。“一百年来，党和人民取得的一切成就都是团结奋斗的结果，团结奋斗是中国共产党和中国人民最显著的精神标识”⑥。团结奋斗，就是在中国特色社会主义共同理想的引领下共同实践、共同行动，就是以同心同德、齐心协力的方式完成中国特色社会主义繁荣昌盛的伟大事业。

习近平论述的重要道理远远不止八个，但上述八个道理具有代表性，

---

① 习近平．高举中国特色社会主义伟大旗帜　为全面建设社会主义现代化国家而团结奋斗：在中国共产党第二十次全国代表大会上的报告．北京：人民出版社，2022：62.

② 论语·大学·中庸．陈晓芬，徐儒宗，译注．北京：中华书局，2015：352.

③ 习近平谈治国理政：第3卷．北京：外文出版社，2020：373.

④ 习近平谈治国理政：第3卷．北京：外文出版社，2020：375.

⑤ 习近平谈治国理政：第4卷．北京：外文出版社，2022：554.

⑥ 习近平谈治国理政：第4卷．北京：外文出版社，2022：554.

大体上反映了习近平基于“道”和“理”的辩证统一形成的主要思想。由于具有深刻道理，习近平新时代中国特色社会主义思想能够得到我国社会各界的广泛认同。我们认为，习近平新时代中国特色社会主义思想内含的道理具有以下主要特征。

第一，体现了复杂性与简明性的统一。习近平总是借助生动鲜活、简明扼要、通俗易懂的话语来表达复杂深刻的道理。例如，原则与人情的关系问题是中国社会根深蒂固的老大难问题。应该如何认识和处理该问题？习近平说：“中国是个人情社会，大家生活在社会上，都有亲戚、朋友、熟人、同事、上级、下属等，推进工作、解决问题时时都会面对原则和人情的选择。原则跟人情能够统一当然最好，但二者不能统一时我们要毫不犹豫坚持原则，决不能迁就人情”①。这些话语高度生活化、简明扼要、通俗易懂，但讲明了认识和处理原则与人情的关系问题的深刻道理。

第二，体现了历史性与现实性的统一。习近平常常将历史记忆、历史叙事与现实党情、民情、国情相联系，从中引出富有启发性的道理。例如，习近平说：“淮海战役的胜利是靠老百姓用小车推出来的，渡江战役的胜利是靠老百姓用小船划出来的。任何时候我们都要不忘初心、牢记使命，都不能忘了人民这个根，永远做忠诚的人民服务员”②。为了讲清楚党员干部应该在当下不忘初心、牢记使命的道理，习近平没有直奔主题，而是通过讲述淮海战役和渡江战役的历史故事“委婉”地进行提醒。

第三，体现了普遍性与特殊性的统一。习近平总是将普遍性真理与特殊性论断结合在一起讲述。例如，在论述文明的价值问题时，习近平既强调它的普遍性价值，也肯定它的特殊性价值。他说：“人类社会每一次跃进，人类文明每一次升华，无不伴随着文化的历史性进步”③。这是从普遍性层面论述人类文明与文化的关系以及文明的价值问题。习近平还说：“中华文明绵延数千年，有其独特的价值体系”④。这是在论述中华文明的

---

① 习近平谈治国理政：第4卷．北京：外文出版社，2022：532.

② 习近平．论中国共产党历史．北京：中央文献出版社，2021：13.

③ 中共中央文献研究室．习近平关于社会主义文化建设论述摘编．北京：中央文献出版社，2017：5.

④ 习近平著作选读：第1卷．北京：人民出版社，2023：241.

特殊性价值。显而易见，文明既有普遍的一面，也有特殊的一面。一方面，它是所有国家、所有民族的灵魂；另一方面，中华文明与所有民族所创造的文明形态一样，具有民族性、特殊性和独特性。

第四，体现了抽象性与具体性的统一。习近平在表达新时代中国特色社会主义思想时会使用“道”“理”“判断力”“理念”“文化自信”“自我革命”“斗争精神”“中华民族共同体意识”“生命共同体”“人类命运共同体”“中华文明的精神标识”等抽象概念，但为了将这些概念的内涵要义讲清楚，他通常会诉诸具体的事例。例如，在论述中华文明的精神标识时，习近平说：“中华文明根植于农耕文明。从中国特色的农事节气，到大道自然、天人合一的生态伦理；从各具特色的宅院村落，到巧夺天工的农业景观；从乡土气息的节庆活动，到丰富多彩的民间艺术；从耕读传家、父慈子孝的祖传家训，到邻里守望、诚信重礼的乡风民俗，等等，都是中华文化的鲜明标签，都承载着华夏文明生生不息的基因密码，彰显着中华民族的思想智慧和精神追求”①。显然，中华文明总是通过具体的伦理规范、景观、活动、艺术形式、家训、乡风民俗等体现出来。

第五，体现了理论性与实践性的统一。习近平新时代中国特色社会主义思想兼具理论性与实践性。例如，习近平说：“法律是成文的道德，道德是内心的法律，法律和道德都具有规范社会行为、维护社会秩序的作用。治理国家、治理社会必须一手抓法治、一手抓德治，既重视发挥法律的规范作用，又重视发挥道德的教化作用，实现法律和道德相辅相成、法治和德治相得益彰”②。这段话首先从学理上论述了“道德”和“法律”两个概念在内涵上的异同，然后论述了法治和德治问题，强调了法律和道德作为国家治理、社会治理手段具有不同功能的事实，从而从理论和实践两个层面阐明了法律与道德的关系问题。

总而言之，习近平新时代中国特色社会主义思想将抽象的“道”与

---

① 中共中央党史和文献研究院．习近平关于社会主义精神文明建设论述摘编．北京：中央文献出版社，2022：224.

② 中共中央文献研究室．习近平关于社会主义文化建设论述摘编．北京：中央文献出版社，2017：144－145.

具体的“理”融合在一起，使“道”中有“理”、“理”中有“道”，从而建构了一个“道”与“理”辩证统一的思想体系。“道理”是习近平新时代中国特色社会主义思想的内在灵魂。学习习近平新时代中国特色社会主义思想，不能停留在背诵概念、话语的层面，而应该领悟其中的“道”，辨别其中的“理”，更要体察其中的“道理”。只有这样，才能深入其中，融会贯通，学以致用。

四、中国哲学思想的价值建构作用

探究中华文明源远流长、经久不衰、历久弥新的奥秘是国内外学术界当前关注的热点和焦点。中华文明是一个独特的价值体系，其价值是通过中华民族的文化主体性状况以及中华文明的突出特性、核心价值、现代化水平等得到体现的，但它的价值建构是一个漫长、渐进、复杂、艰难的过程，并且涉及中华民族所处的自然环境、社会背景、历史传统等多种因素。我们重点关注和探究中国哲学对中华文明价值建构所发挥的独特作用。冯友兰曾指出：“哲学在中国文化中所占的地位，历来可以与宗教在其他文化中的地位相比”①。由于在中国社会占据着特别重要的地位，中国哲学在塑造中华民族的思维方式、思想理念、价值观念、理想信念和实践智慧方面发挥了主导作用，在建构中华文明的价值体系方面发挥了关键性作用。中国社会不是一个宗教型社会，而是一个典型的哲学型社会；中华文明不是一种宗教型文明，而是一种典型的哲学型文明。只有深刻认识这两个事实，才能正确认识、理解和把握中国哲学与中华文明的真实关系，尤其是中国哲学思想对中华文明价值建构所发挥的独特作用。

创造中华伦理文明新形态，中华民族应该从中国哲学尤其是中国伦理学中汲取思想资源。中国哲学历来以伦理学为主导，历来以弘扬具有中国特色的道德价值理念、道德价值观念和道德价值信念为核心，历来以建构中华民族的道德精神和道德境界为旨归，在建构和发展中华伦理文明方面发挥着不容忽视的重要作用。中华民族要创造中华伦理文明新形态，既应

---

① 冯友兰．中国哲学简史．北京：北京大学出版社，1996：1.

该坚持以马克思主义伦理思想及其中国化理论成果为指导，也应该向源远流长、博大精深的中国哲学学习。中国哲学蕴含着大量既有历史合理性又有哲学合理性的内容，能够为中华民族创造中华伦理文明新形态提供强有力的价值支撑。

（一）中国哲学思想对中华民族文化主体性发挥了巩固增强作用

文化主体性是指人类创造、发展、传承和传播文化的自主性、主动性、能动性和创造性。广义的文化主体性，是指整个人类作为存在世界的一个特殊存在者群体，具有创造、发展、传承和传播文化的独特能力或本领。狭义的文化主体性，是指一个民族创造、发展、传承和传播本民族文化特别是本民族文明的自主性、主动性、能动性和创造性，反映一个民族的集体文化意识、集体文化认知、集体文化信念和集体文化实践状况。

中华民族的文化主体性源远流长、根深蒂固。恩格斯说："国家是文明社会的概括，它在一切典型的时期毫无例外地都是统治阶级的国家，并且在一切场合在本质上都是镇压被压迫被剥削阶级的机器"①。根据恩格斯的论断，我国是在夏朝的时候正式进入文明阶段的。夏朝是我国历史上第一个朝代，由禹的儿子启在公元前2070年前后建立的，距今已有4000多年。不过，我国学术界的研究发现，中华文明的曙光早在5000多年前就已经出现。袁行霈、严文明等学者认为："中国大约在将近二百万年以前就有人类居住，而且往后的发展连绵不断。自从一万多年以前农业产生以来，经济文化迅速发展，大约五千多年以前出现了文明的曙光，不久就诞生了夏商周三代文明"②。

中华文明发展史是悠久的，也是短暂的。在步入文明阶段以前，中华民族长期生活在蒙昧、野蛮状态之中，所能拥有的生产力水平十分低下，所能展现的文化主体性也非常低级。恩格斯说："蒙昧时代是以获取现成的天然产物为主的时期；人工产品主要是用做获取天然产物的辅助工具。野蛮时代是学会畜牧和农耕的时期，是学会靠人的活动来增加天然产物生

① 马克思恩格斯文集：第4卷．北京：人民出版社，2009：195.

② 袁行霈，严文明，张传玺，等．中华文明史：第1卷．北京：北京大学出版社，2006：1.

产的方法的时期。文明时代是学会对天然产物进一步加工的时期，是真正的工业和艺术的时期”①。对于中华民族来说，文明是生存发展的终极目标，但这一目标的初步实现仅仅是5000多年前的事情；时至今日，中华文明已经进入现代化发展阶段，但这一历史进程目前还处于起步阶段。

我们不禁要问：中华民族为什么需要经历非常漫长的蒙昧、野蛮阶段才能步入文明发展阶段？进入文明阶段以后，中华民族为什么又需要经历漫长的过程才能逐步完善自己孜孜以求的文明？我们认为，这两个问题只有从哲学的高度才能得到很好的解答。

中华文明早在中国哲学诞生之前就已经存在。习近平说：“中华文明有着五千多年的悠久历史，是中华民族自强不息、发展壮大的强大精神力量”②。相比较而言，中国哲学只有将近3000年的历史。它诞生于公元前7世纪前后。据《史记》记载，孔子出生于鲁襄公二十二年，即公元前551年。他曾经前往周朝向老子求教“礼”。司马迁说：“盖老子百有六十余岁，或言二百余岁，以其修道而养寿也”③。意思是说，当时的老子大概有160多岁，有人说他有200多岁了，他因为研究“道”，所以健康长寿。如果《史记》中的记载属实，那么中国哲学就诞生于公元前7世纪前后，老子、孔子等人是我国历史上第一批哲学家，《老子》《论语》等是我国最早的哲学著作。

中国哲学的诞生是中华文明发展史上的重大事件。它将中华文明发展史区分为两个时期：一是前哲学时期，二是哲学时期。前哲学时期是指中华文明没有受到哲学指引的历史阶段，这一阶段至少有2000年之久；哲学时期是指中华文明受到哲学指引的历史时期，它迄今为止只有3000年左右。

在前哲学时期，中华文明主要通过神话、占卜、音乐、舞蹈、雕刻、道德规范、制度设计、天文学、地理学等文化形式呈现出来。盘古开天

---

① 马克思恩格斯文集：第4卷．北京：人民出版社，2009：38.

② 中共中央党史和文献研究院．习近平关于社会主义精神文明建设论述摘编．北京：中央文献出版社，2022：216－217.

③ 司马迁．史记：第4册．陈曦，王珏，王晓东，等译．北京：中华书局，2019：2736.

地、女娲补天、后羿射日、精卫填海等古代中国神话故事具有文学虚构性，但它们毕竟是中华民族在远古时期认识世界和解释世界的方式。与其他民族一样，远古时期的中华民族也崇尚占卜，其初衷是预测未来。音乐、舞蹈、雕刻等文化形式之所以会在中华大地上出现，这一定与远古时期的中华民族打发休闲时间的实际需要有关。日出而作，日落而息，我们的祖先需要借助音乐、舞蹈、雕刻等方式来消磨休闲时间。道德规范和制度设计早在原始社会就已经存在，反映中华民族在远古时期就已经具有自律和他律能力。《山海经》涵盖天文、地理、神话、气象、动物、植物、矿藏、医药等诸多内容，至少说明中华民族在远古时期就已经致力于建构天文学、地理学等知识体系。

神话、占卜、音乐、舞蹈、雕刻、道德规范、制度设计、天文学、地理学等文化形式在中国先于哲学而存在，为建构中华民族的文化主体性和中华文化发挥了奠基性作用，但它们并没有把中华民族完全引上文明发展的道路。究其原因，是因为它们不能为中华民族提供正确的思维方式、思想理念、价值观念、理想信念和实践智慧的引领。前哲学时期的中华文明是盲目的。对于中华民族来说，借助于神话、占卜、音乐、舞蹈、雕刻、道德规范、制度设计、天文学、地理学等方式来认识、理解和解释世界以及自身的存在状况，这在远古时期具有历史合理性，但这种合理性最终遭到日益严重的质疑。神话对世界存在状况以及人类的来源、人类与世界的关系等问题所做的解释，在人类智力普遍处于低级水平时容易得到认同，但当人类智力提高到较高水平时，人类必定不再满足于神话对世界和人自身的解释。占卜或许具有一定的预测功能，但它并非总是可靠。音乐、舞蹈、雕刻等文化形式能够给人类带来形而上的感受，但它们毕竟主要是表达情感的方式，不可能让远古时期的中华民族对世界和自身形成深刻的理性认识。原始社会的道德规范和制度设计具有地域差异、部落差异，并不能为人们提供普遍有效的行为指南。天文学、地理学只能描述天文和地理的表象，并不能揭示宇宙的本质。当神话、占卜、音乐、舞蹈、雕刻、道德规范、制度设计、天文学、地理学等对世界和人自身的解释缺乏说服力时，哲学的出现就成为绝对的需要。

中华民族的文化主体性意识是在哲学时期成熟的，其文化主体性也是在哲学时期得到巩固增强的。中国哲学于公元前7世纪前后在中华大地上诞生，是中华民族在智力上的一次大飞跃，也是中华文明发展的一次大飞跃，对中华民族的文化主体性起到了至关重要的巩固增强作用。在前哲学时期，中华民族的文化主体性意识是模糊的，其文化主体性也是低级的、脆弱的、盲目的、欠成熟的。进入哲学时期之后，受到中国哲学思想和理论的指引，中华民族的文化主体性意识变得清晰，其文化主体性也从根本上得到定型和巩固。甚至可以说，中国哲学在中华大地上诞生，不仅使中华民族开始具有清晰、明确的文化主体性意识，而且将中华民族的文化主体性变成了立得住、站得稳、行得远的文化主体性。

哲学是人类智力发展到极高阶段的产物，是人类达到最高智慧的象征。用雅斯贝斯的话来说，这就是："人们在思辨的思想中飞跃到了存在本身，在那里没有了二元性，主体和客体消失了，对立的双方恰好相合了"①。哲学的本质是思辨，是真正将思想对象化的思维方式，是运用概念甚至理念进行的沉思、深思和反思，是人类超越自身、从存在世界的整体来思考自我存在问题的意识活动。在哲学思维中，包括人类在内的万事万物都成为思维的对象，思维主体与客体融合在一起，你中有我，我中有你，天人合一，体现人类思维的至高和至善。最重要的在于，哲学思维不仅思考世界存在的本质和本原问题，而且思考人类与世界的关系问题以及人类如何彰显其存在意义的问题。

自从有了中国哲学，中华文明就步入了成熟发展阶段。道家、儒家、墨家、法家等哲学流派在先秦时期进行了激烈争鸣，形成了百家争鸣的历史局面，各哲学流派的思想观念存在巨大差异，但它们至少在一点上是共同的，即它们都致力于从整体的、联系的、发展的、辩证的哲学思维来认识、理解和把握中华文明的传承发展问题。最重要的在于，中国哲学将尊天法地、尊德崇德、追求和谐、崇尚大同等思想理念、价值观念和理想信念融入中华文明的价值体系，使之具有前所未有的哲学思想高度、深度和厚度，并且使之得到长期保持、赓续不断和发扬光大，从而塑造了中华文

---

① 卡尔·雅斯贝尔斯．论历史的起源与目标．李雪涛，译．上海：华东师范大学出版社，2018：10.（雅斯贝尔斯即雅斯贝斯。）

明无比强大的文化主体性，为中华文明行稳致远奠定了坚实基础和强大根基。

中华文明的价值集中表现在思想上，而这主要是由中国哲学赋予的。中国哲学诞生之前，中华文明的思想是零散的、杂乱的，其中不乏正确思想理念、价值观念和理想信念，但它们并没有凝结成以普遍性、必然性、规律性为根本特征的哲学思想。老子说："道可道，非常道；名可名，非常名。无，名天地之始；有，名万物之母。故常无，欲以观其妙；常有，欲以观其徼。此两者，同出而异名，同谓之玄。玄之又玄，众妙之门"①。作为中国哲学的重要开拓者，老子对常道与可道之道、常名与可名之名、无与有、常无与常有等哲学概念进行了区分，其实质是在考察和探究本质与表象的关系问题以及世界的起源、发展规律等深奥问题。孔子说："君子务本，本立而道生"②。孔子对人类生活的研究，没有停留在普通人的经验主义描述层面，而是着力探求人类实现美好生活的根本之道。

中华文明是否受到中国哲学的指导和引领，其差别是巨大的。进入哲学时期，中华文明因为得到中国哲学思想的指导和引导而变得空前伟大。陈来指出："中华文明的哲学基础主要体现为宇宙观。与西方近代以来的机械论的宇宙观相比，古典中华文明的哲学宇宙观是强调连续、动态、关联、关系、整体的观点，而不是重视静止、孤立、实体、主客二分的自我中心的哲学"③。陈来把中国哲学称为"有机整体主义"哲学，认为其核心要义是强调宇宙万事万物的相互依存性、相互联系性，追求人与自然、人与人、文化与文化之间的和谐共生，它不仅为古代中华文明提供了思想支撑，而且为中华文明的价值观提供了哲学基础。

中国哲学为中华民族的文化主体性提供的理论确证，不仅澄明了中华民族的文化主体性本身，而且揭示了中华文明的首要价值。中华民族的文化主体性既是中华文明的根基，也是中华文明的重要内容。它体现中华民

---

① 老子．饶尚宽，译注．北京：中华书局，2006：2.

② 论语·大学·中庸．陈晓芬，徐儒宗，译注．北京：中华书局，2015：8.

③ 陈来．中华文明的核心价值：国学流变与传统价值观．北京：三联书店，2015：1.

族对人自身在世界中的地位、人存在的价值和意义、人与自然的关系、人与社会的关系等问题的独特认知、理解和把握，反映中华民族的集体性思维、思想理念、价值观念、理想信念和实践智慧状况。得到中国哲学赋能，中华民族的文化主体性从根本上得到定型和巩固，这为中华文明安身立命奠定了坚实基础，更为中华文明行稳致远提供了源源不断的强大动力。

（二）中国哲学思想对中华文明的突出特性发挥了历史建构作用

中国哲学自诞生以后经历了将近 3000 年的历史演进，其历史演进既是一个自我发展的过程，也是一个引领中华文明发展的过程。一方面，它在中华民族的集体意向性和目的性驱动下，按照自己的历史逻辑向前发展，展现了自身的强大生命力，形成了自身的显著特性；另一方面，它对中华文明发挥着思想引领、价值引领、信念引领和智慧引领作用，引导着中华文明朝着正确方向发展，将其显著特性转化为中华文明的突出特性。

每一个事物都有自己的特性。所谓“特性”，是指独特的属性或专有的属性。它依附于具体事物而存在，既可以通过事物外在的表象特点呈现出来，也可以通过事物内在的本质属性呈现出来，但后者更为重要，对事物的存在和发展状况发挥着决定性作用。如果说一个事物具有显著特性或突出特性，这不仅是指它在外在形式和内在属性两个方面具有独特之处，而且是指它的专有属性非常显著、非常鲜明。

2023 年 6 月 2 日，习近平在文化传承发展座谈会上发表重要讲话，将中华文明的突出特性归纳为突出的连续性、创新性、统一性、包容性、和平性五个方面，深刻揭示了中华文明的卓越品质，为人们正确认识、理解和把握中华文明的内涵要义与价值维度提供了理论指引。我们认为，中华文明具有与众不同的突出特性和卓越品质，是与中国哲学对它的引导和指导紧密相关的；中国哲学并非中华民族创造的最早文化形态，但它一经诞生，就一直引导着中华文化的发展，长期主导着中华文化的发展格局和总体方向；中华文明是中华文化的精髓，其突出特性和卓越品质主要得益于中国哲学的引导和指导。

第一，中国哲学思想一脉相传的显著特性塑造了中华文明的突出连续性。世界上没有哪个国家的民族文化像中华文化一样，受到本国哲学长达3000年的连续引导和指导。中华民族对哲学的推崇是全民性的、一以贯之的。一方面，与世界上的绝大多数民族不同，中华民族很少关心宗教，普遍缺乏稳定的宗教信仰，但在创造哲学之后对它情有独钟，一直保持着强烈的哲学信仰。几乎所有中国人都具有哲学信仰，追求哲学智慧是中国人的共同本性。另一方面，哲学在中国诞生以后一直占据着中华文化之王的宝座，对中华文明的建构和发展长期发挥着主导作用，并且以一脉相传的显著特性塑造了中华文明的突出连续性。冯友兰说："照中国的传统，研究哲学不是一种职业。每个人都要学哲学，正像西方人要进教堂"①。在中国，几乎每一个人都以成为哲学家为荣，"没有正式的哲学著作的哲学家，比有正式的哲学著作的哲学家多得多"②。

相比较而言，世界上的其他国家则不存在哲学连续不断影响其文明发展的情况。古希腊哲学曾经塑造了辉煌的古希腊文明，但古希腊哲学随着古希腊的衰败而衰败，古希腊文明也因此而衰败。在中世纪的西方，基督教神学与封建专制统治"狼狈为奸"，哲学存在的空间十分狭窄。近代以后，哲学在西方逐渐恢复，但它不是以连续不断的方式在某个国家长期存在和发展，而是分散在西方各个国家。在近现代，英国主要流行培根、霍布斯、洛克、休谟等人所倡导的经验主义哲学以及穆尔、艾耶尔等人的分析哲学；荷兰主要因为斯宾诺莎的理性主义"伦理学"而著名；法国产生了笛卡尔、萨特、福柯等哲学家，但他们的哲学思想分别属于理性主义、存在主义、精神分析学等流派，缺乏思想和理论的连续性；德国主要因为康德、黑格尔、谢林、费希特、费尔巴哈等人的古典哲学和马克思主义哲学，以及叔本华、尼采等人的唯意志论哲学而著名，但德国哲学内部争鸣极其激烈，并没有形成一脉相承的哲学思想和理论传统；美国直到19世纪末才产生自己的本土哲学——实用主义哲学。西方国家都具有自己的哲学，但它们的哲学缺乏连续性，没有对西方文明的发展产生连续不断的影响。西方各国的文明是非连续性的，西方文明总体上

---

① 冯友兰．中国哲学简史．北京：北京大学出版社，1996：10.
② 冯友兰．中国哲学简史．北京：北京大学出版社，1996：10.

也是非连续性的。

第二，中国哲学思想不断推陈出新的显著特性塑造了中华文明的突出创新性。西方哲学家特别崇尚哲学创新，中国哲学家也特别崇尚哲学创新，但两者所崇尚的哲学创新并不相同。前者所崇尚的哲学创新具有历史虚无主义特征。纵观西方哲学发展史，大多数西方哲学家以彻底否定前人的哲学思想作为最高使命，并且热衷于高调宣扬自己的哲学创新。例如，康德将自己的纯粹理性批判方法称为“哥白尼式革命”，认为形而上学研究方法应该摆脱在概念中间来回摸索的做法，应该效仿哥白尼，假定所有对象都必须遵守我们的认识；只有这样，才能很好地解释一种先天知识的可能性①。叔本华深受康德哲学影响，在其登上德国哲学舞台之际，在保留康德“物自体”概念的同时，明确提出该概念并非虚构，而是应当被等同于“意志”。他说：“如果一种东西，既不是表象，也不是意志，只是独立存在的对象，如康德所谓的‘物自体’，这种东西就只能是虚构的，接受这种虚构，哲学就会走入歧途”②。众所周知，叔本华倡导唯意志论哲学，猛烈攻击苏格拉底、柏拉图、康德等人所倡导的理性主义哲学，贬低理性，将意志推崇到无以复加的高度，从而对西方理性主义哲学进行了“颠覆”。

相比较而言，中国哲学家所倡导的哲学创新是推陈出新的创新。所谓“推陈”，就是尊重传统、尊重历史、尊重记忆，不把过去的东西当作无用的垃圾随意扔掉。从哲学的角度来看，就是坚守中国哲学在历史演进中形成的正确思想传统，就是保持中国哲学尊重传统、热爱传统和维护传统的优良品格。所谓“出新”，就是不违背传统、不违背历史、不违背记忆的创新，就是在“推陈”基础上推动的创新。从哲学的角度来看，就是以坚守中国哲学正确思想传统作为立足点的创新，就是以尊重传统、热爱传统和维护传统作为根本的创新。中国哲学家不会以“出新”之名否定

---

① 康德．纯粹理性批判．李秋零，译．北京：中国人民大学出版社，2004：13－16.

② 叔本华．作为意志和表象的世界．刘大悲，译．哈尔滨：哈尔滨出版社，2015：4.

“推陈”。例如，孟子提出了“仁政说”，对孔子的“仁爱说”进行了根本性改造，但他始终认为自己的仁政说源自孔子的仁爱说，甚至总是以孔子的学生自称。他与公孙丑有过一次对话，被后者问及是否想成就霸王之业，孟子回答说他 40 岁以后就没有这种想法了，而是专心于修炼自己身上的浩然之气。他说：“乃所愿，则学孔子也”①。他甚至强调：“出于其类，拔乎其萃，自生民以来，未有盛于孔子也!”② 孟子一生以学习孔子的仁爱哲学思想为荣，一生以能够与孔子的仁爱思想一脉相承为荣。中国哲学追求推陈出新的思想理念和价值观念深刻影响了中华文明的发展状况，使之也具有“推陈出新”的创新性。

第三，中国哲学思想维护集中统一的显著特性塑造了中华文明的突出统一性。西方哲学在绝大多数的时候处于严重分裂状态。从源头上看，古希腊哲学除了在苏格拉底、柏拉图、亚里士多德那里因为师承原因而具有较强的统一性之外，其他哲学家的哲学思想普遍呈现出巨大差异性。古希腊出现过米利都学派、埃利亚学派、毕达哥拉斯学派、原子论哲学等诸多哲学流派，每一个哲学流派都有自己的哲学思想，并且只属于某个特定的时代，没有形成一脉相传、长久统一的哲学思想流派。另外，古希腊哲学家对“哲学”这一概念的认知和定义一直在变化，从来就没有形成关于哲学的共识。德国哲学家策勒说：“哲学一词，就其在古希腊人中的使用而言，内涵和范围都是变动甚大的”③。近现代以后，西方哲学不仅分散在西方各国，而且在各国呈现出变动不居的显著特征。由于缺乏统一性，西方哲学不能作为一种统一的文化力量而存在，也不能对西方国家形成集中统一的文化统摄。当然，正如前文所述，西方人对哲学的关心远远比不上他们对宗教的关心。宗教不仅在西方各国中发挥着最强有力的文化整合作用，而且对整个西方发挥着不容忽视的文化整合作用。

与西方哲学不同，中国哲学是统摄中华文化的最强大力量，是塑造中

---

① 孟子. 万丽华，蓝旭，译注. 北京：中华书局，2006：58.

② 孟子. 万丽华，蓝旭，译注. 北京：中华书局，2006：59.

③ 爱德华·策勒. 古希腊哲学史：第 1 卷上. 聂敏里，詹文杰，余友辉，等译. 北京：人民出版社，2020：3.

华文明统一性的最强大力量。中国哲学诞生于先秦时期，当时出现了道家、儒家、墨家、法家等诸子百家争鸣的历史局面，但先秦之后逐渐形成了由儒家和道家哲学为主导的文化格局。可以说，儒家和道家哲学是中国哲学的道统。儒家哲学聚焦于研究人的日常生活，强调道德对人类行为的规范作用，倡导仁爱精神和社会责任担当，要求人们培养齐家、治国、平天下的理想道德人格，主张积极入世、扎根现实、实事求是的世界观、人生观和价值观。道家哲学侧重于研究人的心理世界，强调精神自由对人类生活的重要性，倡导顺其自然、自然而然的生活方式，要求人们培养道法自然的理想道德人格，主张超凡脱俗、内心平静、少私寡欲的世界观、人生观和价值观。冯友兰说："因为儒家'游方之内'，显得比道家入世一些；因为道家'游方之外'，显得比儒家出世一些。这两种趋势彼此对立，但是也互相补充，两者演习着一种力的平衡。这使得中国人对于入世和出世具有良好的平衡感"①。在过去 3000 多年的发展历程中，无论中国社会如何变迁，儒家和道家哲学一直作为中国哲学的道统而存在，并一直源源不断地对中华文明发挥着思维方式引领、思想理念引领、价值观念引领、理想信念引领和实践智慧引领作用，使中华文明在思维方式、思想理念、价值观念、理想信念和实践智慧上始终保持着非常突出的统一性。

第四，中国哲学思想海纳百川的显著特性塑造了中华文明的突出包容性。西方哲学常常纠缠于自身要不要包容其他文化形态的问题。它不得不经常性地为捍卫自己的合法性地位而进行辩护，因此，围绕哲学与宗教、哲学与科学、哲学与艺术的关系等论题所展开的争论在近现代西方哲学中此起彼伏。培根、霍布斯、洛克等英国哲学家坚持经验主义和朴素唯物主义立场，但他们同时是自然神论者。"自然神论（Deism）是 17—18 世纪英国哲学家和科学家们普遍信仰的一种宗教形式，它把理性确立为上帝的本质，认为上帝按照理性法则创造了自然界之后就任其按照这些法则运行，不再干预"②。笛卡尔、康德、黑格尔等欧洲大陆哲学家也都纠结于

---

① 冯友兰．中国哲学简史．北京：北京大学出版社，1996：20.

② 邓晓芒，赵林．西方哲学史：修订版．北京：高等教育出版社，2014：139.

哲学与宗教的关系问题。笛卡尔运用哲学研究方法时先怀疑上帝的存在，但最终又证明“上帝”必须存在。他说：“单从我存在和我心里有一个至上完满的存在体（也就是说上帝）的观念这个事实，就非常明显地证明了上帝的存在”①。雅斯贝斯甚至认为哲学不懂宗教或异于宗教，“宗教现实决不是哲学所能达到的”②。在雅斯贝斯看来，如何“哲学地”对待宗教、如何“哲学地”对待科学等都是哲学家必须高度重视的论题。与笛卡尔、康德、黑格尔等理性主义哲学家极力推崇哲学思辨的立场不同，尼采“坚信艺术是生命的最高使命，是生命未来的形而上活动”③。在西方，哲学的地位常常受到宗教、科学、艺术的挑战，它不得不经常性地迎接挑战，与它们斗争，有时不得不做出一定的妥协，但这绝不意味着它具有“包容”的美德。除了在古希腊以外，哲学在西方一直没有真正赢得“文化之王”的地位，它与宗教、科学、艺术等文化形态之间更多的是相互否定、相互斗争的关系。西方哲学在近现代一直力图成为“文化之王”，但它始终没有在与宗教、科学、艺术等文化形态的竞争中占据绝对优势，因此，为了捍卫自身的尊严，它不得不持久地与它们斗争，其包容性常常遭到人们的质疑。

与西方哲学不同，哲学一直在中国占据着“文化之王”的位置，对宗教、科学、音乐、舞蹈等文化形态发挥着统领作用，但它从来没有摆出高高在上、居高临下的姿态，而总是以包容、赞赏的态度对待它们。中国哲学具有老子所说的水德。“江海所以能为百谷王者，以其善下之，故能为百谷王”④。或者说，中国哲学具有圣人之德。“圣人终不为大，故能成其大”⑤。事实上，中国哲学总是以欣赏的态度对待宗教、科学、艺术等文化形态。例如，孔子不信神鬼之事，但不反对他人信奉鬼神。季路曾经

---

① 笛卡尔．第一哲学沉思集：反驳和答辩．庞景仁，译．北京：商务印书馆，1986：52.

② 卡尔·雅斯贝斯．生存哲学．王玖兴，译．上海：上海译文出版社，2005：82.

③ 尼采．悲剧的诞生．赵登荣，等译．桂林：漓江出版社，2000：15.

④ 老子．饶尚宽，译注．北京：中华书局，2006：161.

⑤ 老子．饶尚宽，译注．北京：中华书局，2006：153.

向他求教鬼神问题，他既没有指责季路，更没有对信奉鬼神的人冷嘲热讽。他只是淡然地说："未能事人，焉能事鬼？"① 孔子对音乐、诗歌等文化形态也多给予充分肯定。他曾经对他的学生们说："小子何莫学夫《诗》？诗，可以兴，可以观，可以群，可以怨。迩之事父，远之事君。多识于鸟兽草木之名"②。意思是说，你们这些学生怎么不学习诗歌呢？诗歌可以培养想象力、提高观察力、增强合群力、加强批判力；说近点，它可以用于孝敬父母，说远点，它可以用于侍奉君王，还能从中学习一些鸟兽草木的名称。中国哲学具有极强的包容性，不存在如何"哲学地"对待其他文化形态的问题。

第五，中国哲学思想温文尔雅的显著特性塑造了中华文明的突出和平性。西方哲学从一开始就火药味十足。泰勒斯、阿那克西曼德、巴门尼德、赫拉克利特等哲学家大体上属于自然哲学流派，但他们的哲学思想存在显著差异，各流派之间的争鸣和竞争十分激烈。赫拉克利特说："战争是万物之父，也是万物之王。它使一些人成为神，使一些人成为人，使一些人成为奴隶，使一些人成为自由人"③。这一论断强调世界万物之间的矛盾性、斗争性，似乎也暗示了西方哲学世界的激烈斗争。赫拉克利特本人就特立独行，他所倡导的哲学与泰勒斯、巴门尼德等人所倡导的自然哲学有着迥然不同的特质。苏格拉底与高尔吉亚、普罗塔哥拉等智者之间的哲学立场大相径庭。苏格拉底、柏拉图与亚里士多德之间存在师承关系，但他们的哲学观也不尽相同，亚里士多德甚至明确提出"吾爱吾师，但更爱真理"的论断。纵然是在哲学被边缘化的中世纪，奥古斯丁所代表的教父哲学与阿奎那所代表的经院哲学也存在显著差异。进入近现代，西方哲学内部的争鸣更是愈演愈烈。首先是 17、18 世纪出现了英国经验论哲学与欧洲大陆唯理论哲学之间的尖锐对峙，而后出现了德国古典哲学家围绕存在

---

① 论语·大学·中庸．陈晓芬，徐儒宗，译注．北京：中华书局，2015：128.

② 论语·大学·中庸．陈晓芬，徐儒宗，译注．北京：中华书局，2015：211.

③ 北京大学哲学系外国哲学史教研室．西方哲学原著选读：上卷．北京：商务印书馆，1981：27.

与精神的关系问题、理性与意志的关系问题、道德与利益的关系问题等展开激烈争论，以及叔本华、尼采等德国唯意志论哲学家对康德、黑格尔等理性主义哲学家发起猛烈攻击等重大事件。需要特别提及的是，叔本华把黑格尔视为哲学领域的敌人，一定要与他一决雌雄。尼采更是目空一切，把所有哲学家骂个遍，将他以外的哲学家称为“矛盾体”和“阴阳人”。他说：“即使你们当中的绝顶智者，也不过是植物和魔鬼的矛盾体和阴阳人”①。总而言之，一部西方哲学发展史就是一部西方哲学家的斗争史。

相比较而言，中国哲学则一直显得比较和平。在先秦时期，诸子百家的哲学观存在巨大差异，但除了墨子对儒家哲学的攻击非常猛烈之外，总体上没有呈现出惊涛骇浪的斗争状况。儒家和道家各执己见，但彼此之间不仅没有“你死我活”的攻伐，并且流传了孔子向老子求教、老子与孔子坐而论道的佳话。事实上，儒、道两家还存在不少共同点。例如，它们都强调“真德”的重要性。孔子说：“巧言乱德”②。在孔子看来，喜欢花言巧语的人通常不具有真正的仁德。老子说：“修之于身，其德乃真；修之于家，其德乃余；修之于乡，其德乃长；修之于邦，其德乃丰；修之于天下，其德乃普”③。在老子眼中，真正的德是通过个人的修养以及齐家、治国、平天下的实践得到体现的。韩非属于法家，倡导法治，认为“国无常强，无常弱。奉法者强，则国强；奉法者弱，则国弱”④，但同时认为“德也者，人之所以建生也”⑤。意思是说，国家要强大，就必须推行法治，但道德是人类生命的根本所在。在儒家内部，哲学家往往更多地强调思想传承，很少提倡批评。孔子曾经指出：“当仁，不让于师”⑥。儒家主要鼓励学生在讲仁德方面不能谦让老师，很少鼓励学生与老师展开思想

---

① 尼采．查拉图斯特拉如是说．黄明嘉，译．桂林：漓江出版社，2000：5.

② 论语·大学·中庸．陈晓芬，徐儒宗，译注．北京：中华书局，2015：192.

③ 老子．饶尚宽，译注．北京：中华书局，2006：130.

④ 韩非子．高华平，王齐洲，张三夕，译注．北京：中华书局，2015：41.

⑤ 韩非子．高华平，王齐洲，张三夕，译注．北京：中华书局，2015：201.

⑥ 论语·大学·中庸．陈晓芬，徐儒宗，译注．北京：中华书局，2015：194.

争鸣。中国哲学是温文尔雅的和平型哲学，其显著和平性塑造了中华文明的突出和平性。

（三）中国哲学思想对中华文明的核心价值发挥了深层塑造作用

中华文明具有其核心价值。中华文明的突出特性主要是由中国哲学塑造的，中华文明的核心价值也主要是由中国哲学赋予的。中国哲学是中华文明的最重要组成部分，也是中华文明的最重要建构者。由于中国传统哲学主要是儒家和道家哲学，中华文明的核心价值也主要来源于它们。儒家和道家哲学的价值偏好既是中国哲学的主要价值偏好，也是中华文明的主要价值偏好。

思想是哲学的灵魂。中国哲学的思想灵魂主要栖居于儒家和道家哲学之中。儒家和道家哲学之间一直存在争鸣，但它们总是保持着既相互区别又相辅相成的辩证关系。一方面，儒家哲学思想主要表现为一个人本主义思想体系，处处体现以人为本的思想特征，而道家哲学思想主要表现为一个自然主义思想体系，处处彰显以自然为中心的思想特征，两者的主要思想确实存在重大区别；另一方面，儒家哲学思想和道家哲学思想都不以"独善其身"作为自身的价值目标，而总是相互依存、和谐共处，两者结成相辅相成的关系。儒家讲自强不息，道家讲顺其自然；儒家讲积极作为，道家讲谦虚谨慎；儒家讲责任担当，道家讲自由洒脱；儒家讲做人如山，道家讲做人如水；儒家讲积极入世，道家讲消极出世。这两种哲学思想从来都不是截然分开的，而总是相伴相随、相依为命，谁也离不开谁。儒家思想不是中国哲学思想的全部，道家思想也不是中国哲学思想的全部。中国哲学思想是儒家思想和道家思想的统一体，总是呈现出两者合而为一的显著特征。

儒家哲学思想和道家哲学思想之间还存在很多相通、重叠之处。这些思想同时分布于儒家哲学和道家哲学之中，说明两者在思想理念、价值观念、理想信念和实践智慧上具有高度一致性。我们认为，儒家哲学和道家哲学高度一致的思想既是中国哲学的核心思想，也是中华文明的核心价值。也就是说，中华文明的核心价值主要有五个方面。

第一，行稳致远。行稳致远是中华文明倡导的首要思想理念、价值观念、理想信念和实践智慧。中国哲学反对鼠目寸光、目光短浅、急功近利，主张高瞻远瞩、薪火相传、行稳致远。孔子说：“人无远虑，必有近忧”①。贾谊倡导“建久安之势，成长治之业”②。儒家认为，要行稳致远，必须讲仁德，所以孔子强调“知及之，仁不能守之，虽得之，必失之”③。老子甚至追求“天长地久”。他说：“天长地久。天地所以能长且久者，以其不自生，故能长生”④。道家也主张通过讲道德实现行稳致远，但它所说的道德不是孔子所倡导的仁德，而是尊天法地的自然道德，即低调、不张扬的水德。老子说：“天乃道，道乃久，没身不殆”⑤。受到中国哲学的深刻影响，中华文明把“行稳致远”作为其首要价值。正如英国哲学家所说：“中华民族是全世界最有耐心的民族。别的民族心里想的是几十年，而中国人能想几百年”⑥。

第二，守正创新。守正创新是中华文明倡导的第二个核心价值。中国哲学将世界视为一个创生、创新的过程。老子说：“道生一，一生二，二生三，三生万物”⑦。《周易》指出，“日新之谓盛德”，“生生之谓易”，“通变之谓事”⑧。受到中国哲学的深刻影响，中华文明强调创新、追求创新，要求人们在创新方面“无所不用其极”。具体来说，个人应该追求“苟日新，日日新，又日新”，国家应该追求“周虽旧邦，其命惟新”⑨。不过，中华文明既不倡导脱离传统的创新，更不会为了创新而创新。管子说：“生栋覆屋，怨怒不及；弱子下瓦，慈母操棰”⑩。这一论断的字面意

---

① 论语·大学·中庸．陈晓芬，徐儒宗，译注．北京：中华书局，2015：188.

② 王泽应，罗成，蒋林．薪火相传：中华文明的连续性文献选读．长沙：岳麓书社，2024：243.

③ 论语·大学·中庸．陈晓芬，徐儒宗，译注．北京：中华书局，2015：193.

④ 老子．饶尚宽，译注．北京：中华书局，2006：18.

⑤ 老子．饶尚宽，译注．北京：中华书局，2006：40.

⑥ 伯特兰·罗素．中国问题．田瑞雪，译．北京：中国画报出版社，2019：12.

⑦ 老子．饶尚宽，译注．北京：中华书局，2006：105.

⑧ 周易．杨天才，张善文，译注．北京：中华书局，2011：571－572.

⑨ 论语·大学·中庸．陈晓芬，徐儒宗，译注．北京：中华书局，2015：254.

⑩ 管子．李山，译注．北京：中华书局，2016：19.

思是，用新砍伐的生木做栋梁导致房屋倒塌，人们不会抱怨和指责木材，只会怨恨和指责人；小孩把房屋的瓦片拆下来，仁慈的母亲也会拿起打人的棍子。其内含的意思是，做任何事都不能简单地强调创新、追求创新，既应该遵循事物的规律，也应该坚守正确的传统；否则，创新必定功亏一篑。在中华文明的价值体系中，创新重要，守正更重要。因此，《周易》特别强调："《易》与天地准，故能弥纶天地之道"①。创新意味着变化，但变化不是盲目的，必须遵循事物存在和发展的规律。

第三，道通为一。道通为一是中华文明倡导的第三个核心价值。中国哲学崇尚"道"，不崇尚"神"。"道"是支配整个世界的规律，它是无形的，但可以通过天之道、地之道、人之道、圣人之道、君子之道、为人之道等具体形态体现出来。人对"道"的认识、服从和遵循，导致了"德"的产生，因此，"德"的全称是"道德"，"德"的根源是"道"。既可以说世界统一于"道"，也可以说世界统一于"德"。这就是姜子牙既说"道之所在，天下归之"，也说"德之所在，天下归之"② 的原因。受到中国哲学的深刻影响，中华文明特别推崇道通为一的思想理念、价值观念、理想信念和实践智慧。中华文明强调大一统、追求天下大同、崇尚共同体意识、倡导多元一体思想，这一传统在中华文化中源远流长、根深蒂固。董仲舒说："《春秋》大一统者，天地之常经，古今之通谊也"③。2023 年 6 月 2 日，习近平在文化传承发展座谈会上说："中华文明具有突出的统一性……从根本上决定了中华民族各民族文化融为一体、即使遭遇重大挫折也牢固凝聚，决定了国土不可分、国家不可乱、民族不可散、文明不可断的共同信念，决定了国家统一永远是中国核心利益的核心，决定了一个坚强统一的国家是各族人民的命运所系"④。

---

① 周易．杨天才，张善文，译注．北京：中华书局，2011：569.

② 鲁芳，李彬．同心同德：中华文明的统一性文献选读．长沙：岳麓书社，2024：197.

③ 鲁芳，李彬．同心同德：中华文明的统一性文献选读．长沙：岳麓书社，2024：185.

④ 习近平．在文化传承发展座谈会上的讲话．北京：人民出版社，2023：3－4.

第四，有容乃大。中国哲学崇尚包容的美德，主张万物并育、有容乃大。《中庸》说："万物并育而不相害，道并行而不相悖，小德川流，大德敦化，此天地之所以为大也"①。包容是一种思想理念、价值观念和理想信念，也是一种实践智慧。它既可以表现为孔子所倡导的"忠恕之道"，即"己欲立而立人，己欲达而达人"② 和"己所不欲，勿施于人"③，也可以表现为孔子所说的"成事不说，遂事不谏，既往不咎"④、"无求备于一人"⑤ 等为人处世的实践法则。中华文明不是以自我为中心的文明形态，不是唯我独尊的文明形态，更不是霸权主义的文明形态，而是主张开放包容、交流互鉴的文明形态。习近平说："中华文明是在同其他文明不断交流互鉴中形成的开放体系"⑥。包容是中华文明的内在本性，也是中华文明具有高度自信的表现。习近平强调："只有充满自信的文明，才会在保持自己民族特色的同时包容、借鉴、吸收各种不同文明"⑦。通过弘扬开放包容、交流互鉴的突出特性，中华文明彰显了大胸襟、大气象、大气质，成就了自身的伟大，也形成了有容乃大的核心价值。

第五，以和为贵。以和为贵是中国哲学的核心思想理念、价值观念、理想信念和实践智慧，也是中华文明的核心思想理念、价值观念、理想信念和实践智慧。中华文明中的"和"，是指和而不同、和谐、中和、和平等意蕴。孔子认为追求和谐是君子之道。他说："君子和而不同，小人同而不和"⑧。意思是说，君子为人处世讲究和谐，但不会盲从附和；小人盲从附和，但不能与人和谐相处。孔子的弟子有子认为："礼之用，和为

① 论语·大学·中庸．陈晓芬，徐儒宗，译注．北京：中华书局，2015：352.

② 论语·大学·中庸．陈晓芬，徐儒宗，译注．北京：中华书局，2015：72.

③ 论语·大学·中庸．陈晓芬，徐儒宗，译注．北京：中华书局，2015：191.

④ 论语·大学·中庸．陈晓芬，徐儒宗，译注．北京：中华书局，2015：35.

⑤ 论语·大学·中庸．陈晓芬，徐儒宗，译注．北京：中华书局，2015：226.

⑥ 中共中央党史和文献研究院．习近平关于社会主义精神文明建设论述摘编．北京：中央文献出版社，2022：228.

⑦ 中共中央党史和文献研究院．习近平关于社会主义精神文明建设论述摘编．北京：中央文献出版社，2022：228.

⑧ 论语·大学·中庸．陈晓芬，徐儒宗，译注．北京：中华书局，2015：160.

贵”①。《中庸》强调“中和”，认为它是世界万物能够各就其位、和谐相处的自然之道或天地之道。它指出：“致中和，天地位焉，万物育焉”②。世界只有达到中和状态，天和地才能各在其位和正常运行，世界万物也才能和平共处、生生不息。董仲舒把“和”归结为世界的主流。他说：“和者，天之正也，阴阳之平也，其气最良。……天地之道，虽有不和者，必归之于和，而所为有功”③。也就是说，世界总体上以和谐为主、以不和谐为辅。中华文明从来不把世界看成一个以矛盾、冲突为主的世界，而是始终强调世界以和谐为主流的事实。这不仅是因为中华民族洞察了世界以和谐为主的客观事实，而且是因为中华民族始终把追求和谐、维护和谐当作自己的道德责任。中华民族在矛盾和冲突不断加剧的当今世界，仍然坚守和谐、和平、和睦的思想理念、价值观念、理想信念和实践智慧。习近平说：“我们坚定站在历史正确的一边、站在人类文明进步的一边，高举和平、发展、合作、共赢旗帜，在坚定维护世界和平与发展中谋求自身发展，又以自身发展更好维护世界和平与发展”④。以和为贵是中华文明的核心价值，也是中华文明最耀眼的色彩。

主张行稳致远、守正创新、道通为一、有容乃大、以和为贵，是儒家哲学和道家哲学的共同思想，是中国哲学的核心思想，也是中华文明的核心价值。中国哲学自成体系，在不断演进过程中形成了自己的核心思想理念、价值观念、理想信念和实践智慧，同时用它们引导和指导中华文明的建构与发展，在创造自我的同时创造了中华文明的核心价值。这些核心价值是中华文明的价值轴心或价值支柱，是中华文明超越时空、永不褪色的价值。它们把中华文明从根本上与其他文明形态区别开来，使中华文明具

---

① 论语·大学·中庸．陈晓芬，徐儒宗，译注．北京：中华书局，2015：12.

② 论语·大学·中庸．陈晓芬，徐儒宗，译注．北京：中华书局，2015：289.

③ 春秋繁露．张世亮，钟肇鹏，周桂钿，译注．北京：中华书局，2012：610.

④ 习近平．高举中国特色社会主义伟大旗帜　为全面建设社会主义现代化国家而团结奋斗：在中国共产党第二十次全国代表大会上的报告．北京：人民出版社，2022：23.

有与众不同的价值偏好，使中华文明能够在世界文明价值体系中出类拔萃，使中华文明能够引领人类文明的进步潮流。

（四）中国哲学思想对中华文明现代化发挥了价值引领作用

马克思主义在俄国十月革命后传入中国。它是一个宏大的理论体系，包括马克思主义哲学、马克思主义政治经济学、科学社会主义等内容。这是中国历史上的大事变，极大地冲击了中华民族的传统思维方式、思想理念、价值观念、理想信念和实践智慧，推动中华民族学习与接受了马克思主义思想和理论，从根本上改变了中华民族的精神状况。毛泽东说："自从中国人学会了马克思列宁主义以后，中国人在精神上就由被动转入主动"①。

马克思主义哲学是马克思主义的理论基础，也是马克思主义的精髓和根本所在。它坚持历史唯物主义和辩证唯物主义，对存在与意识、物质与精神、经济基础与上层建筑、生产力与生产关系、个人与社会、理论与实践、历史与逻辑、爱国主义情操与国际主义精神、人类与自然、偶然性与必然性、本质与现象的关系做了深刻的哲学阐释，揭示了个人思维、人类社会、自然界乃至整个世界发展所遵循的一般规律，指出了社会主义必然战胜和取代资本主义、人类最终实现共产主义的必然性，为人类社会发展指明了正确方向，在重构人类世界观、历史观、国家观、价值观等方面发挥了思想和价值引领作用。习近平说："马克思主义为人类社会发展进步指明了方向，是我们认识世界、把握规律、追求真理、改造世界的强大思想武器"②。

马克思主义在中国的传播经历了一个不断推进的中国化时代化过程。毛泽东说："马克思列宁主义的普遍真理一经和中国革命的具体实践相结合，就使中国革命的面目为之一新，产生了新民主主义的整个历史阶段"③。习近平说："实践告诉我们，中国共产党为什么能，中国特色社会

① 中共中央宣传部．毛泽东邓小平江泽民论社会主义道德建设．北京：学习出版社，2001：32.

② 习近平谈治国理政：第4卷．北京：外文出版社，2022：29－30.

③ 中共中央宣传部．毛泽东邓小平江泽民论社会主义道德建设．北京：学习出版社，2001：31.

主义为什么好，归根到底是马克思主义行，是中国化时代化的马克思主义行”①。马克思主义哲学在中国化时代化的过程中催生了中国马克思主义哲学。毛泽东思想、邓小平理论、“三个代表”重要思想、科学发展观、习近平文化思想等都是中国马克思主义哲学思想的结晶。“哲学家们只是用不同的方式**解释**世界，问题在于**改变**世界”②。中国马克思主义哲学一经产生，它就既是中华民族认识世界、解释世界的理论武器，也是中华民族改造世界的实践指南。

中国马克思主义哲学是中国哲学的新内容，在本源上属于马克思主义哲学，但它是马克思主义哲学中国化时代化的成果。习近平说：“面对快速变化的世界和中国，如果墨守成规、思想僵化，没有理论创新的勇气，不能科学回答中国之问、世界之问、人民之问、时代之问，不仅党和国家事业无法继续前进，马克思主义也会失去生命力、说服力”③。中国马克思主义哲学继承和坚持马克思、恩格斯、列宁等经典马克思主义者所发现的一般规律以及自然规律、社会规律、思维规律，融入了对中国具体实际的深入研究，并对中国传统哲学思想、理论和智慧进行了充分吸收、整合。它是在中华大地上获得巨大发展的马克思主义哲学，是具有中国特色的马克思主义哲学，是中国自主的马克思主义哲学知识体系。

中国马克思主义哲学对中国社会的影响是全方位的，涉及中国经济、政治、文化等所有领域，从根本上改变了中国社会状况，尤其是从根本上改变了中华文明的发展格局和方向。在马克思主义哲学产生之前，中国传统哲学是引导中国社会发展和中华文明进步的先导力量。中国传统哲学曾经长期引导与支撑中国社会和中华文明的发展，其历史贡献不容否定，但它毕竟是中国传统社会的产物，其历史局限性也十分严重。毛泽东早在新民主主义革命时期就指出：“中国的长期封建社会中，创造了灿烂的古代

---

① 习近平．高举中国特色社会主义伟大旗帜　为全面建设社会主义现代化国家而团结奋斗：在中国共产党第二十次全国代表大会上的报告．北京：人民出版社，2022：16.

② 马克思恩格斯文集：第1卷．北京：人民出版社，2009：502.

③ 习近平谈治国理政：第4卷．北京：外文出版社，2022：30.

文化。清理古代文化的发展过程，剔除其封建性的糟粕，吸收其民主性的精华，是发展民族新文化提高民族自信心的必要条件；但是决不能无批判地兼收并蓄”①。中国传统哲学是中华传统文化的精髓，但它兼有精华和糟粕。中国马克思主义哲学形成以后，中国传统哲学仍然在为推进中国社会发展和中华文明进步发挥着重要作用，但相比较而言，中国马克思主义哲学的作用更加突出。具体来说，中国马克思主义哲学充当了中国式现代化的最强大的先导力量，为现代中国社会发展和人类文明新形态建设提供了正确的思维方式引领、思想理念引领、价值观念引领、理想信念引领和实践智慧引领。对此，可以从五个方面加以认识。

第一，中国马克思主义哲学引导中华民族建设社会主义物质文明。马克思主义哲学始终把物质文明当作人类文明大厦的基础。马克思说：“人们为了能够‘创造历史’，必须能够生活。但是为了生活，首先就需要吃喝住穿以及其他一些东西”②。中国马克思主义哲学将社会主义物质文明视为社会主义文明的首要内容。毛泽东在新中国成立前夕指出：“从我们接管城市的第一天起，我们的眼睛就要向着这个城市的生产事业的恢复和发展”③。毛泽东坚持马克思主义文明观，把物质文明建设放在社会主义文明建设的首要位置。邓小平说：“现代化建设的任务是多方面的，各个方面需要综合平衡，不能单打一。但是说到最后，还是要把经济建设当作中心。离开了经济建设这个中心，就有丧失物质基础的危险”④。抓经济建设，就是抓物质基础和物质文明建设，就是坚持唯物主义立场。习近平说：“我们的人民热爱生活，期盼有更好的教育、更稳定的工作、更满意的收入、更可靠的社会保障、更高水平的医疗卫生服务、更舒适的居住条

---

① 中共中央宣传部．毛泽东邓小平江泽民论社会主义道德建设．北京：学习出版社，2001：56.

② 马克思恩格斯文集：第1卷．北京：人民出版社，2009：531.

③ 中共中央宣传部．毛泽东邓小平江泽民论社会主义道德建设．北京：学习出版社，2001：45.

④ 中共中央宣传部．毛泽东邓小平江泽民论社会主义道德建设．北京：学习出版社，2001：46.

件、更优美的环境，期盼孩子们能成长得更好、工作得更好、生活得更好。人民对美好生活的向往，就是我们的奋斗目标”①。建设社会主义物质文明的第一要务是让人民过上富足的物质生活。

第二，中国马克思主义哲学引导中华民族建设社会主义政治文明。现代政治是政党政治。政党政治早在马克思主义出现之前就已经在西方形成。马克思主义哲学的最大贡献在于，它打破了资产阶级政党政治主导现代世界政治的局面，开创了以共产党为政治领导核心的马克思主义政党政治和社会主义政治文明，使世界现代政治格局发生了重大改变。在中国马克思主义哲学的指导下，中华民族建立了中国马克思主义政党——中国共产党。毛泽东说：“我们的党从它一开始，就是一个以马克思列宁主义的理论为基础的党，这是因为这个主义是全世界无产阶级的最正确最革命的科学思想的结晶”②。中国共产党成立是中国发展史上的大事变。它领导中国人民开展新民主主义革命，推翻了封建主义、帝国主义、官僚资本主义三座大山，建立了社会主义国家——中华人民共和国，带领中华民族实现了“站起来”奋斗目标；领导中国人民推进社会主义革命和建设、改革开放和社会主义现代化建设，带领中华民族实现了“富起来”目标；领导中国人民推进新时代中国特色社会主义建设，带领中华民族迎来了“强起来”光明前程。习近平在庆祝中国共产党成立100周年大会上的重要讲话中指出：“在中国人民和中华民族的伟大觉醒中，在马克思列宁主义同中国工人运动的紧密结合中，中国共产党应运而生。中国产生了共产党，这是开天辟地的大事变，深刻改变了近代以后中华民族发展的方向和进程，深刻改变了中国人民和中华民族的前途和命运，深刻改变了世界发展的趋势和格局”③。中国共产党是社会主义中国的最高政治领导力量，中国现代政治的最本质特征是中国共产党领导，中国特色社会主义政治文

① 习近平著作选读：第1卷．北京：人民出版社，2023：60.

② 中共中央宣传部．毛泽东邓小平江泽民论社会主义道德建设．北京：学习出版社，2001：31.

③ 习近平．在庆祝中国共产党成立100周年大会上的讲话．北京：人民出版社，2021：3.

明的最大优势是中国共产党领导。

第三，中国马克思主义哲学引导中华民族建设社会主义精神文明。马克思主义哲学认为，不是精神决定物质，而是物质决定精神；不是意识决定生活，而是生活决定意识；然而，它从来没有从根本上否定精神的重要性。习近平说："辩证唯物主义虽然强调世界的统一性在于它的物质性，但并不否认意识对物质的反作用，而是认为这种反作用有时是十分巨大的"①。物质文明是精神文明的基础，但这绝不意味着精神文明只能是消极的、被动的。它不仅具有相对独立性，而且能够反作用于物质文明，甚至能够对人类社会的整体文明状况施加巨大影响。因此，习近平特别强调："人无精神则不立，国无精神则不强。精神是一个民族赖以长久生存的灵魂，唯有精神上达到一定的高度，这个民族才能在历史的洪流中屹立不倒、奋勇向前"②。中华民族在中国马克思主义哲学指导下大力推进社会主义精神文明建设，并且取得显著成效。这至少体现在五个方面：（1）坚持以社会主义核心价值观引领文化建设，形成了社会主义特征鲜明、价值导向正确的主流文化精神；（2）坚持用中华优秀传统文化、革命文化、社会主义先进文化培根铸魂，使中华民族的文化精神传统得到很好传承和弘扬；（3）广泛开展中国特色社会主义和中国梦宣传教育，使中华民族的道路自信、理论自信、制度自信、文化自信得到极大提升；（4）推动理想信念教育常态化制度化，较好解决历史虚无主义、西化主义等突出问题；（5）完善思想道德建设体系，着重抓公民道德建设，人们向上、向善的自觉性和主动性明显提高。

第四，中国马克思主义哲学引导中华民族建设社会主义社会文明。邓小平说："搞社会主义一定要遵循马克思主义的辩证唯物主义和历史唯物主义，也就是毛泽东同志概括的实事求是，或者说一切从实际出发"③。习近平说："党的十八届三中全会提出的全面深化改革的总目标，就是完

---

① 中共中央党史和文献研究院．习近平关于社会主义精神文明建设论述摘编．北京：中央文献出版社，2022：21.

② 中共中央文献研究室．习近平关于社会主义文化建设论述摘编．北京：中央文献出版社，2017：13.

③ 邓小平文选：第 3 卷．北京：人民出版社，1993：118.

善和发展中国特色社会主义制度、推进国家治理体系和治理能力现代化。这是坚持和发展中国特色社会主义的必然要求，也是实现社会主义现代化的应有之义”①。新中国成立后，中国共产党以中国马克思主义哲学思想为根本遵循，从中国国情出发，团结带领中国人民奋力推进社会主义社会文明建设，在社会建设方面取得突出成绩。尤其是党的十八大以来，由于“党着眼于国家长治久安、人民安居乐业，建设更高水平的平安中国，完善社会治理体系，健全党组织领导的自治、法治、德治相结合的城乡基层治理体系，推动社会治理重心向基层下移，建设共建共治共享的社会治理制度，建设人人有责、人人尽责、人人享有的社会治理共同体”②，“我国社会建设全面加强，人民生活全方位改善，社会治理社会化、法治化、智能化、专业化水平大幅度提升，发展了人民安居乐业、社会安定有序的良好局面，续写了社会长期稳定奇迹”③。中国特色社会主义进入新时代，我国社会主义社会文明建设也进入新水平、新境界。

第五，中国马克思主义哲学引导中华民族建设社会主义生态文明。人与自然的关系是哲学的永恒主题。马克思主义哲学更是高度重视研究人与自然的关系问题，并致力于引导人类建设生态文明。恩格斯指出，自然界是“我们人类（本身就是自然界的产物）赖以生长的基础”④。人类需要用哲学智慧来认识和处理社会问题以及人与自然的关系问题。中国马克思主义哲学高度重视社会主义生态文明建设。习近平说：“中国式现代化是人与自然和谐共生的现代化。人与自然是生命共同体，无止境地向自然索取甚至破坏自然必然会遭到大自然的报复”⑤。中国式现代化绝不是疯狂算计、掠夺和破坏自然的现代化，绝不是人与自然相互矛盾、相互冲突、

---

① 习近平谈治国理政：第1卷．北京：外文出版社，2018：104.

② 中共中央关于党的百年奋斗重大成就和历史经验的决议．北京：人民出版社，2021：50.

③ 中共中央关于党的百年奋斗重大成就和历史经验的决议．北京：人民出版社，2021：50.

④ 马克思恩格斯文集：第4卷．北京：人民出版社，2009：275.

⑤ 习近平．高举中国特色社会主义伟大旗帜　为全面建设社会主义现代化国家而团结奋斗：在中国共产党第二十次全国代表大会上的报告．北京：人民出版社，2022：23.

相互伤害的现代化，应该是“坚定不移走生产发展、生活富裕、生态良好的文明发展道路”、能够“实现中华民族永续发展”的现代化①。改革开放以后，中国共产党日益重视生态环境保护，并且将生态文明建设纳入了国家重大战略部署，强调“生态文明建设是关乎中华民族永续发展的根本大计，保护生态环境就是保护生产力，改善生态环境就是发展生产力，决不以牺牲环境为代价换取一时的经济增长”②。特别是党的十八大以来，在习近平生态文明思想指导下，我国生态文明建设取得新的重大突破。“党的十八大以来，党中央以前所未有的力度抓生态文明建设，全党全国推动绿色发展的自觉性和主动性显著增强，美丽中国建设迈出重大步伐，我国生态环境保护发生历史性、转折性、全局性变化”③。

中华文明现代化是一项前所未有的伟大工程，其根本目的是建设以社会主义物质文明、政治文明、精神文明、社会文明、生态文明为主要内容的人类文明新形态。中华民族已经在如火如荼地推进该工程，但它是一项无比浩大的社会工程，具有长久性、渐进性、反复性、复杂性、艰巨性，需要中国马克思主义哲学思想的根本指导，尤其是需要以习近平文化思想为根本指导。党中央明确指出：“习近平新时代中国特色社会主义思想是当代中国马克思主义、二十一世纪马克思主义，是中华文化和中国精神的时代精华，实现了马克思主义中国化新的飞跃。党确立习近平同志党中央的核心、全党的核心地位，确立习近平新时代中国特色社会主义思想的指导地位，反映了全党全军全国各族人民共同心愿，对新时代党和国家事业发展、对推进中华民族伟大复兴历史进程具有决定性意义”④。习近平文化思想是当代中华民族推进中华文明现代化建设的指导思想。

---

① 习近平．高举中国特色社会主义伟大旗帜　为全面建设社会主义现代化国家而团结奋斗：在中国共产党第二十次全国代表大会上的报告．北京：人民出版社，2022：23.

② 中共中央关于党的百年奋斗重大成就和历史经验的决议．北京：人民出版社，2021：51.

③ 中共中央关于党的百年奋斗重大成就和历史经验的决议．北京：人民出版社，2021：52.

④ 中共中央关于党的百年奋斗重大成就和历史经验的决议．北京：人民出版社，2021：26.

总之，中国哲学与中华文明的紧密关系在世界上是独一无二的。其他国家也有哲学，但它们的哲学与其民族文明之间的关系不够紧密。在西方资本主义国家，宗教和资本是资本主义文化的主导，哲学建构文明的功能和作用受到严重抑制。相比较而言，哲学在中国诞生以后一直在中华文化体系中占据着最显赫地位，对中华文明发展发挥着至关重要的引导和指导作用。中华文明之所以能够源远流长、博大精深、生生不息，从根本上说是得益于中国哲学的思维方式引领、思想理念引领、价值观念引领、理想信念引领和实践智慧引领。

中国哲学是中华文化的精髓和中华文明的精华。无论是在中国传统社会形成的中华优秀传统文化，还是在近现代形成的革命文化和社会主义先进文化，其精髓都是中国哲学思想。中国传统儒家哲学思想和道家哲学思想是中华优秀传统文化的灵魂，中国马克思主义哲学思想则是中国革命文化和社会主义先进文化的灵魂。中华传统农耕文明充分体现了中国传统哲学尊天法地的哲学思维，主张道法自然、天人合一的思想理念，崇尚自强不息、厚德载物、以德为本、与人为善、以和为贵的道德价值观念，追求个人幸福、社会稳定、天下大同相统一的理想信念。中华现代文明充分体现了中国马克思主义哲学倡导的社会主义物质文明观、政治文明观、精神文明观、社会文明观、生态文明观。

一个民族拥有什么样的哲学，这从根本上决定着它的文化气质和文明品质。一个没有哲学的民族，其文化和文明一定缺乏应有的气质和品质。中华文明之所以具有立得住、站得稳、行得远的强大文化主体性，之所以具有突出的连续性、创新性、统一性、包容性、和平性，之所以具有行稳致远、守正创新、道通为一、有容乃大、以和为贵等核心价值，之所以能够引导中国人民建设以社会主义物质文明、政治文明、精神文明、社会文明、生态文明为主要内容的人类文明新形态，中国哲学的强有力引导、指导和赋能是根本原因。

中华伦理文明新形态是中华伦理文明演进发展的最新成果。它的价值建构，固然与中国的自然环境、社会环境、经济状况、政治状况、发展历史等诸多因素紧密相关，固然与中华民族的创造智慧和能力紧密相关，但中国哲学所发挥的独特作用不容忽视。中国哲学在中国社会占据着重要地位。中华文明是一个由哲学主导或以哲学为核心的价值体系。要深入系统地认识、理解和把握中华伦理文明新形态的价值建构问题，不能回避中国哲学，更不能否定和排斥中国哲学思想的价值建构作用。

第四章　中华伦理文明新形态的生成机理

中华伦理文明新形态是中国共产党团结带领中国人民、中华民族在推进中国式现代化和中国特色社会主义建设的过程中创造人类文明新形态的重要内容和伦理文明样本，是中华伦理文明演进发展的最新成果，是具有中国特色、反映新时代需要和符合人类伦理文明发展规律的社会主义伦理文明范式，体现中华民族在伦理认知、伦理情感、伦理意志、伦理信念等方面达到的新境界，反映中华民族在伦理学理论和伦理道德实践方面达到的新高度。

一、中华伦理文明新形态的定位

无论是中华伦理文明还是人类伦理文明，都是随着历史的发展而不断发展的，都会不断呈现出发展的新形态，中华伦理文明新形态就是自身发展过程中的一种当下形态。人类文明新形态是全人类共同创造的人类文明的最新发展形态，它以各个民族的民族化文明创新方式表现出来。所以，分析地看，人类文明新形态的具体呈现必然是多种民族文化新形态的共存。因此，中国当下正在建构的人类文明新形态，相对于总体的人类文明新形态而言，不是一个种概念，而是一个属概念，即它是总体的人类文明新形态中的一种新形态，但却不是人类文明新形态的总体形态和唯一形态。它只是人类文明发展新形态中的当代中国形态，可以称其为中华文明新形态或中国式人类文明新形态。所以，从逻辑上，可以说中国式人类文明新形态是人类文明新形态，但不能说人类文明新形态是中国式人类文明新形态。

中华伦理文明新形态也是如此，相对于总体的人类伦理文明新形态而言，它不是一个种概念，而是一个属概念，即它是总体的人类伦理文明新形态中的一种新形态，但却不是人类伦理文明新形态的总体形态和唯一形态。它只是人类伦理文明发展新形态中的当代中国形态，可以称其为中华伦理文明新形态。从逻辑上，可以说中华伦理文明新形态是人类伦理文明新形态，但不能说人类伦理文明新形态是中华伦理文明新形态。

正如中国共产党领导中国人民正在努力创造的人类文明新形态是人类文明新形态的中国表现形态一样，中国共产党领导中国人民正在努力建构的中华伦理文明新形态，也是人类伦理文明新形态的中国表现形态。中华伦理文明新形态是属于人类的，是人类伦理文明新形态中的一种，是人类伦理文明新形态百花园中灿烂开放的一束，因此，虽然不能说中华伦理文明新形态是人类伦理文明新形态的唯一代表，但却可以说中华伦理文明新形态是人类伦理文明新形态的重要表现形式。

我们不能在意识形态对抗或斗争思维框架中定位与理解人类伦理文明新形态和中华伦理文明新形态。无论是资本主义国家还是社会主义国家，都可能和可以发展出人类伦理文明新形态，在此，不能将人类伦理文明新形态与社会制度直接挂钩，不能将人类伦理文明新形态直接等同于社会主义伦理文明新形态，更不能将人类伦理文明新形态直接等同于中华伦理文明新形态。用意识形态对抗或斗争思维来定位与理解人类伦理文明新形态和中华伦理文明新形态是不恰当的，甚至是愚蠢的，正如用斗争思维来定位与理解市场经济一样。过去的斗争思维把市场经济直接与资本主义挂钩，认为市场经济是资本主义的产物，是为资本主义服务的。其实，市场经济只是一种经济发展的方式，资本主义可以用，社会主义同样可以用。斗争思维，将许多人类共同、共有的东西，将不能用意识形态划分的东西，强行划分给这一或那一“主义阵营”，人为制造了许多矛盾，也给民族国家的发展带来了许多困境，在全人类努力构建人类命运共同体、中国人民艰难寻求中华民族伟大复兴道路的当下，抛弃斗争思维刻不容缓。

人类伦理文明新形态虽然不只是中国特色社会主义伦理文明形态，但一定可以包含中国特色社会主义伦理文明形态，并且中国特色社会主义伦理文明形态是人类伦理文明新形态的重要表现方面。人类伦理文明是多地域和多方面的，不同的民族国家、不同的社会制度下的伦理文明发展都可能是人类伦理文明新形态的表现形态或实现方式。中国特色社会主义伦理文明作为中华伦理文明新形态的主体形式，在人类伦理文明发展史上已经显现曙光，我们还要继续努力，将其发展得更好，就此我们理当自强并自信。也就是说，中华伦理文明新形态是可以有一个“主义”新维度的，但却不可“唯我独是”“唯我独尊”，否则就又回到了非此即彼、彼此消长、你死我活的斗争思维上去了。事实上，西方发达国家的伦理文明，特别是近、现、当代的伦理文明，仍有许多优秀的东西值得我们学习，将其一概当作所谓“资本主义的落后东西”扔进垃圾桶，是非常不明智的。西方发达国家的人权观念、民主精神、平等意识等，都是人类的宝贵精神财富，我们应当充分借鉴吸纳，而不应当因意识形态的差异将其拒之门外，否则，大胆吸纳人类文明的一切积极成果就成了一句空话，这也不利于中国自身的发展。因此，中华伦理文明新形态必然是开放学习、兼收并蓄、与时俱进、不断发展的人类伦理文明新形态，是人类文明新形态的中国实现形式。

一个非常值得认真探讨的问题是，许多学者仍然直接将生产资料所有制形式——私有或公有——作为一种文明形态发展的根本标志来理解，从而使不同的国家归属于不同的文明形态，或属于社会主义文明，或属于资本主义文明，并认为社会主义文明是先进的新的人类文明形态，而资本主义文明是落后的旧的人类文明形态。我们认为，这样一种划分标准是有问题的，这样的认知有些过于粗糙化、简单化了，其本质仍然是斗争思维在作祟。

社会主义与资本主义的一个重要区别，的确是以不同的生产资料所有制形式为基础的，但事实上，一个国家所有的文明内容并不是全部建立在一种所有制基础之上的，不同国家的多方面的文明差异，也不能仅仅用社会主义文明与资本主义文明、公有制文明与私有制文明来简单地加以标示和区分。文明的内容太大太重，而所有制的地基太小太弱，一个国家的所有制形式根本无法支撑起一个国家的整座文明大厦，更无法反映其庞大而丰富的文明内容。比如，仅仅用所谓“资本主义文明”来指称像美国、德国、日本这类发达国家的文明状态，是无法窥其全貌、得其要领、握其本质的，这些国家在经济、政治、文化、科技、体育、军事等方面的发展与表现，这些国家的地理环境如何，历史发展如何，生活习性如何，民众感受如何等，这些方面都无法通过所谓“资本主义文明”的狭小指称来加以归类和概括，尤其是科技、体育、军事这类东西，将其先进与否直接与生产资料所有制形式挂钩，是很不恰当的，像资本主义科技、资本主义体育、资本主义军事等，这些组词和指称都非常不得要领。就是将资本主义与一个国家的经济、政治、文化挂钩，生成资本主义经济、资本主义政治、资本主义文化等概念，也都不足以精准概括这些国家经济、政治、文化之全面的实际内容和精神特质，因为这些国家的经济、政治、文化除了有共同的私有制基础之外，其内部还有其他方面的重大差异，而其内部这些方面的差异才是理解其特性和本质的关键所在。比如，美国文化、德国文化、日本文化，按照以生产资料为基础的所谓“主义”标准，它们都属于资本主义文化，但其文化的内部差异却非常之大，一个共同的所谓“资本主义文化”概念，根本不足以反映它们的内在差异与基本特质；同样，把中国文化与美国文化、中国文化与日本文化、中国文化与德国文化的差异，仅仅概括为社会主义文化与资本主义文化的差异，也只是一种大而化之的抽象概括，是不全面和不得要领的。所以，一种新的文明形态的形成应当包括更多方面的内容和更多方面的进步，仅仅以所有制形式、仅仅以经济的基本组织结构作为一种新的文明形态的基本根据和发展标志，是既不完整也不准确的，它其实是斗争思维产生的一种畸形认知。在全球经济协同发展的今天，这种认知只能造成中国普遍交往的困难，并直接严重阻碍中国经济的发展和社会的全面进步。

把生产资料所有制形式作为社会发展形态的基本标志，在马克思主义经典作家那里倒是能够找到依据的。马克思主义经典作家以社会生产方式的发展——其中就包括所有制性质——作为判别社会进步的标志，明确地把人类历史上的社会形态划分为原始社会、奴隶社会、封建社会、资本主义社会和共产主义社会（社会主义是共产主义的初级阶段）。

1845 年秋到 1846 年夏，马克思和恩格斯在写作《德意志意识形态》一书时就已经有了五种所有制形式的构想，后来又在《雇佣劳动与资本》《共产党宣言》中都讲到奴隶社会、封建社会和资本主义社会，如果加上原始社会和共产主义社会，也是五种所有制形式。恩格斯在《家庭、私有制和国家的起源》中则明确地指出了人类历史发展的五个阶段——原始氏族社会、古代奴隶制社会、中世纪农奴制社会、近代雇佣劳动制（资本主义）社会、未来的共产主义社会。今天许多中国学者所普遍认为的，将生产方式——特别是生产资料所有制形式——作为社会文明之发展、社会之进步与落后的标准，其实都是以马克思主义经典作家所提出的人类社会五大发展形态作为依据的。

马克思还有一套社会发展进程划分的标准和方法，这就是对社会发展形态做进一步抽象，从人的自由存在状态，从人对人、人对物的社会关系上进行划分，把人类社会归结为三大社会形态：人直接依赖于人的社会形态；人直接依赖于物的社会形态；人的自由全面发展的社会形态。马克思说："人的依赖关系（起初完全是自然发生的），是最初的社会形式，在这种形式下，人的生产能力只是在狭小的范围内和孤立的地点上发展着。以**物的**依赖性为基础的人的独立性，是第二大形式，在这种形式下，才形成普遍的社会物质变换、全面的关系、多方面的需要以及全面的能力的体系。建立在个人全面发展和他们共同的、社会的生产能力成为从属于他们的社会财富这一基础上的自由个性，是第三个阶段。第二个阶段为第三个阶段创造条件"①。马克思关于社会发展三大形态的划分，虽然无法离开经济发展程度之内容，但却明确提出以人的自由实现程度为区分标志。因为经济发展为人的自由发展提供了必要条件，但却也只是为人的发展提供条件，经济的发展是为了人的发展。

第一大社会形态是自然经济在社会生活中占统治地位时期人的自由状态。人的能动性及其表现都很弱，生产力水平非常低下，人受自然的挤压，生活十分艰难。于是，人们只有相互依赖，结成某种原始共同体，以共同体的方式去分解、承受自然的压力，才能勉强维持生存。共同体的结成，规定了人与人之间直接的相互依赖关系。在共同体内部，"人都是互相依赖的：农奴和领主，陪臣和诸侯，俗人和牧师。物质生产的社会关系以及建立在这种生产的基础上的生活领域，都是以人身依附为特征的"②。

---

① 马克思恩格斯文集：第8卷．北京：人民出版社，2009：52.

② 马克思恩格斯文集：第5卷．北京：人民出版社，2009：94－95.

在这种状态下，人的自由受到严重局限，人的存在、发展，既谈不上自由，更谈不上全面。

第二大社会形态是商品经济在社会生活中占统治地位时期人的自由状态。自然分工发展为社会分工，自然经济逐渐为商品经济所代替。商品经济之所以成为取代自然经济的巨大社会力量，根本原因在于商品经济的巨大社会功能，这就是，商品经济从根本上满足了人们的物质生活需要，扩大了人们的视野和交往，推动了生产力的发展。商品交换所产生的巨大作用，大大超出了单纯买卖的范畴。从生产力发展和社会文明进步的角度来说，商品经济是比自然经济高一个层次的经济类型，它创造着比自然经济更高的社会生产力，从本质上推动着社会文明进步。资本主义文明正是依靠商品经济发展起来的。

第三大社会形态是产品经济在社会生活中占统治地位时期人的自由状态。在这种社会形态下，“表现为生产和财富的宏大基石的，既不是人本身完成的直接劳动，也不是人从事劳动的时间，而是对人本身的一般生产力的占有，是人对自然界的了解和通过人作为社会体的存在来对自然界的统治，总之，是社会个人的发展”①。马克思主义认为，这一社会形态是一种更加高级的社会发展形态，其突出的特征就是个人得到了全面发展，自由行为广泛普遍，自由的个性得以生成，人既成为自然的主宰，又成为社会的主人。

显然，产品经济对商品经济的这种代替，不仅不是人为地取消商品经济，恰恰相反，它是依靠商品经济的充分发展而实现的内部超越。其实，商品经济作为一种社会形态，它是一个必然的社会发展过程，是不可避免和不可超越的。人类社会作为一个有序渐进的发展过程，其存在形态绝不可能从局部范围的、生产力水平较低的、人的能力非常有限的自然经济一下子直接跨入世界范围的、生产力水平较高的、人的能力获得充分发展的产品经济。自然经济向产品经济过渡，必须以商品经济为中介，必须通过商品经济的充分发展才能达到。商品经济高度发达的社会形态，运行的是市场经济模式，它极大地促进了生产力的发展和社会财富的积累，没有商

① 马克思恩格斯文集：第8卷．北京：人民出版社，2009：196.

品经济的高度发达，没有市场经济的充分发展，就不可能有充分发达的社会生产力，就不可能有像泉水涌流一样的社会财富，就不可能有人们普遍的社会交往关系，就不可能发展出人们多方面的需求，就不可能生成全面的生产生活能力，从而也就不可能具备完全的产品经济所需要的物质基础和其他各种条件。总之，自然经济、商品经济、产品经济是人类社会演进过程中已然生成的三大社会发展类型，它们是依次递进的，与这些社会发展形态直接对应的，就是人之自由的不断质变和自由度的不断提升。在这一历史发展中，商品经济有着特殊的地位和作用，它既是第二大社会形态的经济基础，同时又是自然经济向产品经济过渡的中间环节，它在人类社会文明演进过程中起着承上启下的历史连接作用，是社会经济发展不可逾越的阶段，今天我们正在努力完成的，正是这个阶段的历史任务。

马克思和恩格斯在《共产党宣言》中对未来社会有如下设想："代替那存在着阶级和阶级对立的资产阶级旧社会的，将是这样一个联合体，在那里，每个人的自由发展是一切人的自由发展的条件"①。我们认为，针对马克思关于人类社会发展进步的两套标准，三阶段论比五阶段论更好，将其应用到人类文明进步标准上时则更是如此，一个简单的道理就是，人的自由全面发展这块地基面积更大，也更厚实，只有它才能承受人类文明发展进步和人类文明新形态之重。五阶段论是以生产力的进步特别是生产资料所有制形式的替代发展为根据的，而三阶段论则是以人的自由全面发展为根据的，尽管人的自由全面发展仍然要以经济的发展、要以生产力和生产资料所有制形式的发展为基础，但人的自由全面发展所包含的内容和条件更多，而以生产力特别是生产资料所有制形式为基础的经济组织方式，只是人的自由全面发展的前提条件之一，要实现人的自由全面发展，不仅经济组织形式要发展，其他方面也要发展，从这个方面来讲，一个社会中人的自由全面发展往往需要各种更加具体的文明形式的支持。比如，从一个社会之物质文明、精神文明、制度文明的角度来看，人的自由全面发展就要以物质文明、精神文明、制度文明的高度发展为条件，仅仅有物质文明还不足以支撑人的自由全面发展。后来我们所提的"五个文明"，

---

① 马克思恩格斯文集：第2卷．北京：人民出版社，2009：53.

也应当被理解为以人的自由全面发展为统领和目标。“我们坚持和发展中国特色社会主义，推动物质文明、政治文明、精神文明、社会文明、生态文明协调发展，创造了中国式现代化新道路，创造了人类文明新形态”①。从“五个文明”的角度来看，人的自由全面发展要以“五个文明”为基础，“五个文明”则以人的自由全面发展为向导，仅仅物质文明、仅仅经济发展、仅仅生产资料所有制形式的进步，不足以支撑起人的自由全面发展。总之，以人的自由全面发展为标志的社会发展可以与人类文明的发展创新相切近，而仅仅以生产方式特别是以生产资料所有制形式的发展为标志的社会发展，却无法对应和反映人类文明发展创新的丰富内容和应有高度。“社会发展”与“文明发展”本来就不完全对应，如果人的自由全面发展仍然不足以标示人类文明发展的全部内容，那么生产资料所有制形式的发展就更加不足以标示人类文明发展的全部内容了。

马克思主义的唯物史观认为，生产力决定生产关系，经济基础决定上层建筑，所以人的自由全面发展也必然要以经济的高度发展为物质条件。这是许多人认为三阶段论仍然是以经济的发展、以生产方式的进步、以生产资料所有制的发展为根据的根本原因。然而，人的自由全面发展虽然要以经济发展为物质条件，但毕竟不是经济发展本身，人也不只是“经济人”，从目的与手段的关系来看，经济发展只是人的自由全面发展的手段，人的自由全面发展才是经济发展的目的；从必要条件与充要条件的关系来看，经济发展只是人的自由全面发展的必要条件，而不是人的自由全面发展的充要条件，人的自由全面发展还要有其他方面条件的支持。更为关键的是，生产方式进步的基础是生产力的进步，没有强大的生产力发展支撑而只是通过外部人为的公有化方式推进的生产资料所有制的“主观变革性”进步，往往只是一种外在的形式化的进步。将这种外在的形式化的进步作为真实客观的社会进步和文明发展的标志，显然是非常不恰当的。

我们认为，中国式人类文明新形态“新在哪里”的判断标准，不应

---

① 习近平．在庆祝中国共产党成立100周年大会上的讲话．北京：人民出版社，2021：13－14.

以生产资料所有制形式为标志，而应以人的自由全面发展为标志。如果以生产资料所有制形式为标志，那我们的发展和文明早已遥遥领先，根本不存在所谓“超英赶美问题”；而如果以人的自由全面发展为标准，那我们还有很长的路要走，不仅我们有许多方面需要发展和改进，而且一些发达国家、一些先进的资本主义国家也有许多需要发展和改进的地方。因为人之自由的扩展是没有止境的，发展中国家目前还需努力，发达国家也有很大的提升空间。

以人的自由全面发展作为人类文明发展的标准是没有问题的，在此，人类文明新形态新在哪里的问题，就是一个迎刃而解的问题：新就新在能够以人为本，能够使现实的人获得更全面、更自由的发展，新形态本质上就是人的自由全面发展之新，就是现实的人不断开启自己自由全面发展道路之新。在这里，社会主义文明、资本主义文明，都只是实现人的自由全面发展的文明形式。也就是说，无论是生产资料公有制还是生产资料私有制，都要有利于生产力的发展，有利于人民物质文化生活水平的提高，最终都要以有利于人的自由全面发展为旨归。

中国共产党团结带领中国人民创造中国式现代化道路的过程，也就是中国式人类文明新形态的生成过程，它是马克思主义社会发展和文明发展原则——人的自由全面发展——的深刻体现，经历了一个从不太全面到相对全面的自由发展进程。

新中国成立伊始，在“一穷二白”的国家状态下，无法为每个人的自由全面发展提供基本的条件。没有发达的生产力的支持，人的自由全面发展就是空中楼阁，所以，要实现人的自由全面发展，首要任务就是发展经济，要实现“把我国建设成为一个强大的社会主义的现代化的工业国家”① 之目的。“我们不但要把一个政治上受压迫、经济上受剥削的中国，变为一个政治上自由和经济上繁荣的中国，而且要把一个被旧文化统治因而愚昧落后的中国，变为一个被新文化统治因而文明先进的中国。一句话，我们要建立一个新中国”②。但由于受“左”的影响，我们的经济发

---

① 周恩来选集：下卷．北京：人民出版社，1984：144.

② 毛泽东选集：第2卷．北京：人民出版社，1991：663.

展及其他各方面的发展都受到了严重影响。

党的十一届三中全会以后，我们党明确了思路，把工作重心从以阶级斗争为纲转移到经济建设上来，“在社会主义国家，一个真正的马克思主义政党在执政以后，一定要致力于发展生产力，并在这个基础上逐步提高人民的生活水平。这就是建设物质文明。过去很长一段时间，我们忽视了发展生产力，所以现在我们要特别注意建设物质文明。与此同时，还要建设社会主义的精神文明，最根本的是要使广大人民有共产主义的理想，有道德，有文化，守纪律。国际主义、爱国主义都属于精神文明的范畴”①。党的十六大报告又提出了“政治文明”概念，强调社会主义物质文明、政治文明和精神文明的协调发展；党的十七大报告则又提出了“生态文明”的思想，要把社会主义中国的生态建设提升到新高度；党的十九大在全面总结以往历史经验的基础上，从经济、政治、文化、社会、生态五个方面，制定了新时代全面推进“五位一体”总体布局的战略目标。面对当下世界百年未有之大变局，我们坚持新发展理念，以人为本、关注民生，加快构建以国内大循环为主体、国内国际双循环相互促进的新发展格局，从而将人民群众所愿望的“幼有所育、学有所教、劳有所得、病有所医、老有所养、住有所居、弱有所扶”② 努力推向新的境界。

从着力发展生产力到物质文明与精神文明共同发展，到物质文明、精神文明、政治文明协同发展，到物质文明、精神文明、政治文明、生态文明和谐共进，再到物质文明、精神文明、政治文明、社会文明、生态文明共同推进，这种不断丰富、不断全面、不断深化的认识，都是以人的自由全面发展为中轴而形成的，人的自由全面发展是一切发展的目的和根本。

党的十八大以来，我们党以人的发展为核心目标，提出和践行以人民为中心的发展理念，认定“人民对美好生活的向往，就是我们的奋斗目标”③，全面推进经济建设、政治建设、文化建设、社会建设、生态文明

① 邓小平文选：第3卷．北京：人民出版社，1993：28.

② 中共中央党史和文献研究院．习近平关于尊重和保障人权论述摘编．北京：中央文献出版社，2021：96.

③ 习近平谈治国理政：第1卷．北京：外文出版社，2018：3.

建设“五位一体”总体布局，统筹推进全面建设社会主义现代化国家、全面深化改革、全面依法治国、全面从严治党“四个全面”战略布局，从而“推动人的全面发展、全体人民共同富裕取得更为明显的实质性进展”①，开创了中国式现代化的新道路，创造了人类文明新形态的中国形式。“纵观中国共产党带领中国人民所走的现代化道路，始终坚持了马克思主义的文明基本原则，以人的解放为中轴，以实现人的自由而全面的发展为旨归”②。

中华伦理文明新形态也是如此，它的新主要不能仅仅以生产资料所有制形式的进步为根据，更不是新在为维护这种所有制而生成一套相应的意识形态系统，而是新在围绕人的发展而展开精神文明尤其是伦理文明建设，又通过精神文明尤其是伦理文明建设反过来有力地促进人的自由全面发展，其新的特质，表现为将人的自由全面发展作为伦理发展的最高精神原则，并结合实际进行时代化创新，表现为将以人为本、以人民为中心的经济发展模式通过伦理认同与道德引领而定格为一种伦理发展模式，它不是新在维护“物”，而是新在维护“人”，它是在中国特色社会主义现代化进程中产生的人类文明新形态的价值形态表现。所以，结合自己的国情，以最好地促进现实的人的自由全面发展，是人类文明发展的现实道路，而如何结合国情以不断促进现实的人的自由全面发展，既是新伦理的建构目标，也是新文明的历史任务。

于是，中华伦理文明新形态在实践维度上，就从宏观与微观两个方面生成了两个基本层面的新：一是新在它对人类文明有新贡献，它在努力探索人类社会发展新道路的进程中，努力建构与这一新进程相适应的伦理新规范；二是新在它对自己所处的国情、现状、优势、困境有清醒的认识，且不断努力，它努力弥补自己的不足、发扬自己的优长，以实事求是的态度来面对现实、扬长避短，以促进现实中国人的自由全面发展。这两个层

① 习近平．在庆祝中国共产党成立100周年大会上的讲话．北京：人民出版社，2021：12.

② 韦统义，魏程．论人类文明新形态的战略机遇意蕴．毛泽东思想研究，2024（3）：3.

面的新，一个是相对于他者文明和整个人类文明进程而新，另一个是相对于自己而新；一个是创新，一个是改善；两者相互依存、相互支持，创新中有改善、改善中有创新，这种改善与创新，既有异于中华伦理文明的旧有形态，也有异于国外其他伦理文明的已有形态。它的新，是中国人民在中国共产党的领导下，实事求是地推进社会主义现代化建设的结果。

二、中华伦理文明新形态：人类社会发展新阶段的产物

探明中华伦理文明新形态的生成机理，是理解中华伦理文明新形态、推进中华伦理文明新形态研究和建构的根本与关键。我们认为，中华伦理文明新形态首先是人类社会发展新阶段的产物，是中国努力构建人类命运共同体的内在要求，是中国建立和完善社会主义市场经济的现实呼唤，它是在中国人民建设中国特色社会主义现代化的过程中生成的。

直观地说，人有三种客观存在形式，即类存在形式、群体存在形式、个体存在形式。人的这三种存在形式，同时也通过历史表现而积淀为人的三种存在属性，即类性、群体性、个体性，人是三重属性的统一。人的三重属性是内在于人的，但其显现却表现为一个历史过程，正如水库的水通过闸门流淌出来需要一个过程一样，这个过程也就是人类社会的发展过程。

高清海认为，人类社会经历了从群体本位到个体本位再到类本位的发展过程。对于这一思想，我们基本赞同。但我们认为："在人类社会的起点上似乎应向前再推一步，即人类社会是由类本位走向群本位走向个体本位再向类本位'复归'……这里，前后有两个'类'，前一个是自发的类，后一个则是自觉的类，后者比前者发展层次更高"①。同时，我们也认为，在自觉的类本位后面，还有一个人的三种存在形式和三重属性和谐并存的时期，正如一个人在三个讲不同语言的国家长期生活过一样，他能讲三个国家的语言，三种语言能力并存于他身上，他讲其中任何一种语言，都不影响他讲其他两种语言，他在任何条件下都能因时因地适

① 易小明．自发的类与自觉的类．哲学动态，2002（3）：31.

宜地用三种语言进行对话，我们认为这时他就进入了三种语言能力和谐并存的时期。人的三重属性表现也是如此，在经历了自发的类本位、群体本位、个体本位和自觉的类本位之后，人就进入了一个三重属性和谐并存、自由发展状态，这时，他既是一个“个体人”，又是一个“群体人”，同时还是一个“类人”。

我们认为，在群体本位-个体本位-类本位三阶段发展的基础上，前面加上一个自发的类本位阶段，后面加上一个人的三重属性和谐并存的阶段，总共五个阶段，可能更符合人类社会的发展历史，它当然也有其内在缘由。

如果相信达尔文的生物进化理论，那么就完全可以肯定，自发的类是生物进化过程中不可跨越的环节。就人们目前所知，人类的产生遵循着这样一条发展线索：无机物-有机物-生物-动物-人类。在这一发展线索中，每一个具有革命性的发展阶段都是靠具有不同性质的类支撑起来的。所以，我们认为，依靠智慧之杖从动物群中首先站立起来的应当是人“类”，即使在某一瞬间站立起来的只是一个单独的个体，或一群人，但他或他们在自然存在的意义上、在某种开创性存在的意义上，也是一个类，一个不同于猿，不同于猴，不同于猩猩，更不同于羚羊、野兔和斑马的新类。这时，自然界是以增加一种新的生命种类的形式来发展自己的；这时，个体人、群体人的独特的个体性表现、群体性表现及其特征，都还深深埋在自然进化的深层，自然界根本无法直接为人类的个体性表现、群体性表现提供表演舞台。这个自发的类本位阶段，应当是成立的①。

人类经历了类本位、群体本位、个体本位阶段的发展后，就相对成熟了，其内在性的表现，就不应再是相互冲突的表现，而是应处于一种和谐并存的状态。人既不会为了个体性表现而损害类性表现和群体性表现，也不会为了群体性表现而损害个体性表现和类性表现，还不会为了类性表现而损害群体性表现和个体性表现，尽管在某种意义上，这三重属性表现之间总是会在时间上、空间上、顺序上等方面客观存在这样或那样的冲突，但人总是认为它们三者不可偏废，总是力图使它们和谐并存。

---

① 易小明．自发的类与自觉的类．哲学动态，2002（3）．

从整个人类历史发展来看，它表现出了一个从自发的类本位到群体本位、到个体本位，再到自觉的类本位，然后再到以人的三重属性（类性、群体性、个体性）和谐发展为中心这样一个历史发展规律。

在原始社会，特别是原始社会早期，自然将人刚刚抛出自己的怀抱，人的生存能力十分低下，面对毒蛇猛兽的威胁，原始人是以类的形式应对自然压力的，在他们的视野中，只有人类与自然的巨大差异和对立，个性和群体性是潜在的，完全溶解在类的生存之中。这时，个体向类的集结并不是基于其自觉的人类认同，而是基于一种自然或本能，是自然自身差异化发展（自然产生出人类物种）必经的一个“类”统一步骤的现实表现，任何人只有在自然地进入整体的类时才可能获得对抗自然以求得生存的能力。这一时期，就是自发的类本位时期。在自发的类本位时期，人的自然类属性得到了最大程度的展现和发展。

社会存在决定社会意识，有怎样的社会存在现实，就有怎样的维护这种社会存在的伦理规范。原始社会早期的伦理规范也是以类存在为中心的伦理规范，这是一种自发的类伦理，其目的就是维持人类的续存。

原始社会早期的伦理具有这样一些基本特点：一是以维护血缘集体的共同利益为最高伦理目的，以全体成员的平等相处、协同劳动、互相帮助等为基本内容。每个部落、氏族成员，在生产活动、对外交往或利益争执中，都把本部落、氏族的整体利益看作神圣不可侵犯的，并在感情、思想和行动上始终无条件地服从。二是道德伦理观念和道德意识是自发的、相对贫乏的。这时由于思维和语言尚不发达，人们只能从感情、感觉和生活惯例上把握现实的伦理道德关系，头脑中所形成的也许只是“有利”和“有害”等观念，而且这些观念往往同时含有真假和美丑的意义。他们不仅用“有利”和“有害”来评价人们的行为与相互关系，而且用这些观念来评价自然现象。三是伦理的规范功能具有狭隘性、外在性和权威性。在原始社会，人们的眼界始终未能超出部落、氏族的范围，伦理调节仅限于本部落、氏族之内。人们往往把伦理道德看作外在的力量，从而“成为迷信的驯服工具，成为传统规则的奴隶”。四是原始社会早期的伦理所凭借的规范力量，主要是习惯、传统、禁忌和首领的威信等，这时的伦理规范所具有的权威性，是非常强大的，是以后各阶段阶级社会的群体伦理和后来的个体伦理所无法比拟的。原始社会早期的道德是纯真质朴的，往往同其他生活惯例、风尚习俗以及原始宗教混杂在一起，它以维护和追求整体利益为基础，以非强制性的习惯、传统和威信为手段，有力地调节人们的行为活动和相互关系，是人类道德进一步发展的良好开端。

随着生产力水平的逐步提高，自然对人的压力逐渐减轻了，于是同一自然种群内部成员之间的各种差异得以显现出来。他们沿着这较大的差异之缝而分解为许多大小不一的集团，类便分解为不同的群体。与此同时，随着生产力水平的提高和人口的不断繁衍，相近区域不断流动迁徙的人们发生了交往，这种交往的出现很快就将自然的类统一观念分裂开来，于是以一种血缘或地域同一性为依据的个体集结，就成为自觉的群体生存的另一种形式。自觉的群体本位时期，类的活动规范并没有被完全抛弃，而是以一种基本完成的形式化解于群体的实践活动之中，它已不是人类生存表现的主要形式①。这时的人类伦理，就是维护群体整体存在的伦理。

在阶级社会，阶级伦理是群体伦理的重要表现形式。在阶级社会中，一些伦理道德服务于不同的阶级群体，它们表现出明显的阶级性。比如，马克思曾这样说："良心是由人的知识和全部的生活方式来决定的。共和党人的良心不同于保皇党人的良心，有产者的良心不同于无产者的良心，有思想的人的良心不同于没有思想的人的良心。一个除了资格以外没有别的本事的陪审员，他的良心也是受资格限制的。特权者的'良心'也就是特权化了的良心"②。也就是说，在阶级社会的伦理道德体系中，一些伦理道德规范总是或多或少地表现出阶级属性，特别是不同阶级的人们常常有着不同的伦理道德内容。在每个阶级社会中，由于存在着至少两个对立的阶级，比如奴隶与奴隶主、农民与地主、无产阶级与资产阶级的对立等，所以必然至少存在着两种服务于不同阶级的伦理道德。在阶级斗争中，对立的阶级总是利用本阶级的伦理道德作为斗争工具，以维护本阶级的利益。统治阶级、剥削阶级总是将本阶级的伦理道德粉饰为超越阶级的普遍伦理道德，而被统治、被剥削阶级则要力图揭穿其骗人伎俩，并宣扬

① 易小明．论人的发展与道德的历史嬗变．道德与文明，2007（4）．

② 马克思恩格斯全集：第6卷．北京：人民出版社，1961：152.

和树立自己的伦理道德，以为本阶级的利益服务。

民族伦理是人的群体伦理存在的又一标志。民族伦理是不同民族伦理主体（包括不同民族国家和同一国家的不同民族）在其伦理认识、伦理规范和伦理行为等方面所表现出来的民族差异性。伦理之民族性差异的形成，首先基于民族差异的形成。民族是不同的地域、语言、历史、文化共同铸成的，不同民族的地域环境与历史发展必定孕育出不同民族多姿多彩的社会历史文化，其伦理规范的差异是其文化差异的一个重要表现方面，有时这些伦理规范的差异非常突出，甚至出现完全对立的情况。正如恩格斯所说："善恶观念从一个民族到另一个民族、从一个时代到另一个时代变更得这样厉害，以致它们常常是互相直接矛盾的"①。魏特林也描述了这种状况："在这一个民族叫作善的事，在另一个民族叫做恶，在这里被允许的行为，在那里就不允许；在某一种环境，某一些人身上是道德的，在另一种环境，另一些人身上就是不道德"②。总之，群体本位时期，相应的伦理规范都是为某一群体利益服务的，这种伦理不具有类的普遍性，且常常表现为对人类整体利益的损害和对个体利益的压制。

人的个体属性表现出现得较早，但成熟却较迟。个体属性表现的系统理论发端于14世纪文艺复兴运动，是资本主义发展的必然的理论和伦理要求，其精神主张就是人的自由和个性解放，它是为反对封建专制和宗教神学而提出的。启蒙运动时期，资产阶级思想家又提出了天赋人权和自由平等的口号，其本质就是自我中心主义。工业革命之后，生产力的迅猛发展为个体属性表现提供了必要的物质基础，个体属性表现不断走向辉煌，其明显标志就是为个人行为寻求伦理支持。经过一代代资产阶级思想家的努力，个人主义理论从极端个人主义到合理利己主义再到功利主义，通过具体实践的支持得到了不断的丰富和发展。由此可见，真正个体属性表现的充分展示既是基于生产力水平发展的具体实践的结果，也是相应的个体人文精神和个体伦理支撑的结果。

---

① 马克思恩格斯文集：第9卷. 北京：人民出版社，2009：98.

② 威廉·魏特林. 和谐与自由的保证. 孙则明，译. 北京：商务印书馆，1960：154.

当今时代，是人的三重属性都获得充分发展后的人的三重属性同时要求和谐表现的时代。在这个时代，人不只是一个单纯的个体人，也不只是一个单纯的群体人，还不只是一个单纯的类人，而是一个同时具有三重属性并要求获得和谐表现的全面的人，从某种程度上可以说，人的全面发展也就表现为人的三重属性的全面和谐发展。

如果相信社会存在决定社会意识，相信伦理道德是时代精神的产物，那么就会有一种自觉发展当今伦理的主体意识：既然当今时代是一个类存在、群体存在、个体存在和谐统一的时代，那么就理当认识到当今的人类伦理文明新形态、当今人类伦理文明新形态的中国形态，就应当是类伦理、群体伦理、个体伦理的高度统一形态，单一的类伦理、单一的群体伦理、单一的个体伦理，或者其中任意两种伦理的组合——类伦理与个体伦理、类伦理与群体伦理、个体伦理与群体伦理的组合，或者人的三重伦理之间存在各种冲突和矛盾、产生严重的不和谐，都不是中华伦理文明新形态的应有形态，要根据人的三重伦理和谐并存的现实要求进行整改、发展和完善。这个时代的伦理就应当有这个时代的时代特征，全面发展的人要求全面发展的伦理，全面发展的伦理又进一步推动人的更全面发展，人与伦理相互促进，这不是宿命，而是人自己创造自己历史的结果。

三、人类命运共同体建构催生中华伦理文明新形态

习近平指出，“人类命运共同体，顾名思义，就是每个民族、每个国家的前途命运都紧紧联系在一起，应该风雨同舟，荣辱与共，努力把我们生于斯、长于斯的这个星球建成一个和睦的大家庭，把世界各国人民对美好生活的向往变成现实”①。他还指出，“维护世界和平、促进共同发展”② 是推动构建人类命运共同体的宗旨。在庆祝中国共产党成立 100 周年大会上，他再次强调“以史为鉴、开创未来，必须不断推动构建人类

---

① 习近平谈治国理政：第 3 卷．北京：外文出版社，2020：433.

② 习近平谈治国理政：第 3 卷．北京：外文出版社，2020：427.

命运共同体”①。

“人类命运共同体是不同主体之间、人与自然之间相互作用、彼此依赖的有机体，所有国家、一切地区、每个个人以及不同文化，都被纳入这一共时性的、立体性的发展轨道中，并形成了复杂的动态平衡系统，系统的平衡一旦被干扰和破坏，人类就会陷入灭顶之灾”②。所以，构建人类命运共同体，这是一个具有多重意蕴的命题，它既是一个事实命题，也是一个价值命题，而作为一个价值命题，它直接地就是一个伦理命题，是一个应当干什么甚至是必须干什么的命题，因为可能只有如此干，人类才会拥有美好的未来。

从人类命运共同体的定义来讲，如果说“每个民族、每个国家的前途命运都紧紧联系在一起”是一种事实陈述的话，“应该风雨同舟，荣辱与共，努力把我们生于斯、长于斯的这个星球建成一个和睦的大家庭，把世界各国人民对美好生活的向往变成现实”则是一个价值命题。这里的“应当……”句式，是价值命题的典型陈述方式，而这个价值命题的内容本身，“风雨同舟，荣辱与共”也好，建设和睦大家庭也好，实现美好生活愿望也好，都无不包含深厚的伦理意蕴和道德诉求。

就作为一个事实命题而言，构建人类命运共同体具有明确的事实依据。马克思指出：“人是类存在物，不仅因为人在实践上和理论上都把类——他自身的类以及其他物的类——当做自己的对象；而且因为——这只是同一种事物的另一种说法——人把自身当做现有的、有生命的类来对待，因为人把自身当做**普遍的**因而也是自由的存在物来对待”③。与费尔巴哈将人的类本质主要理解为人的感性存在、自然存在不同，马克思将人的类本质理解为感性的活动，他指出：“一个种的整体特性、种的类特性就在于生命活动的性质，而自由的有意识的活动恰恰就是人的类特性”④。

---

① 习近平．在庆祝中国共产党成立100周年大会上的讲话．北京：人民出版社，2021：16.

② 曹刚．人类命运共同体与全球伦理和国际法治．北京大学学报（哲学社会科学版），2019（2）：38－39.

③ 马克思恩格斯文集：第1卷．北京：人民出版社，2009：161.

④ 马克思恩格斯文集：第1卷．北京：人民出版社，2009：162.

由此出发，他认为，“正是在改造对象世界的过程中，人才真正地证明自己是**类存在物**。这种生产是人的能动的类生活”①。因此，与费尔巴哈不同，马克思不是从人的自然属性而是从人的社会属性去理解人的类存在和类本质。他说：“只有在社会中，自然界对人来说才是人与**人联系的纽带**，才是他为别人的存在和别人为他的存在，只有在社会中，自然界才是人自己的**合乎人性的**存在的**基础**，才是人的现实的生活要素。只有在社会中，人的**自然的**存在对他来说才是人的**合乎人性的**存在，并且自然界对他来说才成为人”②。就是说，虽然人属于自然，是自然的一部分，但人与自然不是直接同一的关系，而是以社会为中介有差异、有变化的统一关系：“**社会**是人同自然界的完成了的本质的统一，是自然界的真正复活，是人的实现了的自然主义和自然界的实现了的人道主义”③。

费尔巴哈也注意到类和社会的内在联系，他在1843年写的《未来哲学原理》中指出：“人的本质只是包含在团体之中，包含在人与人的统一之中”④。他后来又在反对施蒂纳的论争中宣称自己“把人的实体仅仅置放在社会性之中——，他是社会的人，是共产主义者”⑤。但是，他的“类”概念却没有真正从自然领域中走出，因为费尔巴哈认为自然界是第一性的实体，人是其中更重要的实体，人的自然是理解自然的钥匙。要弄清楚自然的起源和进程，“必须从人的本质出发”⑥。他所说的“人的本质”，实质上不过是一些单个人所固有的抽象物，是一些自然关系。费尔巴哈写道：“在人里面形成类，即形成本来的人性的东西究竟是什么呢？

---

① 马克思恩格斯文集：第1卷．北京：人民出版社，2009：163.

② 马克思恩格斯文集：第1卷．北京：人民出版社，2009：187.

③ 马克思恩格斯文集：第1卷．北京：人民出版社，2009：187.

④ 费尔巴哈哲学著作选集：上卷．荣震华，李金山，等译．北京：商务印书馆，1984：185.

⑤ 费尔巴哈哲学著作选集：下卷．荣震华，王太庆，刘磊，译．北京：商务印书馆，1984：435.

⑥ 费尔巴哈哲学著作选集：上卷．荣震华，李金山，等译．北京：商务印书馆，1984：248.

就是理性、意志、心”①。因此，费尔巴哈从人出发实际上返回到了从自然出发，形成了人与自然相互解释的局面：“借助人，把一切超自然的东西归结为自然，又借助自然，把一切超人的东西归结为人”②。他所理解的人是抽象的感性对象，所理解的自然是脱离社会历史的没有人生活于其中的抽象的自然。费尔巴哈没有能够直观到社会的真正内涵，最终“将人连同作为人的基础的自然当作哲学唯一的、普遍的、最高的对象”③。

马克思对于人的类属性、类存在、类本质的理解，有一个从抽象的类本质向社会本质的转移，但这种转移并不是对人的抽象的类本质的完全抛弃，而只是对人的抽象的类本质的具体表现和扬弃，这也是人的内在根本属性获得具体定在、从具体到抽象再从抽象到具体的反复锤炼过程。在某种意义上，人的社会本质比人的抽象的类本质更加现实、更加具体，而且人的社会本质如果具体化、现实化，就会明确表现出其群体归属的特征，比如人的阶级性作为人的群体属性特征就会在人的社会化存在过程中清晰地呈现出来。在这个意义上，人之类性与社会性的对立，也就表现为抽象的类与具体的阶级群体性的对立，人的抽象的类本质要忽略阶级差异，而人的社会本质却要彰显人的阶级差异。其实，完全的抽象的类统一有问题，完全的具体的阶级差异与阶级分立也有问题，它们各自为政、唯我独尊的表现都不利于人的存在与发展，不利于人的内在性态的凝聚和外在表现的协同，但人要走向成熟，走向人的内外性态的和谐生成与表现，总是要经过其内在属性各个层面的反复斗争才能实现，和谐的结果时常伴随着一个不和谐的进程，一个内在性丰富的人，其丰富内在性的生成，其丰富内在涵养的积累，总是伴随着坎坷，伴随着风雨，这一过程，既有人与外部环境的角逐，也有人内部各属性、状态之间的竞争，最后走向三者的和谐并存，恰恰就是风雨过后的彩虹。

---

① 费尔巴哈哲学著作选集：下卷．荣震华，王太庆，刘磊，译．北京：商务印书馆，1984：27－28.

② 费尔巴哈哲学著作选集：上卷．荣震华，李金山，等译．北京：商务印书馆，1984：249.

③ 费尔巴哈哲学著作选集：上卷．荣震华，李金山，等译．北京：商务印书馆，1984：184.

同时，与费尔巴哈把人的本质理解为感性的直观不同，马克思将人的本质理解为感性的活动。马克思指出："费尔巴哈不满意**抽象的思维**而诉诸**感性的直观**；但是他把感性不是看做**实践的**、人的感性的活动"①。他还说："从前的一切唯物主义——包括费尔巴哈的唯物主义——的主要缺点是：对对象、现实、感性，只是从**客体**的或者**直观**的形式去理解，而不是把它们当做**人的感性活动**，当做**实践**去理解，不是从主体方面去理解"②。

人的感性存在的第一个前提就是，人要为满足自己的需要、为维持自己的生存而开展感性的活动。人的需要的生成及满足是一个连续不断的过程："已经得到满足的第一个需要本身、满足需要的活动和已经获得的为满足需要而用的工具又引起新的需要"③，个人需要满足的过程就是人的生存过程，也就是个人内在世界与外部世界的物质、信息、能量交换过程，于是，个人需要得到满足所展现的世界，就不仅是指已经得到满足的当下世界，也是指在个人需要得到现实满足后从而又激发出不满并指向未来的可能世界。个人需要已经得到满足反映了个人当下的生存状况，形成了个人的社会历史规定性，而在此基础上激发出来的新的需要和欲望，则表现为对当下现实生存状况的否定。从个人满足其感性需要的感性活动来看，其感性的活跃性，既表现为实现需要的现实的具体活动，又表现为人永远不会停留于当下而不断走向未来的"历史性活动"，而前者的展开正是后者的生成，感性活动在空间上的展开构成了社会，在时间上的展开就构成了历史。

从人的价值生成来看，人的感性活动既表现为个人需要的满足过程和个人能力的发展过程，又表现为个人意识的生成过程和个人伦理观念的内外化过程。从人之价值活动的具体伦理规定来看，人的感性活动既表现为个人合理处理个人与他人、个人与社会、个人与自然之关系的过程，又表现为个人正确义利观、人生观、价值观的生成发展过程。总之，人就是人的活动的产物，人的感性活动的历史就是人的存在的历史，既是"真"的历史，也是"善"的历史，人的感性活动就是人的存在本身。

---

① 马克思恩格斯文集：第1卷．北京：人民出版社，2009：505.
② 马克思恩格斯文集：第1卷．北京：人民出版社，2009：503.
③ 马克思恩格斯文集：第1卷．北京：人民出版社，2009：531.

人若不是自然，他就无法理解自然；人若不是社会，他就无法理解社会；人若不是活动的生命，他就无法理解生命的活动；或者说，人若不是人，不是理性的智慧存在物，他就无法理解自己，更无法理解“理解”本身。我们认为，人的意识的发展是人之为人的一种智慧进化基础，人的意识的发展促成了一种理性思维的生成，它又在人后来的进化发展过程中产生了更加至关重要的作用。当然，马克思的理性是实践的理性而不是先验的抽象理性，它无非是主体在实践中生成和发展出来的一种能力。人的这种能力一旦生成，就会在具体的实践过程中现实地表现出来，从而使人的实践成为理性支持的实践。马克思在《1844 年经济学哲学手稿》中说：“动物只是按照它所属的那个种的尺度和需要来构造，而人却懂得按照任何一个种的尺度来进行生产，并且懂得处处都把固有的尺度运用于对象”①。这种超越自身限度按照任何种的尺度进行生产的能力，非人的理性发展、理性能力所能达到的。

“哲学家们只是用不同的方式**解释**世界，问题在于**改变**世界”②。人作为类存在物，作为社会的存在物、作为活动的存在物，其取得的一个重大成就，就是世界历史的生成和全球化的发展。

马克思的“世界历史”思想是指人类社会在生产力发展和普遍交往的基础上，逐渐脱离孤立、分散的状态，走向相互影响、相互制约的一体化进程的历史过程。马克思认为，世界历史的出现根源于生产力的发展以及由此引起的分工和交往的发展。随着社会化大生产以及大工业的出现，世界历史首次被开创，整个世界的联系进一步加强，各民族逐渐形成一个整体，呈现出开放的、全球性的发展态势。

地理大发现无疑对世界历史的生成奠定了某种客观基础。新航路的开辟，使人类第一次建立起跨越大陆和海洋的全球性联系，各个大洲之间的相对孤立状态被打破，世界开始连为一个整体。地理大发现对世界历史发展产生了多方面、多层次的重要影响，它不仅推动了欧洲国家的繁荣和海洋霸权的崛起，也促进了世界范围内贸易的开展、文化的交流、科技的进

---

① 马克思恩格斯文集：第 1 卷．北京：人民出版社，2009：163.

② 马克思恩格斯文集：第 1 卷．北京：人民出版社，2009：502.

步和生态环境的改变与调适。地理大发现深远地影响了世界历史的进程，在推动全球化发展和可持续发展方面产生了举足轻重的作用。

人类的物质生产活动、生产力的不断提高和广泛的社会交往，为世界历史的生成提供了现实的生成基础。生产力的提高促进了社会分工的扩大和发展，两者的交互作用促进了普遍交往的生成。其实，围绕社会分工马克思所描述的资本主义形成与发展的三个时期，也就是世界历史形成与发展的三个时期。广泛的分工促进了人与人之间交往的广泛性，交往的广泛性成了铺就世界历史的一根根经纬。同时生产力的高度发展，也促成了分工的日益扩大，这样，国家与国家、民族与民族之间的交往就日益广泛复杂，日益具有了普遍性，这就为民族的、地域性的历史转向世界历史提供了可能。马克思指出："各民族之间的相互关系取决于每一个民族的生产力、分工和内部交往的发展程度。这个原理是公认的。然而不仅一个民族与其他民族的关系，而且这个民族本身的整个内部结构也取决于自己的生产以及自己内部和外部的交往的发展程度"①。在这一过程中，每一个彼此关联的地区和活动场所其向外扩张范围越大，各民族的孤立发展状态的分工就消灭得越彻底，其相互联系就越得到加强，历史也就越是成为普遍的世界历史。

世界历史的形成，在其现实性上当然也是资本主义发展的必然产物。世界历史虽然在根本上是由生产力与社会交往的广泛发展造成的，但生产力与社会交往为何只是在资本主义到来之后才得到如此飞速的发展并造成这样深远的影响呢？显然，这不仅和资本主义社会的性质紧密相关，而且离不开资产阶级在世界历史开创过程中发挥的引领作用。首先，资本主义社会的本质特征是资本支配一切，整个社会的运动和发展都是以资本为轴心而展开的，而资本的本性在于无止境、无限度地攫取最大利润，这决定了它为攫取利润必然要走向世界市场从而最终开创世界历史。"不断扩大产品销路的需要，驱使资产阶级奔走于全球各地。它必须到处落户，到处开发，到处建立联系"②。其次，资产阶级在世界历史的创立过程中发

① 马克思恩格斯文集：第1卷．北京：人民出版社，2009：520.

② 马克思恩格斯文集：第2卷．北京：人民出版社，2009：35.

挥了巨大的主体能动作用。世界历史形成的重要标志是世界市场与国际贸易的建立，而世界市场与国际贸易的建立又是由资产阶级完成的。正如马克思和恩格斯在《共产党宣言》中所说的："资产阶级，由于开拓了世界市场，使一切国家的生产和消费都成为世界性的了"①。随着资本家的四处奔走、商品自由交换的实现与世界市场的开拓，随着机械化大生产以及与此相应社会条件的趋同，不同国家和地区之间的阻隔与对立日渐消失，于是世界历史逐渐形成。

全球化发展是世界历史的另一种表述，在某种意义上也可以说它是世界历史的深度延展。全球化是指全球范围内不同国家之间的相互联系和依存程度趋于深化的过程，它包括经济全球化、政治全球化、文化全球化等多个方面的内容。一是经济全球化。随着全球互联网和国际贸易的快速发展，全球范围内的经济联系和依存程度不断加深。全球经济体系已经形成，许多大型跨国公司已经在全球范围内开展业务，经济的全球化依存变得日益密切。经济全球化带来了诸多好处，比如促进了全球各国之间的贸易和投资，促进了全球经济的增长，提高了世界各国人民的生活水平。但它也有不好的一面，比如资源的不平等分配、经济危机的传播等，需要高度重视。二是政治全球化。随着全球化发展进程的加速，全球范围内的政治联系也越来越密切。政治全球化主要是指不同国家之间的政治联系和组织形式不断形成，比如国际联盟和全球化政党等。政治全球化的好处是可以促进不同国家之间的协调与合作，共同应对全球面临的各种问题，比如环境污染和恐怖主义等。但是，政治全球化也可能导致国际政治的不稳定和新的不同国际阵营的形成与对抗，这更需要我们加以关注和预防。三是文化全球化。文化全球化是指全球范围内文化的传播和交流，包括语言、电影、音乐、绘画、体育、服装等多个方面。全球化带来了更多文化交流的机会，使不同国家之间的文化交融更加频繁和深入。文化全球化的好处是弘扬和广泛传播本地文化，也可以让人们更好地了解和欣赏不同文化之间的差异。有人认为文化全球化可能导致文化同质化，其实不然，文化全球化是文化认同与文化认异的双向过程，在实现某些方面求同的同时，也

① 马克思恩格斯文集：第2卷．北京：人民出版社，2009：35.

必然保持着世界文化的多样性。

全球化的主体基础是人的类存在，而人的类存在即为人的存在本质。高清海指出：“人自己创造自己的生活，也就在同时创造着自己的属人生命。人除了有与动物相同的生命以外，还有着与动物不同的生命。我们应当从两重性的观点去理解人的本性，也必须以同样的观点去理解人的生命，即把人看作是有着双重生命的存在：他既有被给予的自然生命，又有自我创生的自为生命。我们可以称前者为‘种生命’，称后者为‘类生命’。种生命与类生命的分别，可以从我们平常所熟悉的个体生命与社会生命、物质生命与精神生命、自然生命与文化生命、自在生命与价值生命、本能生命与智慧生命等等的区别中去理解，因为它们大体上是相当或相互对应的”①。

人是双重生命的存在，理解人的本性当然也就需要双重视角，理解人的物种生命需要生物学，理解人的类生命需要人学。高清海进一步认为，理解人应当在“进化论”与“超越论”两个维度上去把握：“只有进化论与超越论两个维度相结合，才能理解人之为人的本性和来源”②。进化论的理解方式采用“属＋种差”的方式来规定人，如人是社会的动物、人是文化的动物、人是理性的动物，人是XX的动物，不过是讲人是一种特殊的动物，它的本质规定仍然在“动物”二字上，这恰恰遮蔽了人之为人的特质。正如海德格尔所说，“只要我们把人当作在其他生物之中的一种生物来和植物、禽兽及神划清界限的话……人就终归仍然落入生物性的本质范围之内”③。所以，在进化论的维度上去把握人的本质，无论把人的本质抬到多高，它都无法达到人的本质的应有高度，它充其量不过是最高生物的高度。

关于人的定义有几百个，把握人的本性之所以难，就是因为人的本性是人的本性而非物的本性。人的本性之所以异于物的本性，就在于人的本

① 高清海．“人”的双重生命观：种生命与类生命．江海学刊，2001（1）：78.

② 高清海类哲学文选．北京：人民出版社，2019：275.

③ 海德格尔选集：上卷．孙周兴，选编．上海：上海三联书店，1996：367－368.

性其实并无“本”，它是一个不断生成的、未完成的开放结构，所以，不能按照认识物的方式去认识人。物的本性是既成的，基本上是一成不变，而人的本性却具有明显的生成性特征。如果把人看作自然属性与社会属性的统一，其自然属性有重要的既成方面的话，那么人的社会属性或人的社会属性的主体部分却是生成的，由于人的本质——区别于动物的本质——不在人的自然属性方面而在人的社会属性方面，所以总体上说人的本质具有生成性、未完成性是不成问题的。因此，只能“按照人的方式”去理解人，而不能用人以外的其他方式去理解人；只能按照人的本性去把握人，而不能按照物的本性去把握人。

人的本性的未完成性，恰恰为其自由发展打开了广阔空间，人的类本质，就在于它的未完成性，而它的未完成性、它的自我生成性，就成就了人的自由本质，人的未完成性是人的自由本质表现的非既成形式。人成为人，就意味着人成为“类人”——成为具有类属性的人，成为自由存在物，成为有无限可能的存在物。于是，“类人”的生成就有两个基本维度：在形式上，所有个人都具有统一的类属性规定，属于人这类物种，具有普遍的类本质；在类本质的内容规定上，所有个人都是地道的自由者，是不断生成自我、发展自我、超越自我的自由者。前者意味着人际平等，后者意味着个性创造，平等与创造是人的自由本质的表现结果，它是一切价值的源泉，当然也必然是人类共同价值的生成基础。

人的类本质存在及其实践表现，是世界历史和全球化发展的内在基础，而世界历史和全球化发展又使人类黏合为一个命运共同体，而人类命运共同体又必然呼应着人类共同价值。

其实，人对自己自由之类本质的自觉拥有与践行，既是构建人类命运共同体的主体基础，也是人类共同价值得以生成与发展的主体基础。人们常说，人类命运共同体的构建需要人类共同价值作为价值基础或价值支撑，但这只是一种习惯性的认知逻辑形式，本质上，无论是人类命运共同体还是人类共同价值，它们其实都只是“人的类存在（或类本质）的自觉表现”这同一树根上长出的两棵小苗。

“人的类本质的自觉表现”仍在自觉也仍在表现，它当然也会有中国形式。习近平在出席第七十届联合国大会一般性辩论时提出：“和平、发展、公平、正义、民主、自由，是全人类的共同价值，也是联合国的崇高目标”①。在共同体形成、续存、维护的意义上，共同价值的凝结、存在与认同，确实是有利于共同体的，共同价值是共同体得以存在的价值基础，至少在价值层面维护着共同体的存在：作为一种共同生活的价值理念，它不断促进共同体成员之间形成相互依存、共同发展的关系，并在共同体内部不同个体之间发生价值冲突、共同体与其他共同体发生价值冲突时，能够融合形成一种普遍的价值认同，进而推动共同体的团结与发展。但人类共同价值的产生，并不在人类共同体产生之后，它也不只是人实现人类共同体的手段，它作为人的类存在、类本质的某种精神表现，是人的类存在、类本质表现的价值形式。是人，就必然有人的类本质规定；有人的类本质规定，就必然在现实表现上生成人类共同价值和人类命运共同体。

价值因人而易而非简单的因人而异。“价值‘因人而易’的特点表明，主体之间的不同点，决定了价值的各异性和多元化；同时也就理所当然地意味着，主体之间的共同点，决定了价值的共同性和普遍性。也就是说，无论普遍性还是特殊性，价值都联系着主体，都只是表现着主体之间在存在、生命、生活、实践中的‘同’和‘异’的状况。因此，可以而且应该依据主体间的差别，来解释价值的特殊性和多元化；同时，依据主体间的共同性和普遍性，来解释共同价值和普遍价值”②。

价值是普遍性与特殊性的统一，是多元与一元的统一，因而价值也就必然有普遍价值与特殊价值、多元价值与一元价值的共同存在。人类共同价值，不是着重于价值的特殊性与多元性，而是着重于价值的普遍性与一元性，因而，人类共同价值在某种意义上就是普遍价值。一些学者力图使人类共同价值特殊化、多元化，这种对待和理解价值的方式是有问题的。共同价值是讲同而不是讲异，如果一味讲异，那如何能够共同起来？这种对共同价值的理解会把国家置于拖入价值差异甚至价值对立的孤立境地。

---

① 习近平谈治国理政：第2卷．北京：外文出版社，2017：522.

② 李德顺．怎样看“普世价值”？．哲学研究，2011（1）：4.

将人类共同价值进行特殊化理解的一个认知误区，在于没有区分共同价值与共同价值实现方式的差异。共同价值就是具有普遍性的价值，而共同价值的实现方式却是可以多元的，可以有所不同。比如，水对于所有人都具有普遍的共同价值，但人们获取水的方式、喝水的方式却可以有差异，正如去某个风景名胜地可以是共同目的，但去的方式却可以有差异一样。

区分人类共同价值与共同价值的实现方式，从而不将前者强调同一与后者强调差异相混同，具有十分重要的意义。比如，民主是人类普遍的共同价值，是人类共同的前进方向，但民主的实现方式、实现程度、发展速度、发展进程却可以有差异，前者必须高度认同，而后者却可以走自己的独特道路。如果承认民主价值的普遍性，认可民主发展的前进方向，那么虽然不同国家在民主实现方式、实现程度、发展速度、发展进程上有所差异，但这仍然只是共同目标下的差异，是人类命运共同体内部、人类文明内部的发展差异，它是可以理解、可以包容的，虽有差异但仍然是同一战壕的战友。但是，如果否定民主的普遍价值、不认可民主的发展方向，不认可人民当家作主这一民主的精神本质，把普遍的民主价值进行特殊化、多元化理解，搞成自以为是、各自为政的东西，甚至把维护特权的专制也说成某种形式的民主，那就会成为人类命运共同体这一战壕对面的群体，那就不是同一战壕的战友，而是对方战壕中的敌人。

价值是一元与多元的统一。对于一元与多元，在不同的时间、地点、条件、环境下可以有不同的偏重与选择，但在对价值的总体认知逻辑上必须认识到价值始终是一元与多元的并在。一元与多元的并在在客观存在上不可偏废，否则就会带来问题，就会犯或者一元或者多元的片面性错误。同时，一元与多元的并存是具有逻辑一致性的，不能此时此境选其一、彼时彼境选其二。比如，在国内只认可和强调价值的一元，而在国际上又只认可和强调价值的多元，或者在国内只认可和强调价值的多元，而在国际上又只认可和强调价值的一元，这都必然导致双重标准，这种对价值的自以为是、任意任性的理解和拆解，必然导致民族国家之间本不应有的价值错位和价值对立，必然导致普遍交往的困难，甚至根本无法沟通，它引起的灾难性后果可能非常大。价值是一元与多元的统一，在国内，它是一元与多元的统一，在国际上，它同样是一元与多元的统一，交往的根本在于求同存异，而不是求异存同，更不是一味求异。

具体到中华伦理文明新形态，它也必然有一个类伦理建构的维度，这是时代的使命、历史的必然。我们认为，类伦理至少有两个基本维度：一是“为了类”的维度，二是“成为类”的维度。“为了类”，就是为了类的利益，为了维护全人类的共同利益，不能仅仅为了某个或某些群体的利益——比如某个或某些民族、国家、阶级的利益等——而损害人类整体利益，更不能仅仅为了个人利益而损害人类整体利益，那些为了一己之利而发动对外侵略战争从而破坏整个世界和平的人，必然是人神共愤的，他们必然要遭受孤立和失败。“为了类”的类伦理，在人类整体利益与民族、国家、群体、个人利益发生不可调和的矛盾时，主张人类整体利益高于群体利益，当然更高于个人利益。其实，个人-集体的关系有些类同于国家-人类的关系，如果认为在矛盾不可回避、不可调和的情况下，民族国家利益优先于个人利益的话，那么在矛盾不可回避、不可调和的情况下，人类整体利益也优先于民族国家利益，这是理所当然的，因为它们是同一个逻辑，都是基于功利论的考虑。如果一方面承认民族国家利益高于个人利益，另一方面又不承认人类整体利益高于民族国家利益，这种认知就没有逻辑一致性。

“成为类”的类伦理，就是使人自觉地成为具有类规定性的存在物的伦理规定。人成为类存在物，就是人获得自己的类本质规定，就是人成为人，就是个体成为“类人”或“类个体”，即成为普遍个体，其本质就是人通过自由自觉的活动而不断展开、实现自己的自由本质，不断扩展自己自由的领域和实现范围。

这里的“成为类”又有两个基本环节：一是“成为”的环节，人是通过活动而获得类本质从而成为人的，活动、实践、劳动是人成为人的基本方式，这里 bing 的表现、实现方式是 doing，懒惰、躺平、不活动是不行的。赵汀阳认为，由存在向价值存在的转入，是通过做而实现的。他说：“‘是’（to be）落实为‘做’（to do）是‘是’的人化。做事使存在变成一个价值事实而不仅是自然事件，人的存在也因此成为具有价值的存在。我思是孤独的，而我做创造了人际关系和互动行为。存在的意义必定在存在之外；我的存在所以制造了意义，就在于我做的事创造了我与他人的关系，把他人变成在我的事中的存在，而正是他人担保和证明了我所做的事的意义。因此，我做不仅创造了我在，同时还创造了我与他人的共在，而共在关系创造了事的世界。在这个意义上，‘我做故我在’不仅是主体的存在论原则，而且是事的世界的存在论原则”①。“做”，不仅使人既成的自然属性与社会属性得以表现出来，同时还使人不断地生成自己新的自然属性特别是社会属性，不断地塑造着新的自我。“做”的物质事实性内质，是运动，是变化，是能量转换，没有物质事实性的“做”，就没有客观的运动、变化、转换；“做”的价值规定性内质，是需要的满足、愿望的实现，没有价值规定性的“做”，就失去了“生成”的方向和“成为”的目标。

二是“成为什么”的环节，就是那个行动者使自己成为具有类属性的规定者，具有自由的生命表现本质，并进而具有基于类本质同一性的平等意识与同情关怀，从而具有人的基本的伦理规定和道德素质。“做”使人的事实存在转向价值存在，这是没有问题的，但人的价值存在只为伦理存在提供可能性，使人的事实存在转化为伦理存在的，是人通过“为善之做”而促成“类人”的生成，是人对自己自由活动类本质的真正占有。只有成为“类人”、只有“类人”自由地开展活动时，其活动才可能理性地符合自然规律——特别是伦理原则，其事实存在才转身进入伦理存在。

人们一般可能比较认可第一个维度的“为了类”的伦理，而不太认可第二个维度的“成为类”的伦理，其中一个非常直接的原因就是，第一个维度的认识比较直观浅显，容易理解，而第二个维度的伦理，则需要深度的理性认识才能达到它所需要的认知高度。其实，第二个维度的伦理相对于第一个维度的伦理，具有更加重要的价值地位。如果认可人的一切伦理规范和伦理行为都是为了实现人的自由全面发展，那么我们甚至可以认为，“为了类”的利益的伦理只是为了“成为类”的伦理的手段，简化一下就是，人之利益只是人之自由的手段。

人具有自在性，但人在本质上是自为的存在，人作为超越生命的生命

---

① 赵汀阳．共在存在论：人际与心际．哲学研究，2009（8）：24.

存在，其真正的本质规定，其真正的类属性、类本质，是个人通过自由实践活动、通过社会化交往活动而创造出的自己的非自然本质，即自己社会化的、文化的、精神化的本质。在其一般存在论的意义上，人的自然生命只是其超越自然生命的生命前提，在其本质论的意义上，人的自然生命甚至只是其自由活动生命的工具和手段。正是在这个意义上，我们才认为，“成为类”的伦理相对于“为了类”的伦理属于更高层次的伦理规范。

成为人，从人的本质被规定为道德本质、被规定为具有相应道德属性的角度来讲，就是人成为道德主体。这是中国人的一种传统理解，与这里所讲的成为人是成为类存在物、成为自由活动存在物的角度是有所不同的。总体上可以说，“成为类”蕴含着成为道德主体。道德主体的“做”，既有其开放的生成性一面，也有被其过去的道德主体的既成“本质”或一贯性表现所规定的一面。开放性的一面，说明他具有不断的生成性，具有不被过去的他所完全规定的属性；规定性的一面，又说明他总是被他之前的所有行为和这些行为造成的既成性格有所规定。所以，人的道德表现是既成性与未成性的统一。人是道德主体，某种意义上是从人的既成属性来讲的，但人也有未成性，因此人不能确保他今后在任何时刻、任何地点、任何条件下都必然是道德主体，都会承担相应的道德责任。人的道德主体是通过不断地实践而不断地确立的，知识保鲜需要终身学习，道德保鲜需要终身实践，一成不变的德性生成情况在某些方面也许存在，但在相信和运用辩证法的人那里，它却并不保险。

中华伦理文明新形态，就是要树立起真正的类伦理，既为自己的伦理发展提供应有的发展内容，也为全世界、全人类的和谐发展提供实践规范。

四、中国市场经济发展呼唤中华伦理文明新形态

中华伦理文明新形态是中国人实事求是的结果，所以，它既有先进于人的地方，但又不是所有方面都先进于人。有些方面它只是针对自己的发展实际而产生的对自己不足的补救，比如建立社会主义市场经济就是如此。

对于建立与社会主义市场经济相适应的伦理道德规范而言，相对于中国传统伦理道德建设，它当然也是一个新任务，它也会表现为中华伦理文明的新形态，但这一新形态相对于世界伦理文明或其他国家的相应的伦理文明而言，却未必是新的，至少不是全新的。尽管有些人想努力超越中外一切既有的伦理与道德，但事实上，有些伦理可以超越，有些伦理则无法超越。即使面对可以超越的伦理，也要从实际出发，不能拔苗助长、急于求成。

计划经济是指计划对资源配置起基础性作用的经济形式；市场经济是指市场对资源配置起基础性作用的经济形式。新中国成立时，中国根据马克思主义关于社会主义建设的基本理论建立了社会主义计划经济体制。1992 年，中国决定并开始建立社会主义市场经济体制，这种转变，不是一种小调整，而是一种经济制度的根本性转变。

计划和市场都是调节经济的手段，都是资源配置的方式，本身是中性的，计划机制不反映社会主义生产关系的本质，市场机制也不反映资本主义生产关系的本质，两者无论在社会主义还是资本主义国家都可以利用。"计划多一点还是市场多一点，不是社会主义与资本主义的本质区别。计划经济不等于社会主义，资本主义也有计划；市场经济不等于资本主义，社会主义也有市场"①。计划经济作为一种"自上而下"的经济运作模式、市场经济作为一种"自下而上"的经济运作模式，从发展经济、提高社会生产力这一高屋建瓴的角度来讲，它们都可以是促进经济发展的手段，不同社会条件下的人们都可以自由运用它们；但从更具体的经济本身的运作角度来看，从其对于资源配置的基础作用来看，计划向市场的转换，就是经济基本功能和运作方向的一种改变，这种改变就是一种质的改变。

经济发展与文化模式之间关系十分紧密——或者是经济发展带来特定的文化变迁，或者是某些文化模式促进经济发展②。这就是说，经济发展与文化发展、与道德建设具有内在相关性。关于这一点，我们可以从韦

① 邓小平文选：第 3 卷．北京：人民出版社，1993：373.

② 陈义平．全球政治伦理的可能性及当代中国政治伦理的发展趋向．教学与研究，2001（8）.

伯对资本主义精神与资本主义发展的有关研究中得到深刻启示。

资本主义社会的快速发展，是一连串复杂的原因导致的。韦伯的研究，虽然强调资本主义精神对资本主义社会发展的强大推动作用，但他并未因此而否定其他原因对资本主义的积极影响，并没有因此而否定资本主义其他方面的文明进步对于资本主义社会发展的促进作用。他只是认为，作为一个高度理性化的文明系统，资本主义文明即使获得了科学技术、法律制度、高效行政等方面的支持，它要得到稳定快速发展仍然可能难如人愿，它还必须有一种理性精神的支持。他说："产生资本主义的因素乃是合理的常设企业、合理的会计、合理的工艺和合理的法律，但也并非仅此而已。合理的精神、一般生活的合理化以及合理的经济道德，都是必要的辅助因素"①。"虽然经济理性主义的发展部分地依赖理性的技术和理性的法律，但与此同时，采取某些类型的实际的理性行为却要取决于人的能力和气质。如果这些理性行为的类型受到精神障碍的妨害，那么，理性的经济行为的发展势必会遭到严重的、内在的阻滞。各种神秘的和宗教的力量，以及以它们为基础的关于责任的伦理观念，在以往一直都对行为发生着至关重要的和决定性的影响"②。韦伯在其《新教伦理与资本主义精神》中，深刻揭示了新教伦理与资本主义发展的内在关系，他力图阐明：一种与现代社会发展相应的理性的文化精神对于资本主义发展是何其重要。

同建构市场经济一样，建构与社会主义市场经济相适应的伦理文化也是势在必行，在这里，基本伦理原则的确立是首要的。在计划经济条件下，我们宣扬集体主义；在市场经济条件下，我们同样宣扬集体主义。根据马克思主义的经济基础决定上层建筑原理，同一集体主义如何能适应两种完全不同甚至完全对立的经济运行形式？若将"适应"理解为本质层面的内在契合，那么宣称集体主义既可适配计划经济又能适应市场经济，就正如断言同一双脚既能穿大码鞋又能穿小码鞋般难以成

① 马克斯·韦伯．经济通史．姚曾廙，译．上海：上海三联书店，2006：222.

② 马克斯·韦伯．新教伦理与资本主义精神．于晓，陈维纲，等译．北京：三联书店，1987：15－16.

立。因此，必须推动传统集体主义在社会主义市场经济条件下的创造性转化与创新性发展。

根据市场经济建立和发展的新形势，我们郑重提出市场经济条件下的个体伦理建构——个体完善主义。若从西方宗教改革中汲取相应智慧，如果传统集体主义在某种意义上可以被称作一种“宗教”的话，我们这样的努力，也可以算作对社会主义传统集体主义的一次“宗教改革”：就像新教极大地促进了资本主义的发展一样，我们的目的是，既要充分激活每一个个体公民的谋利动机，又要让这些个体的谋利符合伦理规范和道德原则，能够让人们积极而又合理合法地、大胆而又心安理得地追求自己的发展，这样，才能为中国的经济发展和伦理道德建设提供强大而持久的发展动力。个体完善主义是对单纯个人主义和单纯集体主义的超越，它既是基于个体和针对个体化现实的，又是具有伦理规范要求的。首先，它是基于人的个体性现实存在的，是对人的个体性的充分承认和彰显；其次，它又注重人的伦理价值层面的超个体性，是对人的群体属性和类属性的尊重与实现，是对人的社会性的张扬，是对自我的一种时代化伦理塑造，它既不是“原子人”也不是自私者，而是对社会伦理规范有深刻认知、有深度内化、有充分表现的合德“公民”。

在社会主义市场经济建立发展的新形势下，我们提出并倡导个体伦理是基于以下理由：

第一，个体完善主义强调个体主体的重要性，而充分尊重个体、释放个体主体能量是推进市场经济发展的强大动力。从最广泛的意义上说，个人是社会行动的主体，行为都是个体发出的，行为的主体都是个人。人们的道德行为实际上也是要从个人出发，有个人的意愿、利益、目标，然后将个人的行为锁定在一定的合理性范围之内，使个人利益服从于社会利益，等等。日本经济社会学家富永健一说：“进行行动的是个人，进行相互行动的也是个人，因此建立社会的也是个人，我们把这一现象表述为在逻辑上个人先行于社会”①。马克思也指出，“全部人类历史的第一个前提

---

① 富永健一．社会学原理．严立贤，陈婴婴，杨栋梁，等译．北京：社会科学文献出版社，1992：66.

无疑是有生命的个人的存在”①，“各个人过去和现在始终是从自己出发的”②。

从某种意义上说，市场经济是以具体的个人作为一种存在前提而建立的。市场经济是以个人利益为行为动因、以个人自我抉择和自我负责为行为规范、以个人利益最大化为行为目标的经济体系。所以，从凸显主体作用的角度来讲，在市场经济条件下，当然要强调个体主体的重要性。其实，市场经济本身之所以建立，客观上基于人的个体性，基于人的个体自主性、个体独立性的客观存在，主观上则基于人们对个人追求自我利益之合理性的充分认同。市场经济一旦建立，又反过来促进着个体主体性的展开，促进着个体主体性的发展和完善，同时当然也促进着个体利益意识的觉醒与扩展。

从资本主义发展的历史来看，西方资本主义市场经济的发展史，其实就是人的个体主体性不断从各种束缚中获得解放的历史。在资本主义形成过程中，宗教改革、启蒙运动和资产阶级革命，相继把人从宗教的、经济的、政治的束缚中解放出来，确立了个人在政治、经济和文化上的独立性，个人成为一切社会行为的自觉主体。

通过宗教改革，宗教信仰变得更加个人化，也更加私人化。新教和天主教所进行的灵修的革新，使一个人在宗教信仰的活动中，能够与其所信的神明进行顺畅的沟通和互动，强调了个人可内在地与上帝相遇。个人世俗生活不断显现，个人生活的合理性也得到了一定程度的承认。按照马丁·路德的职业概念，尽忠职守，勤奋工作，完成世俗的职业活动，获得现实的利益，并不是对上帝意旨的背离，而是上帝所应允的人们唯一的生活方式，唯有这种生活方式才能使自己得救。所以，个人的伦理道德价值不是体现在他的神性上，而是体现在他的人性上，不是体现在他人性的超越性上，而是体现在他人性的世俗性上，具有道德的个体不是超越世俗意义的禁欲主义者，而是追求世俗利益的世俗主义者。

---

① 马克思恩格斯文集：第1卷．北京：人民出版社，2009：519.

② 马克思恩格斯文集：第1卷．北京：人民出版社，2009：587.

启蒙运动则把人更加世俗化，也更加个体化和个性化，它用理性主义和人道主义的双剑，斩断了绑缚在人们身上的神学之绳，把人从沉闷的群团组织和烦琐的宗教仪式活动中解放出来，使人成为不受任何宗教团体束缚的自由的个体。个人行为自我抉择、自我负责的个体主义精神得到了推崇，并成为人们的行动准则。个人的价值和尊严，不是上帝说了算，而是人自己说了算，人们的职业活动不是为了满足上帝的神圣要求，而是为了满足自己的世俗要求，追逐世俗利益成为人生最高的价值目标。彼特拉克的“我是凡人，我只求凡人的幸福”的名言表明，人作为世俗的个体被确立起来，而世俗的追求则成为人们是否幸福的基本尺度。

资产阶级革命则使人在一定程度上成为政治上自由的个体。个人的政治自由意味着个人的信仰差异、社会等级、经济地位等成为无政治意义的世俗的差别，经济行为由此成为自由的、与政治无关的个人行为。作为经济行为之主体的个人被确立起来，积极地发挥个人的能力、创造经济成果、为自己的经济行为进行自觉地选择和承担责任的个体主体意识和主体精神成为市场行为的基本精神。“经济的独立过程是欧洲精神向个体化、主体化和理性化发展的标志，因此也被包含在西方文化的自由史当中。个体化意谓着人从其与生俱来的社会状况的固定性中脱离出来，从社会与宗教准则的确定性中脱离出来。……个体化是向主体性发展的标志。主体、自我成为衡量一切事物的标准并且对其自身的行为和社会地位自我负责”①。

经济行为的独立化，对个体主体精神的肯定，对个体活动价值的张扬，对个体活动成就的认可，是资本主义市场经济创造巨大物质财富的一个根本性的重要原因，在中国建立和完善社会主义市场经济体制的当下，它理当也必然成为社会主义市场经济发展的一个重要原因。

其实，所有民族的社会历史发展，都伴随着一个实存个体艰难地从群体——特别是宗教群体——中解放出来的痛苦过程，印度社会的个体化发

---

① P. 科斯洛夫斯基．资本主义的伦理学．王彤，译．北京：中国社会科学出版社，1996：9.

展史也是如此。“如果个体主义是在传统的、整体主义的社会中出现，那么它会成为社会的对立面，社会的某种补充，也就是要采取出世个体的形式”①。所谓“出世”，就在世俗之外，出世的形式就是世俗之外的形式。“两千多年来，印度社会有两个互补的特点：一方面，社会强加给每个人一种密切的相互依存性，它取代了对我们所说的个体的强制关系；另一方面，弃绝世俗的体制又使弃绝者获得了完全的独立性。这个人，这位弃绝者是印度所有的宗教革新的推进者。……寻求最高真理的人放弃了社会生活及其束缚，以便全心关注本身的进步与命运。当他回头看社会世界时，他远远地将它视作虚幻的东西，因此，对他来说，发现自我不能与基督教意义上的救赎相混同，而是解脱——对人世生活的羁绊的解脱”②。

现代的市场个体，不是宗教的作为世俗弃绝者的个体；现代的个体主义，也不是作为弃绝者的个体主义。但是，如何从某种群体性的束缚中解放出来，宗教的出世方式的确是一个打开并呈现个体存在道路的重要方式，导致人们时常用这种归隐的方式去反思和认知自我。但这样一种方式，并不适用于所有社会的个体化发展。

严格来讲，中国不是一个宗教社会，所以中国的个体解放不一定是某种宗教变革式的个体解放。但由于任何群体作为一个整体，其对个体都有某种与生俱来的“天然”束缚，所以中国的个体解放必然是某种群体组织形式变革基础上的个体解放。中国市场经济体制的建立，要求个体从传统的群体形式中解放出来，这既是一种宿命，也是一种必然趋势。

从现代市场经济活动的开展过程来看，个人是市场经济行为的出发点，也是市场利益的归宿，所以，充分发挥个人的主体性、能动性、积极性、创造性，就成为市场经济活动得以成功和高效的关键。（1）市场经济是个体主体经济。商品、资金、技术、人才的自由流动要求市场个体具有较高的把握市场发展趋向和驾驭市场的能力，需要人们有自我决策的能

---

① 路易·迪蒙．论个体主义：人类学视野中的现代意识形态．桂裕芳，译．南京：译林出版社，2014：24.

② 路易·迪蒙．论个体主义：对现代意识形态的人类学观点．谷方，译．上海：上海人民出版社，2003：22－23.

力，有自我奋斗、自我行为、自我承担责任的个人奋斗精神。在市场经济条件下，个人的存在价值和社会地位，主要不是由个人生活于其中的社会组织所提供，而是靠个人的实际能力和工作成就堆砌维护起来的。（2）市场经济是商品交换经济。商品交换是以个人之间具有明确的产权界限为前提的，只有当财产被个人所拥有，产品的使用具有排他性和可让渡性时，交换行为才可能发生，如果产品是大家所共有的，个人如何可能有单独处理这些产品的权利？西方学者波斯纳说："（经济效率的）基本激励来自于分配给社会成员的对于特定资源的排他性使用的排他性权利"①。没有个人对财产的排他性拥有和排他性使用，就没有交换行为的发生，也就没有市场经济，更谈不上经济发展效率。（3）市场经济是自由发展经济。企业可根据市场需求自由灵活地安排和调整生产，进行自由交换，在政策允许的范围内自由议价，享有较大的产销自主权。市场自由其实是建立在个体自由的基础之上的，没有个体自由也就谈不上市场自由，个体自由不充分的市场也不是真正成熟完善的市场。人们为了自我经济利益的最大化，都可以最大限度地自由发挥个人的自主性、能动性、积极性、创造性，社会财富正是在每个个体自由追求自我利益的发展过程中不断积累起来的。

第二，市场经济条件下的个体主体必须追求伦理道德的自我完善。从个体主体意识和主体能力的形成过程来看，主体的伦理道德意识和能力的形成过程，也就是主体进入社会角色系统的能力、从事社会活动的能力之形成过程，有怎样的社会结构及其历史存在形态，就有怎样的适应这种结构与形态的社会化要求，就有怎样的对于人的伦理道德规范。市场经济本是个体主体发展的产物，成熟的市场基于成熟的个体。所谓"成熟的个体"，就是既有明晰的个体意识和自觉的个体利益追求，又有确定的社会化伦理道德规范。但由于中国的个体化发展在明末清初才有所开启，且刚开头却又煞了尾，一直没有获得充分发育，可又在这一基础上突然建立了市场经济，发育不良的中国个体当然一时难以承担市场经济之重，因此，

① 布罗姆利．经济利益与经济制度：公共政策的理论基础．陈郁，郭宇峰，汪春，译．上海：上海人民出版社，2012：15－16.

催促中国的个体化发展就同时面临着两大重任：一方面，个体要从群体存在中独立出来；另一方面，个体又要内化必要的社会伦理道德规范。然而，这两者又常常是矛盾地纠缠在一起的，个体完善主义正是为解决这个矛盾而来。

伦理道德的发展是以人的发展为基础的，是围绕人的发展而展开的，人发展到什么程度，伦理道德才可能发展到什么程度。同时，人的现实的发展，要以生产力的发展、经济的发展为前提，可经济的发展又要以人的积极的规范的活动为条件。个体完善主义，就是为中国市场经济的快速发展培育合格的主体力量，提供源源不断的人力资源。

从道德作为一种主体自律的角度来看，其实真正自律的道德也必须以充分发展的个体主体性为基础，个体追求道德完善，首先得承认“道德以个体为生成之根”。道德发生的载体是个体，道德发生的机制是个体的心理-行为机制，所以道德以自律为基础，自律以个体为前提，自律之“自”就是个体。哈贝马斯说：“道德发展代表着个性发展的那一部分。而个性发展对于自我同一性来说，乃是决定性的”①。所谓“自我同一性”，就是个体主体行为的一贯性和连续性，表现为对于自己行为的自决、自选、自持、自信，它构成人的自我意识的客观基础。个人的自我同一性和基于这种同一的自我意识的形成，使个人产生了对于自己的主体性存在的觉解，不仅表现为对自己的自然生命表现产生主体归属认定，同时也从精神层面形成对于自己形象、态度、人格等方面的自我认识和自我反思。个人的反思，表现为个人对自己活动产生的动机、目标、绩效等进行相关评价，表现为个人对自我与他人、自我与社会之关系的认识与评价，表现为个人对自己行为之恰当性的认识、评价与调整。道德评价其实是一种综合性的反思，反思是基于个人大脑活动的反思，使人们产生相应道德认识、道德情感、道德意志，形成一定的道德心理，从而形成对自己的行为是感到自豪还是羞愧的心理反应。基于个人对某些道德规范的认同和信仰，道德行为主体既可能使自己的行为因符合这些道德原则而感到骄傲，也可能为自己的行为背离相关道德原则而感到内疚。

① 哈贝马斯．交往与社会进化．张博树，译．重庆：重庆出版社，1989：80.

综上可见，道德活动从本质上说是个人性的、个体性的，它是个体自觉性、能动性的表现，它不仅需要道德主体具有个体性的人格力量，需要个体主体具有对道德准则的自觉认同，也需要个体主体对道德准则的坚定遵守。阿尔汉格尔斯基说："个人道德能动性在自觉的水平上……由人的反思能力保证着"①。故而，个体性的发展促进着个人自我同一性和自我意识的形成，它们的形成与发展促成了自我认识和自我反思，而自我认识和自我反思则为主体的道德自律提供了主体意识基础与认知前提。

个体主体性的发展，不仅为道德认识提供了意识基础，也为个体道德人格的形成提供了认知前提。人格是指个体在对人、对事、对己等方面的社会适应中，在行为上表现出的内部倾向性和心理特征。它表现为能力、体质、气质、性格、动机、需要、兴趣、理想、价值观等方面的整合，是具有动力一致性和连续性的自我，是个体在社会化过程中形成的独特的身心组织，整体性、稳定性、独特性、社会性是人格的基本特征。在某种意义上可以说，人格是个体自我所有权的觉醒。奴隶之所以没有人格，这是因为没有自由意志、没有自我所有权，故而就没有自由地支配自己的权利。道德行为是以个人的自主、自觉、自由为前提的，没有自我的觉醒，没有自我所有权的生成，没有个人自由支配自己的权利，就没有个人主体能力的解放和表现，就没有真正意义上的道德意识的形成、道德自律的生成和道德行为的发生。道德行为是在个人的内在自主意识的支配下产生的，它不是外在强力强迫主体意志的结果，它以个人的独立人格为前提。而独立人格的形成，则必须以自我意志和自我所有权的生成为基础，自己独立思考、自己支配自己，是人格独立的基本表现。在精神上没有独立认知和独立判断的人，要么顺从大众要么顺从权威，如同行尸走肉，必然毫无人格可言。

当然，个体主体性是道德自律的主体基础，这是毫无问题的。但是，这并不意味着有了个体主体性就有道德自律，原因在于个体主体性的发展甚至成熟只是道德行为发生的必要条件而不是充要条件。个体主体性的发

① Л. М. 阿尔汉格尔斯基．马克思主义伦理学的对象、结构、基本方面．杨远，石毓彬，译．北京：中国社会科学出版社，1990：87.

挥，如果偏离了合理性的航道，就会使人们滑入极端个人主义的泥坑，产生损人利己的不道德行为。并且，如果离开正确方向的牵引，人的主体性越是发展，其作恶的技巧和能力就越高超，其对他人和社会的危害就可能越大。所以，个体主体意识的发展必须以个体的自我完善为目标，必须在实现其个体性的同时，实现个体内在的类性和群体性，达到个体性、群体性和类性实现的高度统一；在实现其自然性的同时，也实现其社会性，达到自然性实现与社会性实现的高度统一；在实现个体独立性的同时，也实现个体的关系性，达到独立性与关系性的和谐统一。否则，市场经济条件下自发发展出的任性个体，就会因片面追求个体性、追求自我利益的实现而损害他人和社会，这样反而会严重阻碍市场经济的进一步发展。

从总体上看，在市场经济条件下，个体主体能力要转化为道德约束下的个体主体能力，使个体主体能力在道德的指引下展开行动，就必须做好“一引”“一堵”这两个方面的基础性工作：

第一，要有健康向上的精神牵引。个体主体活动是基于个体的，它首先要克服的对象就是仅仅从个体自身利益出发而引发的狭隘的个人主义。其实，一般的个人主义并不可怕，可怕的是狭隘的个人主义，一般的个人主义强调的是“个体”的重要性，强调的是每一个个体都很重要，而狭隘的个人主义强调的只是“我”的重要性。要使个体突破狭隘的个人主义的限制，就必须使个体能够推己及人，使“追求自己的利益以不损害他人和社会的利益为前提”成为普遍共识。这就必须对个人进行必要的、合理的道德观教育，要通过家庭、学校、社会教育，通过舆论和其他社会氛围的营造，宣传并促进各个层次道德规范的内化，促使个人通过道德意志的培养把普遍的社会规范转化为个人的行动准则。但是，对狭隘的个人主义的超越，又不能以对个体主体性的完全扼制和消解为手段，恰恰相反，个体的道德内化和外化，仍然要以个体主体性的高扬为前提，调控的是个人的“极端主义性”而不是扼杀个人的“积极主体性”，主张的是个体主体性表现的合理，而不是个体主体性表现的消失。虽然使经济活动得以充分展开的那个个体主体积极性与使个人主义得以表现的那个个体主体积极性，是同一个主体的积极性，它们都是基于同一个主体，但它们的行为内容、目的、价值取向是有所不同的，所以正确方向要保持，强劲动力也要保持；更为重要的是那个“道德人”的形成，人们对道德原则规范的内化和外化，也是基于个体主体积极性之充分发挥的，使个体的主观意志能够符合、体现客观的道德原则，也必须充分调动个体内在的活动积极性，使个体内在的道德意识和道德情感得以扩充，从而促使个人主动自觉地接受普遍的道德规范，并把这些规范贯彻落实到自己的行动中。

当然，个体道德意识和道德能力的形成也需要良好社会环境的支持。我们并不否认外在社会氛围在使自然人成为道德人的过程中所产生的重要熏陶作用，但是这些外在因素要通过内在因素起作用，否则，它们就可能只是个体道德生成的陌生的非相关物，甚至可能成为个体道德积极性发挥的对立物和压制者。因此，无论何时何境，我们都要努力把个体的活动积极性、内在的道德潜能充分地引导出来、发挥出来，使个体自觉地内化和外化普遍的道德规范，使个体自觉地把个人利益与他人利益和社会利益整合融合起来，从而使个体的价值观和人生观得到实现与升华，既推动经济发展又促进社会和谐。

第二，要有强大法律对恶行的堵截。人的可教育性、道德对人的引导性，是以人的可改变性为前提的。但是，人的可改变性就意味着其改变的双向可能性，它既可能向善的、好的方面改变，也可能向恶的、坏的方面改变。要使个体的主体能力转化为道德规范指引的主体能力甚至道德主体能力，就必须努力使人向善的方面转化而不是向恶的方面转化，这就必须有法律对于恶行的堵截，必须有法律的强大支持。从社会管理的角度讲，人的行为就像流水一样，要向行善的方向流动而不向行恶的方向流动，就不仅要有引导也要有必要的堵截，法律就发挥着这种堵截的作用。法律和道德共同担负着调节与规范人们行为的功能。法律主要依靠外在的强制力量，道德主要依靠人们的内在自觉和自律；法律主要用于堵截恶行，道德主要用于引导善行，“一堵”“一引”，两者相辅相成，各自发挥着相互支撑而又不可相互替代的作用。

建立健全而完备的法律系统是市场经济的内在要求，也是市场得以正常运行的必备条件。市场经济是以追求个体利益的最大化为动力系统的，个体利益驱动的恶性膨胀，常常会使人们的道德良心变得十分脆弱。马克思曾说："资本来到世间，从头到脚，每个毛孔都滴着血和肮脏的东西"①。他甚至援引《评论家季刊》中的观点进一步说："资本害怕没有利润或利润太少，就像自然界害怕真空一样。一旦有适当的利润，资本就胆大起来。如果有10%的利润，它就保证到处被使用；有20%的利润，它就活跃起来；有50%的利润，它就铤而走险；为了100%的利润，它就敢践踏一切人间法律；有300%的利润，它就敢犯任何罪行，甚至冒绞首的危险。如果动乱和纷争能带来利润，它就会鼓励动乱和纷争。走私和贩卖奴隶就是证明"②。在这种情况下，思想教育、道德规劝、自我反省等，虽然会产生一定的作用，但由于各种原因、各种条件的局限，可能会流于形式，甚至会变得苍白无力。在这种情况下，就必须由法律来发挥基础性的规范作用，必须以强行的方式对个人的恶性逐利行为加以阻击，必须让法律成为道德教化的强大坝基——没有法律支持的道德教育是不可想象的，所以德法虽要并举，但又必须以法治为根基。

五、中华伦理文明新形态在中国式现代化进程中生成

中华伦理文明新形态是在中国式现代化进程中生成的。中国式现代化，既是中华伦理文明新形态产生的温床，也是中华伦理文明新形态不断生长壮大的肥沃土壤。

（一）中国式现代化的规定本身内含中华伦理文明新形态的价值诉求

中国式现代化，是中国共产党领导的社会主义现代化，既有各国现代化的共同特征，更有基于自己国情的中国特色：它是人口规模巨大、全体人民共同富裕、物质文明和精神文明相协调、人与自然和谐共生、走和平发展道路的现代化。

从中国式现代化的五个内在规定来讲，除第一个方面中国式现代化是"人口规模巨大的现代化"是一种事实描述之外，其他四个方面的规定都内含伦理价值。全体人民共同富裕、物质文明和精神文明相协调、人与自

---

① 马克思恩格斯文集：第5卷．北京：人民出版社，2009：871.

② 马克思恩格斯文集：第5卷．北京：人民出版社，2009：871.

然和谐共生、走和平发展道路，这些内在规定都体现着浓郁的伦理价值和道德精神。

作为人口规模巨大的现代化，中国式现代化有自身的具体情况，14亿多人口整体迈进现代化社会必有其复杂性和艰巨性，盲目自信、好高骛远对于中国的现代化建设有百害而无一利。今天，中国 GDP 总量居全世界第二，但人均 GDP 排名却并不靠前；中国当前的财富结构也不尽合理，仍然是金字塔结构而不是橄榄球结构。因此，我们一方面要努力增加社会财富总量，另一方面也要着力调整社会财富占有结构，促成财富总量增长与财富占有结构合理地协调并存。这既是中国式现代化发展的内在要求，也是中华伦理文明新形态的必然课题，中华伦理文明新形态正在且必将进一步在这个方面做出与时俱进的新贡献。

作为全体人民共同富裕的现代化，中国式现代化是有明确的价值目标做引领的。共同富裕包括“富裕”和“共同”两个基本方面，“富裕”强调生产力的发展，“共同”强调生产关系的改善。从生产与分配的角度来讲，必然是先生产后分配，因此富裕是共同的基础，共同是富裕的目标。共同不是同等同步，而是合作共创基础上的大致平等，是分配差距的相对合理。全体人民共同富裕的现代化，既是高效生产的现代化，也是正义分配的现代化，其中不断生成出中华伦理文明的新内容，呈现出中华伦理文明的新形态，明确的价值引领使中国式现代化表现出浓郁的道德意蕴。

作为物质文明和精神文明相协调的现代化，中国式现代化体现出以人为本的发展价值引领。人是物质性存在与精神性存在的统一，人离开物质当然不能存在，但人的本质却不在于物质性而在于精神性，沉迷于物质，是人之本质的丧失和人的全面堕落。物质文明和精神文明相协调的现代化，就是既重视外在物质又不忘精神之本，特别是“精神富有”概念的提出，其实是救人于物欲之泥潭，是人的精神本质的回归和占有。物质文明和精神文明相协调的现代化，既是物质技术的表现场域也是伦理道德的表现场域，它体现出自然主义与人道主义的高度统一，其统一性状既是中国式现代化的实现方式和成就特质，也是中华伦理文明新形态的出场方式和典型表征。

作为人与自然和谐共生的现代化，中国式现代化扩展了人的道德情怀。像保护眼睛一样保护自然和生态环境，不只是为了避免因向自然过度索取而遭到大自然的报复，也不只是为了人自身长久的可持续发展，而是将道德从人与人之间的关系扩展到人与自然之间的关系，从而扩展了人的道德情怀和生存境界。具有如此道德情怀和生存境界的人，已然承认自然和所有生命都享有同等的尊严与基本权利，其与自然的和谐相处不是一种外在的生硬要求，而是一种内在的深切愿望。从这种意义上说，中国式现代化成为中国人之道德表现和自我实现的技术性指称，中华伦理文明新形态的生态意境由此已然生成，而中华民族的永续发展只不过是这种文明新形态的自然表现和水到渠成。

作为走和平发展道路的现代化，中国式现代化增强了世界发展的安全与正义力量。中国人坚信，过去那种掠夺资源、扩展领土的国家强大模式已经完结，当今时代是对内发展科学、改善民生，对外和平共处、合作共赢的时代，我们坚定地站在历史正确的一边、站在人类文明进步的一边，以世界和平谋求自身发展，以自身发展维护世界和平。中华伦理文明新形态正在且将进一步对中国的和平与发展做出合理有力的阐释，以让全世界明晓，中国的发展只会给世界带来和平而不会带来威胁。中华伦理文明新形态以人类共同价值引领和平发展，在人类共同价值的基础上规制内政外交政策，为全球的和平发展奠定基本的价值观基础，以避免因价值观差异而导致政治对立、经济分裂和军事对抗。

（二）中国式现代化的生活生产实践呼应中华伦理文明新形态

马克思主义唯物史观认为，生产力决定生产关系，经济基础决定上层建筑。中华伦理文明新形态不仅在中国式现代化实践中生成，也在中国式现代化实践中发展。一方面，中华伦理文明新形态要反映中国式现代化实践的新现实、新成就；另一方面，中国式现代化实践又在呼吁与推动中华伦理文明的不断创新和发展。从这个意义上讲，有怎样的现代化实践就有怎样的伦理规范，有怎样的新生产新生活就有怎样的新伦理新道德。

网络化生产生活催生网络伦理。当今社会是一个网络社会，它既是网络化生产，也是网络化生活。网络化生产把企业和消费者整合在一起，进一步提高了生产的社会化程度；网络化生活使成千上万的人在瞬间广泛交往，使交往非常便捷。但网络交往在带来便利的同时也带来隐忧：网瘾、黑客、网络犯罪、个人隐私泄露、信息过剩、信息污染等问题层出不穷。因此，网络伦理建设迫在眉睫。中华伦理文明新形态要针对现代网络社会的新变化，不断开发、建构网络伦理的新成果，要为人类网络化生产与网络化生活提供新秩序。

数字化生产生活催生数字伦理。数字化生产就是指制造领域的数字化，它是制造技术、计算机技术、网络技术与管理科学的交叉、融合、发展与应用的结果，也是制造企业、制造系统与生产过程、生产系统不断实现数字化的必然趋势。数字化生活作为以互联网和一系列数字科学技术应用为基础的一种生活方式，方便快捷地带给人们更好的生活体验和工作便利。但是，数字平台围绕数字技术和算法设计优势实施的垄断及不正当竞争行为，引发了一系列数据造假、数据垄断、数据阉割、数据侵权、数据窃取等社会失责问题。建构相应的数字伦理规范势在必行。面对数字鸿沟、就业减少、数字成瘾、劳工权利和“信息茧房”等方面的困境，中华伦理文明新形态积极建构数字伦理，通过培养企业数字责任文化、加强企业内部治理、增强行业自律约束、实施算法伦理审计、完善法律监管体系等方式，不断提高数字化生产效率和数字化生活质量。

机器人生产催生新劳动观。科学技术的进步、智能机器人的出现，在给人们带来更多智力发展和休闲时间的同时，也使当下世界出现了基于智能制造的普遍性技术失业，以勤劳为荣的劳动价值观正在悄然发生变化。人的劳动与机器人操作的邂逅，建构了一种新的劳动场景，为新劳动观的形成提供了思想元素；而无人工厂的出现，则使人们对劳动的界定突破了原来的认知，劳动仿佛不再为人所特有，价值也仿佛不再为人的劳动所独创。在技术日益替代人力的背景下，如何树立新的正确的劳动价值观？如何理解技术进步与人的发展的关系？这些都会引发中华伦理文明新形态的努力创生和不断发展。中国式现代化建设实践推动着中华伦理文明新形态的产生和发展，随着现代化实践如火如荼地全面展开，中华伦理文明新形态也必将在诸多方面生成更多的新元素、新结构，发展出更多的新内涵、新理论。

新质生产力呼应中华伦理文明新形态。新质生产力是由技术革命性突破、生产要素创新性配置、产业深度转型升级而催生的当代先进生产力。它以劳动者、劳动资料、劳动对象及其优化组合的质变为基本内涵，以全要素生产率提升为核心标志。概括地说，新质生产力是创新起主导作用，摆脱传统经济增长方式、生产力发展路径，具有高科技、高效能、高质量特征，符合新发展理念的先进生产力质态。“新质生产力的显著特点是创新”①，这一创新源于量子科技、人工智能、生命科学等前沿科学技术领域的革命性突破。这些技术进步不仅推动了生产力的质的飞跃，也导致了劳动者角色的深度转变。在新质生产力的背景下，劳动者必须从传统的机器操作者转变为创新的积极推动者，这既是“人力”的提升，也是国力的提升。因为创新就能够领先，领先必须创新，这一创新-发展模式的生成，不仅仅是对劳动者个体创新能力的肯定，更是生产力发展模式转型升级的内在标志。在这种新的模式中，劳动者的知识、智慧、技能都围绕其创造力开发发展而展开，劳动主体的创新能力被提升到空前的高度，成为推动生产力快速发展的关键所在和根本动力。这种转变体现了从传统的“劳动”到现代的“创造”的深刻变革，同时也内在要求相应伦理规范的调整和人们生产生活自由空间的不断扩大，因为自由是创新之母，没有自由，创新必是妄想。所以，如何最大限度地扩展人们的自由空间，以促进人的创造力的生长，从而促成科技发展、经济增长、人的自由全面发展高度统一的发展局面，就成为中华伦理文明新形态建构的一个亟待解决的重要任务。

（三）中华伦理文明新形态对中国式现代化建设实践的影响

中华伦理文明新形态已然生成的一些成果也会积极投入中国式现代化建设实践中，产生规范引领作用，从而使实践更为有序、合理、高效。

首先，中华伦理文明新形态为中国式现代化建设实践的正义性提供道义支持。任何一项伟大事业的成功，都离不开道义支持，中华伦理文明新

---

①　习近平．发展新质生产力是推动高质量发展的内在要求和重要着力点．求是，2024（11）：6.

形态充分阐明中国式现代化建设的正当性与合理性，充分阐明中国式现代化是有利于人民幸福和社会进步的事业，是顺应人心和必然成功的事业。其次，中华伦理文明新形态通过提升实践主体的能动精神来推动中国式现代化建设实践的发展。人是生产力发展中最活跃的因素，生产活动中的广大劳动主体，有什么样的道德素质和劳动态度，就有什么样的劳动效率和工作成就。在这个意义上讲，伦理道德也是生产力。中华伦理文明新形态正是通过培养人、塑造人、提升人的方式推动中国式现代化高速发展。最后，中华伦理文明新形态通过规范人们的生产交往来推动中国式现代化建设实践的发展。中华伦理文明新形态不仅在产品生产中强调平等协商和团结合作，也在产品交换中努力抵制各种损人利己的行为，同时还通过提升主体的道德理性促进产品分配的公正合理、消费的文明健康。

总之，中华伦理文明新形态作为一种意识形态，虽然总体上是为中国式现代化建设实践所规定的，但也具有自己的相对独立性，会以自己特有的方式对中国式现代化建设实践产生重要的激励、规范作用。

作为中国共产党领导的社会主义现代化，中国式现代化的本质就是中国特色社会主义现代化，就是中国特色社会主义建设。中华伦理文明新形态内生于中国特色社会主义建设进程，两者是相互规定、相互影响、相互促进、相互催生的关系。一方面，中华伦理文明新形态是对中国特色社会主义建设进程及其巨大成就的积极“伦理反映”，并从中吸收时代新元素来充实完善自己；另一方面，中国特色社会主义建设又需要对中华伦理文明特别是其新形态进行规范和引领。中国特色社会主义建设作为物质文明与精神文明的高度统一，其本身就内含厚重的伦理意蕴。（1）社会主义的最终旨归是人的解放，中国特色社会主义建设，无论是物质文明建设还是精神文明建设，都是为了人的解放，都是为了实现人的自由全面可持续发展。（2）中国特色社会主义高度重视物质文明建设，其目的是满足全体人民日益增长的美好生活需要，并努力推进共同富裕。（3）中国特色社会主义建设内含精神文明建设，而伦理文明恰恰构成精神文明的重要方面和本质内容。

正因为中国式现代化与中国特色社会主义建设具有同质规定，而中国特色社会主义本身就内含厚重的伦理精神，所以，如前所述，中国式现代化就不只是事实维度的现代化，还是价值维度的现代化；不只是技术发展的现代化，还是伦理进步的现代化。正因如此，中国式现代化的特征中就必然表现出深度的伦理诉求：无论是全体人民共同富裕还是物质文明和精神文明相协调发展，无论是人与自然和谐共生还是对和平发展的坚定执着，都无不体现出浓烈的人文情愫和深厚的伦理关怀。

（四）中华伦理文明新形态是中国精神文明现代化的必然表现

中华伦理文明新形态是中华伦理文明维新精神的时代化表现。“天行健，君子以自强不息”，刚毅坚强、发奋向上、永不停息，既是中国社会的维新发展精神，也是中国伦理文明的维新精神。中国传统的“维新”概念内含伦理发展之维，正因如此，与“自强不息”相对应的才是“厚德载物”，即厚德载物是自强不息的重要内在规定和发展目标，自强不息则是厚德载物的根本实现方式和维新精神。维新发展的本质是“扬弃”，是继承和发扬旧事物内部积极、合理的因素，抛弃和否定其内部消极、丧失必然性的因素。中华伦理文明的维新发展就体现着这种扬弃精神，如儒家思想的发展，从春秋到战国、从西汉到魏晋隋唐、从宋元到明清，每一次新形态的呈现，都无不表现出因时因事而变的变通精神，无不表现出知来藏往、革故鼎新的维新发展品质。其中既有纵向自我进步的鼎新革故，也有横向学习的革故鼎新，纵横交错，形成了一个自成自进、兼收并蓄、乃强乃大的维新发展格局。其实，自强不息本身就内含深厚的伦理价值，在此意义上讲，社会的发展、伦理的维新都只不过是这种内在价值的外在实现。之所以如此，关键就在于自强不息的基本方式是“行健”，而“行健”的本质不仅仅是“健”更是“行”，是做、是干、是实践。实践既是人探索改变自然的基本方式，也是人自我成长、自我成就的基本方式；它既可以立功立言，更可以立德立道。

习近平指出：“传承中华文化，绝不是简单复古，也不是盲目排外，而是古为今用、洋为中用，辩证取舍、推陈出新，摒弃消极因素，继承积极思想，‘以古人之规矩，开自己之生面’，实现中华文化的创造性转化和创新性发展”①。中华文化本质上是一种伦理型文化，因此，要实现中

① 习近平．在文艺工作座谈会上的讲话．北京：人民出版社，2015：26.

华文化的创造性转化和创新性发展，本质上也就必然内含中华伦理文化的时代化，内含中华伦理文明的时代性生成。创造和创新包括形式与内容两个方面。从形式创新来看，一方面，要让既有文化表现形式摆脱以往高高在上、古板老套、枯燥乏味的印象，以一种群众喜闻乐见的形式使之贴近大众、融入生活，从而变得生动活泼起来；另一方面，要结合时代发展开发培育民众审美新情趣，要在全媒体时代，借助网络和数字技术，运用各类载体，大力宣传中华优秀传统文化和社会主义先进文化，促进社会主义新文化的大众化传播。

从内容创新来看，中华传统文化典籍浩繁，其中既有经久不衰、历久弥新的瑰宝，也有腐朽发臭的封建糟粕，一些过时的、陈旧的东西已然成为国家实现现代化的思想桎梏和严重障碍，必须坚决抛弃；即使是那些精华内容，也需要符合时代要求的新诠释、新转换、新补充、新拓展、新完善。因此，创新性发展，就是要遵循马克思主义辩证否定观的观点，针对中华文化当下的基本内容，取其精华、去其糟粕，丢掉其过时的、消极的、腐朽的内容，进一步深入挖掘与继承其优秀因子和思想精髓，并结合历史趋势和现实要求，通过重组和优化整合，赋予其新的时代内涵和发展活力。

结合历史趋势和现实要求，我们主张，中华伦理文明新形态作为一种先进伦理文明，当要促成人之类的、群体的、个体的三重利益的协同实现，这“本质上要求先进伦理文化必须对利益的兼容性问题、真实性问题、引导性问题、发展性问题有充分的关照和把握。所谓兼容，就是不致使三重利益总是相互排斥；所谓真实，就是充分正视现实利益往往以个体为中心，从个体向群体和类扩展；所谓引导，就是强调个体利益之上还有群体利益、类的利益，并希求人们实现个体利益之后应向更高的利益境地攀升；所谓发展，就是三重利益的协同实现要以整个社会利益的不断扩大为前提，蛋糕的合理分配是以蛋糕的不断做大为基础的”①。

综上所述，中华伦理文明新形态是在中国式现代化进程中生成的，这

① 易小明．从人的三重利益诉求看先进伦理文化建设．河南师范大学学报（哲学社会科学版），2013（2）：35.

种生成仍在延续，它既不是单纯的既成，也不是单纯的预成，它是既成与预成的统一。因此，中华伦理文明新形态既不是完全未成的将来式，也不是彻底已成的完成式，它是正在生成的现在进行式。中华伦理文明新形态作为中华传统伦理文明、西方优秀伦理文明、马克思主义伦理文明的有机整合与综合创新，不是一种纯粹的思想观念的突发奇想，而是中国式现代化建设实践的成果，既是人们社会生产实践的产物，也是人们生活实践的凝结。

理论是灰色的，而实践之树常青。中华伦理文明新形态已在中国式现代化建设实践中发光闪烁，也必将在中国式现代化建设实践中更加熠熠生辉。

第五章　中华伦理文明新形态的建构实践

中华伦理文明新形态具有显著的建构性特质。作为人类文明新形态的重要内容和伦理内核，中华伦理文明新形态既是中国共产党领导中国人民百余年建构的成果结晶，是一种已经形成、具有实然性的社会主义伦理文明新范式，又是一种需要持续建构、具有应然性的人类伦理文明新范本。在新征程上赓续建构中华伦理文明新形态，是以中国式现代化全面推进中华民族伟大复兴的伦理基础和重要条件。

一、中华伦理文明新形态的建构性特质

中华伦理文明新形态是中华伦理文明的当代形态，是中国特色伦理思想理论体系和道德建设实践融合并进的伦理文明体系。中华伦理文明新形态反映中国化马克思主义伦理思想体系和中国特色社会主义道德体系建设所取得的新成就，展现中国特色伦理学理论研究和社会道德建设所取得的新突破，表征中国人民的道德素质、社会道德风尚建设所达到的新水准。作为中国特色社会主义伦理文明形态，中华伦理文明新形态是中国共产党领导中国人民在推进中国式现代化进程中的伟大实践创造，是以马克思主义伦理思想及其中国化成果为指导、以中华优秀传统伦理文化为底蕴、以西方积极伦理文明成果为借鉴而踔厉建构的成果结晶，具有显著的建构性特质。

（一）中华伦理文明新形态的建构性释义

建构性是与批判性既对立又统一的范畴。作为人类思维的两种重要属性，建构性与批判性往往分别被视为一种“破”和“立”的态势和过程：

批判性侧重于破旧，主要表现为对旧事物的批判和革命，内含否定性和解构性意蕴；建构性则侧重于立新，主要表现为对新事物的构想和创造，内含肯定性和建设性意蕴。当然，批判性并不是孤立和纯粹意义上的否定、解构，建构性也不是孤立和纯粹意义上的肯定和建设。批判性蕴含着一种对新事物的期待和创造；批判的根本目的是更好地建构。反过来说，建构性也离不开批判性；建构以批判为基础，以消除现存事物中的不合理因素为前提。这样，批判性与建构性对立统一、相辅相成，共同构成了人类思维和行为活动的两种基本方式。

中华伦理文明新形态的建构性，是中华伦理文明新形态作为中国共产党领导中国人民百余年建构的成果结晶，本身所蕴含和体现的肯定性、创造性和建设性特质。其中，肯定性是保持事物存在的方面，或者说是一种正面、积极的承认和认同态度，即承认和确认事物的存在及其积极意义。中华伦理文明新形态的肯定性集中体现在它具有的实然性与应然性相统一的存在特征。我们说中华伦理文明新形态是中国特色社会主义伦理文明形态，表明它是一种已被创造出来的、客观存在的伦理文明范式。中华伦理文明新形态不仅是对中华民族现实伦理生活和伦理关系的反映与概括，也是对未来中华民族理想伦理生活和伦理关系的憧憬与描述；不仅是具有实然性的伦理文明新形态，也是处于动态建构之中、具有应然性的伦理文明形态。

创造性是人的思维过程或实践活动所具有的创新特性。百余年来，中国共产党领导中国人民坚持把马克思主义伦理思想同中国道德发展实际、同中华优秀传统伦理文化相结合，建构中国化马克思主义伦理思想体系，完善中国特色社会主义道德体系，创新社会主义道德建设和公民道德建设的理论与方法，推动我国社会公德、职业道德、家庭美德和个人品德建设不断取得新突破。特别是进入新时代，以习近平同志为核心的党中央领导中国人民坚持守正创新，在推进人口高质量发展过程中建设中国式人口伦理文明，在推动经济高质量发展中建设中国式经济伦理文明、在完善国家治理体系中建设中国式政治伦理文明、在建设人文社会环境和提升公民道德素质中建设中国式社会伦理文明、在加强生态环境治理中建设中国式生态伦理文明、在不断加强网络建设过程中建设中国式网络伦理文明、在坚持尊重开放包容互鉴中建设中国式国际伦理文明，在赓续建构中不断丰富和发展中华伦理文明新形态。

建设性是积极促进事物发展的性质。中华伦理文明新形态既属于中国，又属于世界；既立足于中国伦理学理论和道德建设实际，为以中国式现代化实现中华民族伟大复兴提供道德基础和精神动力，又着眼于人类伦理文明发展，为推动人类伦理文明进步贡献中国智慧。就前者而言，中华伦理文明新形态是马克思主义伦理思想同中国社会道德实际、同中华优秀传统伦理文化相结合的新范例，反过来又促进马克思主义伦理思想与中国社会道德实际和中华优秀传统伦理文化相结合；中华伦理文明新形态是中国特色社会主义道德建设和公民道德建设及其文明成果，反过来又推动中国特色社会主义道德建设和公民道德建设不断取得新成就；中华伦理文明新形态是中国共产党在推进中国式现代化进程中创造的伦理文明新形态，反过来又以伦理导向和精神动力的方式渗透与贯穿于中国式现代化，推动中国特色社会主义“五个文明”的建设和发展。就后者而言，中华伦理文明新形态为促进人类伦理文明发展和进步提供中国经验和中国智慧。中国共产党历经百余年奋斗创造、丰富和发展中华伦理文明新形态，最重要的经验是独立自主、走中国特色社会主义道德发展道路。中国共产党领导中国人民创造中华伦理文明新形态的经验对世界各国伦理文明发展有重要启示：人类伦理文明绝非仅有西方资本主义伦理文明一条道路；只有从本国实际出发，走符合本国国情的道德发展道路才可能取得成功。

当然，中华伦理文明新形态的建构性也内在地包含批判性。提到批判性，人们自然首先想到批判性作为人类思维的重要属性在辩证思维中的典型表现。“辩证法在对现存事物的肯定的理解中同时包含对现存事物的否定的理解，即对现存事物的必然灭亡的理解；辩证法对每一种既成的形式都是从不断的运动中，因而也是从它的暂时性方面去理解；辩证法不崇拜任何东西，按其本质来说，它是批判的和革命的”①。作为一种思维方式，批判性在辩证法中主要表现为对现存事物历史暂时性的揭示，对被奉为永恒事物的否定性理解或解构。显然，中华伦理文明新形态的建构性也内在

① 马克思恩格斯文集：第5卷．北京：人民出版社，2009：22.

地包含了批判性——对现存社会道德理论、道德建设和道德实践，特别是现实社会道德生活和伦理关系中的负面现象的反思与批判。因此，理解中华伦理文明新形态的建构性，自然不能忽视它内在地包含的批判性。不过，这种批判性只是一种手段，其目的是“通过批判旧世界发现新世界”①，探索和建构未来社会道德生活图景，促使道德在社会生活和社会关系中更好地发挥建设功能。可以说，中华伦理文明新形态的批判性恰恰是指向建构性的，或者说是建构性的前奏。

需要注意的是，中华伦理文明新形态的建构性本质区别于社会建构主义。社会建构主义即社会建构论，是20世纪80年代西方社会心理学特别是后现代主义心理学的一种重要理论形态。社会建构主义非常复杂。其代表人物格根认为，“社会建构主义是作为反本质对话的非本质的知识理论，其对话的首要关注点为：知识声明出现于其中和判断源于其间的社会话语体系；知识体系中隐含的价值/意识形态、非正式生活与体制生活为本体论和知识论认同所维持和消解的方式；宰制信仰倾向的权力与特权的分配方式。它关注文化建构的确立与改变：竞争性信仰与价值体系的适应；新形式的教育理念、学术表达和训诫性关系的传承”②。社会建构主义虽然非常复杂，但只要把它与社会实在论、本质主义理论做一对比就不难把握其基本内涵。与承认存在社会现实的社会实在论不同，社会建构主义否认社会现实的存在，认为人们看到的所有事物都是人造的，因此所有事物在不同的人那里会形成不同的“版本”；与认为所有事物都有一个本质、知识就是揭示本质的本质主义不同，社会建构主义认为世界是人们共同建构的产物，诸如信仰、法律、社会习俗、服饰与饮食习惯等描述世界的词语都是一种社会建构，是一种文化、符号和社会互动的产物。

中华伦理文明新形态的建构性绝不是社会建构主义或社会建构论。中华伦理文明新形态作为中国共产党百余年奋斗的伟大实践创造，是一种具有实然性的伦理文明新形态，即已被创造出来、已然存在的中国特色社会

① 马克思恩格斯文集：第10卷．北京：人民出版社，2009：7.

② 许放明．社会建构主义：渊源、理论与意义．上海交通大学学报（哲学社会科学版），2006（3）：35.

主义伦理文明形态。正是基于这一前提，我们说中华伦理文明新形态具有建构性特质：中华伦理文明新形态既是中国创造的具有实然性的伦理文明新形态，也是处于动态建构之中、具有应然性的伦理文明先进形态。习近平在党的二十大报告中指出，“我们对新时代党和国家事业发展作出科学完整的战略部署，提出实现中华民族伟大复兴的中国梦，以中国式现代化推进中华民族伟大复兴……不断丰富和发展人类文明新形态”①。作为人类文明新形态的题中之义，中华伦理文明新形态也是一种动态发展而非一成不变、需要赓续建构而非一劳永逸的伦理文明形态。中华伦理文明新形态既是中国化马克思主义伦理思想体系、中国特色伦理学理论发展和道德建设成果的外在表现形式，又是一种面向世界、面向未来的新型伦理文明体系，其赓续建构将贯穿于中国式现代化的全过程和全领域。

（二）中华伦理文明新形态形成和发展的建构性蕴含

中华伦理文明新形态是中国共产党领导中国人民百余年建构的成果结晶。在中华伦理文明新形态的形成和发展历程中，各阶段的伦理文明具有继承与发展、传承与创新的联系，深刻蕴含与体现着中华伦理文明新形态的肯定性和创新性。

中国共产党百余年建构中华伦理文明新形态的历程，大体可以分为新民主主义革命时期、社会主义革命和建设时期、改革开放和现代化建设新时期、中国特色社会主义新时代等四个阶段。其中，新民主主义革命时期的伦理文明建设围绕反帝反封建、土地革命、抗日救国以及推翻国民党反动统治、建立新中国等历史任务展开，主要内容包括：宣传、学习和贯彻党的纲领，开展党内批评和党的作风建设；启发人民群众提高阶级觉悟和道德意识；发扬爱国主义精神、树立共产主义远大理想；坚持以为人民服务、集体主义为共产党人的行动准则；提高人的道德素质，培育又红又专的革命者，等等。社会主义革命时期的伦理文明建设与土地改革、抗美援朝和镇压反革命三大运动，特别是知识分子思想改造、“三反”“五反”

① 习近平．高举中国特色社会主义伟大旗帜 为全面建设社会主义现代化国家而团结奋斗：在中国共产党第二十次全国代表大会上的报告．北京：人民出版社，2022：7.

运动紧密联系在一起，围绕社会主义革命的历史任务，把爱国主义教育、反对封建主义道德教育、阶级教育、党性教育等贯穿在这些运动之中。全面建设社会主义时期的伦理文明建设主要在为人民服务、集体主义教育和以学习雷锋、焦裕禄、王进喜等榜样精神为载体的共产主义道德教育两个方面取得进展。改革开放和现代化建设新时期的伦理文明建设主要有两大成果：一是“建设高度的社会主义精神文明”①，并把道德建设作为社会主义精神文明建设的核心；二是明确了社会主义道德建设的主要内容，即“以为人民服务为核心，以集体主义为原则，以爱祖国、爱人民、爱劳动、爱科学、爱社会主义为基本要求”，“建立与社会主义市场经济相适应、与社会主义法律规范相协调、与中华民族传统美德相承接的社会主义思想道德体系”②。党的十八大以来，以习近平同志为核心的党中央高度重视中国特色社会主义伦理文明建设，极大地丰富和发展了中华伦理文明新形态。这一阶段伦理文明建设的核心和标志性成就是道德建设及其三大成果：一是加强党的道德建设。把党的道德建设贯穿于“党的群众路线教育实践活动”（2013）、“三严三实”专题教育（2015）、“两学一做”学习教育（2016）、“不忘初心、牢记使命”主题教育（2019）、中共党史学习教育（2021）、学习贯彻习近平新时代中国特色社会主义思想主题教育（2023）之中。二是以社会主义核心价值观为统领，以“培养担当民族复兴大任的时代新人”为目标，完善中国特色社会主义道德体系，实施公民道德建设工程。三是把道德建设贯穿于中国式现代化，推动各领域伦理文明建设取得显著成效，为中国特色社会主义物质文明、政治文明、精神文明、社会文明、生态文明协调发展提供道德基础与精神伟力。

从内容来看，中华伦理文明新形态的形成和发展主要有建构中国化马克思主义伦理思想体系、建构中国特色社会主义道德体系、建构社会主义核心价值观，以及创造性转化和创新性发展中华优秀传统伦理文化等基本

---

① 邓小平文选：第2卷．北京：人民出版社，1994：208.

② 江泽民．全面建设小康社会　开创中国特色社会主义事业新局面：在中国共产党第十六次全国代表大会上的报告．北京：人民出版社，2002：39.

内容。这些内容在中华伦理文明新形态形成和发展的各个阶段均具有继承与发展的联系，特别是每个阶段对以往成果的传承与创新，彰显了中华伦理文明新形态的肯定性和创新性。

第一，中国化马克思主义伦理思想是中华伦理文明新形态的魂脉。中国化马克思主义伦理思想是建构中华伦理文明新形态的指导思想和重要组成部分，中华伦理文明新形态的肯定性和创新性首先表现为中国化马克思主义伦理思想体系的建构、丰富和发展。中国化马克思主义伦理思想体系包括毛泽东伦理思想和中国特色社会主义伦理思想两个方面。毛泽东伦理思想是马克思主义伦理思想同中国新民主主义革命、社会主义革命和建设实际相结合的产物。中国特色社会主义伦理思想包括邓小平理论、“三个代表”重要思想、科学发展观和习近平新时代中国特色社会主义思想中的伦理思想，是马克思主义伦理思想同改革开放以来中国实际相结合的新范例。中国特色社会主义伦理思想是对毛泽东伦理思想的继承、发展和创新；同时，各个阶段中国特色社会主义伦理思想之间都有继承与发展的联系，每个阶段的伦理思想体系均是对以往成果的传承与创新。

从建构历程来看，中国化马克思主义伦理思想体系是马克思主义伦理思想同中国实际相结合的产物。坚持马克思主义伦理思想同中国实际相结合，建构、丰富和发展中国化马克思主义伦理思想体系，也是中华伦理文明新形态的肯定性和创新性的重要表现。马克思主义伦理思想同中国实际相结合，就是与中国经济、政治、文化发展实际相结合。其中，最基本的是中国经济关系的变化，以及革命、建设和改革的发展。新中国成立前，中国经济基础薄弱，同时面临帝国主义、封建主义和官僚资本主义三重压迫。在这样的情况下，马克思主义伦理思想与中国实际相结合，开始了中国化马克思主义伦理思想——毛泽东伦理思想——的建构，开展了以服务于救亡图存、建立新中国、使中国人民站起来的道德建设。新中国成立后，随着社会主义革命的胜利和社会主义制度的建立，中国的经济基础是生产资料公有制，同时面临巩固人民政权、建设社会主义的任务。在这样的情况下，马克思主义伦理思想与中国实际相结合，毛泽东伦理思想得到发展和成熟，并开展了服务于巩固人民政权、建设社会主义的道德建设。

在改革开放和现代化建设新时期，我国的经济基础再度发生了深刻变化，特别是社会主义市场经济体制改革，给道德领域带来诸多变化。在这样的情况下，马克思主义伦理思想与中国实际相结合，推动中国化马克思主义伦理思想不断达到新阶段，相继产生了邓小平理论、“三个代表”重要思想和科学发展观中的伦理思想，并开展了服务于党的基本路线的道德建设。党的十八大以来，中国特色社会主义进入新时代，党和国家事业取得历史性成就，发生历史性变革；同时，我国社会主要矛盾发生显著变化，世界处于百年未有之大变局。在这样的情况下，马克思主义伦理思想与中国实际相结合，推动中国化马克思主义伦理思想发展到新阶段，产生了习近平新时代中国特色社会主义思想中的伦理思想，并开展了服务于以中国式现代化推进中华民族伟大复兴的中国特色社会主义道德建设。

第二，中国特色社会主义道德体系是中华伦理文明新形态形成和发展的最基本的线索和最重要的标志。中华伦理文明新形态的肯定性和创新性表现为中国特色社会主义道德体系的建构、丰富和发展。其中，中华伦理文明新形态的肯定性表现为中国特色社会主义道德体系的继承性和稳定性，每个阶段的道德体系都是对前面阶段道德体系的主要内容和精神的传承与衔接。中国共产党成立以来，以毛泽东为主要代表的中国共产党人就提出了为人民服务的思想、无产阶级的爱国主义和集体主义等原则，这些思想和原则奠定了中国特色社会主义道德体系的基础。新中国成立前夕，中国人民政治协商会议第一届全体会议通过的《中国人民政治协商会议共同纲领》就提出了“爱祖国、爱人民、爱劳动、爱科学、爱护公共财物”① 的“五爱”道德要求。当前中国特色社会主义道德体系中为人民服务、社会主义集体主义和“五爱”基本要求等核心内容都是对之前各阶段成果的传承与衔接。中华伦理文明新形态的创新性表现为中国特色社会主义道德体系的创新性，每个阶段的道德体系都既传承了前面阶段道德体系的主要内容和精神，又根据时代和形势变化进行了创新和发展。当前，中国特色社会主义道德体系是“坚持马克思主义道德观、社会主义

---

① 中国人民政治协商会议共同纲领．北京：人民出版社，1952：15.

道德观，倡导共产主义道德，以为人民服务为核心，以集体主义为原则，以爱祖国、爱人民、爱劳动、爱科学、爱社会主义为基本要求，始终保持公民道德建设的社会主义方向”①。从总体上看，当前中国特色社会主义道德体系既传承了之前各阶段道德体系中的“为人民服务”“社会主义集体主义”“五爱”等核心内容，同时又根据各阶段的实际进行了修改或补充，不断增添了新的时代内容。例如，当前中国特色社会主义道德体系中的“五爱”道德要求，既传承了中国人民政治协商会议第一届全体会议通过的《中国人民政治协商会议共同纲领》中“五爱”道德要求的主要内容，又根据社会主义制度建立并不断完善的实际进行了创新（把“爱护公共财物”改成“爱社会主义”）。

第三，社会主义核心价值观是中华伦理文明新形态的价值引领和重要内容。中国共产党在领导中国人民建构中华伦理文明新形态的过程中，历来十分重视核心价值观的凝魂聚气、强基固本作用。从毛泽东提出的“为人民服务”和“以革命利益为第一生命，以个人利益服从革命利益”② 的价值观，到邓小平把“是否有利于提高人民的生活水平”作为判断社会主义的价值标准和道德标准、把“五讲四美三热爱”（讲文明、讲礼貌、讲卫生、讲秩序、讲道德；心灵美、语言美、行为美、环境美；热爱祖国、热爱社会主义、热爱共产党）作为社会主义精神文明建设的主要内容；从江泽民提出的“始终代表中国最广大人民的根本利益”和既把国家、人民利益放在首位又充分尊重公民个人合法权益的义利观，到胡锦涛以“以人为本”为核心的科学发展观、以“八荣八耻”为主要内容的社会主义荣辱观和社会主义核心价值体系，都体现了中国共产党关于核心价值观建设的不断深化和发展。党的十八大以来，以习近平同志为核心的党中央进一步提出了培育和践行社会主义核心价值观的一系列新思想、新命题和新论断，社会主义核心价值观的引领作用日益增强和显现。党的十八大报告明确提出“三个倡导”，即“倡导富强、民主、文明、和

① 中共中央国务院印发《新时代公民道德建设实施纲要》. 人民日报，2019－10－28（1）.

② 毛泽东选集：第2卷. 北京：人民出版社，1991：361.

谐，倡导自由、平等、公正、法治，倡导爱国、敬业、诚信、友善，积极培育和践行社会主义核心价值观”①。党的十九大报告指出，“培育和践行社会主义核心价值观。……把社会主义核心价值观融入社会发展各方面，转化为人们的情感认同和行为习惯”②。党的二十大报告进一步强调，要“广泛践行社会主义核心价值观”，要“以社会主义核心价值观为引领……不断提升国家文化软实力和中华文化影响力”③。可见，培育和践行社会主义核心价值观也是中国共产党领导中国人民建构中华伦理文明新形态的一条基本线索：用共同理想信念指引努力方向，用共同价值追求激发民族力量，用中国精神挺起中华民族精神脊梁，是中国共产党领导中国革命、建设和改革不断取得胜利的价值密码，也是中国共产党领导中国人民建构中华伦理文明新形态的基本途径。

第四，中华优秀传统伦理文化是中华伦理文明新形态的根脉。中华伦理文明新形态的肯定性和创新性表现为中华优秀传统伦理文化的创造性转化和创新性发展。中国共产党在领导中国人民创造中华伦理文明新形态的过程中，历来非常重视对中华优秀传统伦理文化的传承与创新。早在1942年5月召开的延安文艺座谈会上，毛泽东就提出并阐明了“古为今用、洋为中用”的原则。所谓“古为今用”，就是弘扬古代的传统文化精华，为今天的文化发展所用。这一原则虽然是针对当时的文化建设提出的，但也是当今社会主义文化发展繁荣的指导方针，同样适用于今天的伦理文明建设。邓小平强调新时期文艺的发展要继续坚持毛泽东提出的“古为今用、洋为中用”的原则。江泽民在党的十四大报告中指出，“我们要继承和发扬中华民族优良的思想文化传统，吸收人类文明发展的一切

---

① 胡锦涛．坚定不移沿着中国特色社会主义道路前进　为全面建成小康社会而奋斗：在中国共产党第十八次全国代表大会上的报告．北京：人民出版社，2012：31－32.

② 习近平．决胜全面建成小康社会　夺取新时代中国特色社会主义伟大胜利：在中国共产党第十九次全国代表大会上的报告．北京：人民出版社，2017：42.

③ 习近平．高举中国特色社会主义伟大旗帜　为全面建设社会主义现代化国家而团结奋斗：在中国共产党第二十次全国代表大会上的报告．北京：人民出版社，2022：43.

优秀成果”①；他在党的十六大报告中更是明确提出，“要建立与社会主义市场经济相适应、与社会主义法律规范相协调、与中华民族传统美德相承接的社会主义思想道德体系”②。胡锦涛在党的十七大报告中指出，“要全面认识祖国传统文化，取其精华，去其糟粕，使之与当代社会相适应、与现代文明相协调”③。党的十八大以来，以习近平同志为核心的党中央把传承与弘扬中华传统美德和中华优秀传统文化作为新时代推进中国特色社会主义道德建设、铸就社会主义文化新辉煌的重要途径。党的十八大报告把“弘扬中华传统美德，弘扬时代新风”④作为全面提高公民道德素质、推进社会主义文化强国建设的重要途径。党的十九大报告指出，“中国特色社会主义文化，源自于中华民族五千多年文明历史所孕育的中华优秀传统文化”⑤。党的二十大报告进一步把“实施公民道德建设工程，弘扬中华传统美德”⑥，作为提高全社会文明程度、推进文化自信自强的基本途径。2019 年，中共中央、国务院印发《新时代公民道德建设实施纲要》，把“坚持在继承传统中创新发展，自觉传承中华传统美德”⑦作为新时代公民道德建设的一个总体要求。

---

① 江泽民文选：第 1 卷. 北京：人民出版社，2006：239.

② 江泽民. 全面建设小康社会 开创中国特色社会主义事业新局面：在中国共产党第十六次全国代表大会上的报告. 北京：人民出版社，2022：39.

③ 胡锦涛. 高举中国特色社会主义伟大旗帜 为夺取全面建设小康社会新胜利而奋斗：在中国共产党第十七次全国代表大会上的报告. 北京：人民出版社，2007：35.

④ 胡锦涛. 坚定不移沿着中国特色社会主义道路前进 为全面建成小康社会而奋斗：在中国共产党第十八次全国代表大会上的报告. 北京：人民出版社，2012：32.

⑤ 习近平. 决胜全面建成小康社会 夺取新时代中国特色社会主义伟大胜利：在中国共产党第十九次全国代表大会上的报告. 北京：人民出版社，2017：41.

⑥ 习近平. 高举中国特色社会主义伟大旗帜 为全面建设社会主义现代化国家而团结奋斗：在中国共产党第二十次全国代表大会上的报告. 北京：人民出版社，2022：44.

⑦ 中共中央国务院印发《新时代公民道德建设实施纲要》. 人民日报，2019-10-28（1）.

作为中华伦理文明的当代形态，中华伦理文明新形态是把马克思主义伦理思想同中华优秀传统伦理文化相结合的发展和创新。中华优秀传统文化“是中华文明的精髓所在，在不间断地流转中内在地描摹着中华文明的发展规律和本体特征”①。中华优秀传统伦理文化作为中华文化中的独特领域，主张崇德向善、见贤思齐、律己修身，推崇仁爱和谐、团结互助、人与自然和睦相处，特别是“天下兴亡，匹夫有责”的爱国主义传统和重义轻利、先义后利的价值取向，规定了中华传统伦理文化的整体走向，深刻影响着中国人民的精神气质。马克思主义伦理思想同中华优秀传统伦理文化相结合，就是在坚守中华文化立场、重视中华传统伦理文化传承与延续的基础上，以马克思主义和中国化马克思主义伦理思想为指导，根据新时代中国特色社会主义伦理文明发展的实际和需要，对中华优秀传统伦理文化予以改造、转换、丰富和发展，赋予其新的时代内涵和现代表达形式。可见，对中华优秀传统伦理文化的创造性转化和创新性发展，也是中华伦理文明新形态的肯定性和创新性的突出表现。

（三）中华伦理文明新形态的建构性作用

在人类文明的发展中，伦理作为精神文明的核心内容，既是调整社会关系和社会秩序的一种基本手段，也是社会发展和文明进步所追求的一个基本价值目标。中华伦理文明新形态作为中国特色社会主义精神文明的核心内容，既是中国式现代化的重要组成部分和价值目标，也是中国特色社会主义事业发展的道德基础和重要条件，是以中国式现代化全面推进中华民族伟大复兴的伦理支持和精神伟力，在中国社会整体发展和全面进步中发挥着不可或缺的建构性作用。

第一，中华伦理文明新形态为中国式现代化设定价值目标和价值基座。党的二十大报告指出，中国式现代化是人口规模巨大、全体人民共同富裕、物质文明和精神文明相协调、人与自然和谐共生、走和平发展道路

① 田鹏颖．习近平文化思想的认识论意义和实践向度．中国人民大学学报，2024（2）：2.

的现代化①。中华伦理文明新形态作为中国特色社会主义精神文明的核心内容，是中国式现代化的一个重要价值目标。它意味着中国式现代化不仅追求物质的全面丰富和经济的现代化，追求国家治理体系和治理能力的现代化，也追求人的全面发展，追求文化的现代化和道德的现代化。具体地说，在人口规模巨大的情况下实现全体人民共同富裕，就是要在现代化任务比人口规模小的发达国家更为艰巨复杂的情况下，坚持全体人民共同富裕的本质要求和价值目标，着力解决人民日益增长的美好生活需要和不平衡不充分的发展之间的矛盾，大幅缩小贫富差距，大幅提升全体人民的福祉，有效维护社会公平正义。坚持物质文明和精神文明相协调，就是要通过解放和发展生产力，在夯实中国式现代化物质基础、提升人民物质生活水平的同时，大力发展社会主义先进文化，建设高度的社会主义精神文明，实现全体人民物质、精神双重富裕和相互促进。坚持人与自然和谐共生，就是要坚持人与自然的统一性，坚持尊重自然、顺应自然、保护自然的理念，实现生态正义和人类永续发展的价值目标。坚持走和平发展道路，就是要尊重世界文明的多样性，坚持相互尊重、平等协商、合作共赢等基本价值原则，坚持以对话解决争端、以协商化解分歧，推动世界朝着更加开放和包容的方向发展。

第二，中华伦理文明新形态为人类文明新形态奠定道德基础。人类文明新形态是植根于中华优秀传统文化、在中国式现代化基础上形成的现代文明，是中国特色社会主义物质文明、政治文明、精神文明、社会文明、生态文明协调发展而形成的一种文明新形态。客观地说，任何文明形态本身都既包含道德的要素，又必然以道德为基础。中华伦理文明新形态的创造本身既是中国伦理文明程度和水平提高的表征，也是中国伦理文明发展和进步的产物。事实上，中国特色社会主义“五个文明”建设需要具备双重基础：一是物质技术基础，包括经济发展水平、科技发展水平、资源利用水平等；二是道德基础，包括社会道德观念进步、主体道德素质提高、

① 习近平．高举中国特色社会主义伟大旗帜　为全面建设社会主义现代化国家而团结奋斗：在中国共产党第二十次全国代表大会上的报告．北京：人民出版社，2022：22－23.

社会伦理关系协调、社会道德风尚和道德环境改善等。正如厉以宁所说，“效率的任何增长总是离不开物质技术条件的。……但要知道，假定没有道德力量、信念、信仰等等在这些场合会发生巨大的作用，依靠物质技术条件，人们仍然只能产生常规的效率，而不可能产生超常规的效率”①。厉以宁所说虽然针对的是经济效率问题，但同样适用于中国特色社会主义“五个文明”建设。在社会经济条件一定的情况下，道德基础对“五个文明”建设效率的提高和目标的实现具有决定性意义。在“五个文明”建设中，中华伦理文明新形态既是一个基本的文明素质因素，也是一个重要的基础和条件。它以倡导共产主义道德、建设社会主义道德体系、弘扬社会主义核心价值观、加强道德建设等方式，为“五个文明”建设奠定道德基础、提供道德力量。

第三，中华伦理文明新形态为中国特色社会主义“五个文明”提供内在连接机制。人类文明新形态是中国特色社会主义“五个文明”相互连接、相互贯通、五位一体的新型文明体系。那么，是什么把中国特色社会主义“五个文明”连接、统合起来，使之成为一体化的文明体系呢？作为精神文明的核心内容，“伦理的使命可以集中于一个词：连接”②。中华伦理文明新形态，作为中国特色社会主义精神文明的核心内容和“五个文明”的核心要素，正是连接、贯通“五个文明”的基本线索和内在机制，是“五个文明”一体化的价值“水泥”。它以价值标准和价值取向的方式协调“五个文明”之间的关系，并把“五个文明”统合成一个有机整体。

不言而喻，文明形态是人类活动的产物。从主体关系来看，文明建设面临的一个基本问题是为了谁、服务谁的问题，或者说是谁占有和享用文明成果的问题。从本质上说，这正是一个文明所有者的伦理立场和价值取向问题。它从根本上决定着文明形态的内涵和发展前途。“为了谁、服务谁”的伦理立场和价值取向使主体充分发挥自身的创造性和各种潜能，

---

① 厉以宁．超越市场与超越政府：论道德力量在经济中的作用．北京：经济科学出版社，1999：80－81.

② 埃德加·莫兰．伦理．于硕，译．上海：学林出版社，2017：281.

根据“谁”的需要来确定文明的发展方向，从而在经济社会发展的不同领域做出先后、轻重等不同选择。可以说，无论文明形态的内容多么丰富，把经济建设、政治建设、文化建设、社会建设、生态文明建设等各个领域连接、统合起来的都是主体的伦理立场和价值取向。从这个意义上说，人类文明新形态的形成过程，既是中国特色社会主义为自己的文明体系确立价值取向和价值目标的过程，也是以自己的伦理立场和价值标准来认识和处理与其他文明形态之间关系的过程。在中国特色社会主义“五个文明”的形成和发展中，一以贯之的都是以满足人民对美好生活的向往为根本价值目标和价值追求，是坚持“人民至上”的价值取向在经济社会发展的不同领域做出的先后、轻重的区分和价值取舍。从这个意义上说，人类文明新形态的创造过程，也是“人民至上”的价值取向使中国共产党根据人民的需要来确定并不断调整文明发展方向的过程；把“五个文明”连接、统合起来成为“五位一体”文明体系的，正是“人民至上”的伦理立场和价值导向。

第四，中华伦理文明新形态为实现人的全面发展提供道德引领。应该说，在人类文明新形态的道德主体超越资本主义文明形态的因素中，既有中国特色社会主义制度的因素，也有中华伦理文明新形态的建构性作用。社会主义制度对自己的建设者和接班人提出了更高的要求——智德体美劳全面发展的新人；中华伦理文明新形态的创造、丰富和发展，为社会发展和进步造就道德的主体，成为造就智德体美全面发展新人的基本途径。它通过道德建设的方式，“全面推进社会公德、职业道德、家庭美德、个人品德建设，持续强化教育引导、实践养成、制度保障，不断提升公民道德素质，促进人的全面发展，培养和造就担当民族复兴大任的时代新人”①。

具体而言，中国特色社会主义道德建设从干部队伍和公民两个方面不断提升主体的道德素质。一方面，“全面建设社会主义现代化国家，必须

---

① 中共中央国务院印发《新时代公民道德建设实施纲要》. 人民日报，2019-10-28 (1).

有一支政治过硬、适应新时代要求、具备领导现代化建设能力的干部队伍”①。中国共产党员特别是领导干部是全面推进中国式现代化的“关键少数”，其道德素质状况是全社会的风向标，在很大程度上决定着党风、政风和社会风气。从中国共产党百余年奋斗历程来看，“德才兼备、以德为先”始终是干部队伍选拔和建设的基本原则，加强党员和领导干部的道德教育、不断提升党员和领导干部的道德素质始终是中国特色社会主义道德建设的重要内容和重要目标。共产党员和领导干部道德建设不仅为全面推进中国式现代化创造了道德的主体，而且对全社会的道德风尚建设产生了有力的示范、引领和推动作用。另一方面，要“深入开展社会主义核心价值观宣传教育，深化爱国主义、集体主义、社会主义教育，着力培养担当民族复兴大任的时代新人”②。全面推进中国式现代化离不开具有相应道德素质的公民。公民是中国式现代化建设的最广泛的主体和最基本的依靠力量。因此，从道德教育和道德建设入手，不断提升公民道德素质始终是中国特色社会主义道德建设的基本目标。通过不断加强道德教育和道德建设，我国公民的道德素质和文明素养不断提高，人们在经济建设、政治建设、文化建设、社会建设、生态文明建设等各个领域的道德意识不断增强，为全面推进中国式现代化奠定了坚实的道德主体基础。

二、中华伦理文明新形态建构的基本路径

在新征程上赓续建构中华伦理文明新形态，要以社会主义核心价值观为引领，坚持问题导向与系统建构相结合、伦理学理论研究和道德建设融合并进、政德建设与公民道德建设良性互动；同时，要充分激活和完善中华伦理文明新形态建构的动力机制，从而使中华伦理文明新形态在掌握历

① 习近平．高举中国特色社会主义伟大旗帜　为全面建设社会主义现代化国家而团结奋斗：在中国共产党第二十次全国代表大会上的报告．北京：人民出版社，2022：66.

② 习近平．高举中国特色社会主义伟大旗帜　为全面建设社会主义现代化国家而团结奋斗：在中国共产党第二十次全国代表大会上的报告．北京：人民出版社，2022：44.

史主动中永葆先进，引领人类伦理文明的发展方向。

（一）以社会主义核心价值观为引领

“以社会主义核心价值观建设为引领”是党的二十大提出的中国式现代化特别是建设社会主义文化强国的内在要求和根本途径。习近平强调，要“以社会主义核心价值观为引领……不断提升国家文化软实力和中华文化影响力”① 作为建设社会主义文化强国的内在要求和根本途径。“以社会主义核心价值观建设为引领”，既是中国共产党领导中国人民建构中华伦理文明新形态的一条基本经验，也是新征程上建构中华伦理文明新形态必须坚持的首要原则。

中国共产党在领导中国人民建构中华伦理文明新形态的历程中，历来十分重视核心价值观的凝魂聚气、强基固本作用。“对一个民族、一个国家来说，最持久、最深层的力量是全社会共同认可的核心价值观。核心价值观，承载着一个民族、一个国家的精神追求，体现着一个社会评判是非曲直的价值标准”②。社会主义核心价值观为国家、社会、个人发展确立了价值目标和价值准则。特别是党的十八大以来，随着社会主义核心价值观建设深入推进，社会主义核心价值观的引领作用日益增强和显现。作为中国人民共同价值取向的“最大公约数”，社会主义核心价值观逐渐融入社会发展的各个领域。中国人民将社会主义核心价值观内化于心、外化于行，社会主义核心价值观真正成为激励全体中国人民心往一处想、劲往一处使的思想道德基础和精神支撑。

在新征程上赓续建构中华伦理文明新形态，不仅要根据中国实际和时代发展高度重视核心价值观的提炼和建构，而且要更加重视核心价值观的宣传和践行。前者主要是在理论上的不断深化和发展。关于这一点，前文已有论述，在此不再赘述。后者的主要表现是，通过宣传教育把社会主义核心价值观转化为激发人民群众历史主动精神的力量源泉。习近平指出，

---

① 习近平．高举中国特色社会主义伟大旗帜　为全面建设社会主义现代化国家而团结奋斗：在中国共产党第二十次全国代表大会上的报告．北京：人民出版社，2022：43.

② 习近平．青年要自觉践行社会主义核心价值观：在北京大学师生座谈会上的讲话．人民日报，2014－05－05（2）.

“要区分层次、突出重点，在全社会广泛开展社会主义核心价值观宣传教育”①。为此，要弘扬以伟大建党精神为源头的中国共产党人精神谱系，用好红色资源，深入开展社会主义核心价值观宣传教育；通过党史、新中国史、改革开放史、社会主义发展史的宣传教育，引导人民不断坚定中国特色社会主义共同理想，坚定中国特色社会主义道路自信、理论自信、制度自信、文化自信。同时，要不断丰富社会主义核心价值观宣传教育的形式和载体。比如，把社会主义核心价值观融入知识教育、思想教育、道德教育、社会实践等各个领域，贯穿于启蒙教育、基础教育、职业教育、高等教育等各个阶段；积极发挥广播、电视、报纸等传统新闻媒体的作用，充分借助微博、微信、短视频等新媒体优势，充分利用我国重大节日开展社会主义核心价值观的宣传教育；把社会主义核心价值观融入文化事业和文化产业，在优秀文艺作品和文化产品的创作与传播中渗透和贯穿社会主义核心价值观。

（二）坚持问题导向与系统建构相结合

坚持问题导向和系统观念，是党的二十大报告提出的习近平新时代中国特色社会主义思想世界观和方法论的重要内容，也是在新征程上赓续建构中华伦理文明新形态的基本方法。当前，建构中华伦理文明新形态需要回答和解决三个层面的问题：

第一，回答和解决中华伦理文明新形态建构本身的基本问题。从一定意义上说，中华伦理文明新形态的建构本身就是坚持问题导向、回答时代和实践问题的产物。中华伦理文明新形态，作为人类文明新形态的核心要素，产生于把握世界之变、时代之变、历史之变和回答伦理文明的中国之问、世界之问、人民之问、时代之问的过程之中。在新征程上赓续建构中华伦理文明新形态，首先必须解决什么是中国特色社会主义伦理文明、建构什么样的中国特色社会主义伦理文明以及怎样建构中国特色社会主义伦理文明等全局性、根本性问题。

第二，回答和解决时代和实践提出的重大问题。“问题是时代的声

① 中共中央文献研究室．习近平关于社会主义文化建设论述摘编．北京：中央文献出版社，2017：108.

音，回答并指导解决问题是理论的根本任务”①。中华伦理文明新形态不仅是坚持问题导向的产物，也必须在回答和解决时代发展提出的新问题、应对实践发展面临的新挑战中丰富和发展。正如汤因比所说，文明成长的动力来源于挑战激起的应战，而“成长的意思是指：正在发展着的人格或文明，趋向于成为它们自身的环境，成为自身的挑战以及自身的战场”②。当前，我国正处在以中国式现代化全面推进强国建设、民族复兴伟业的关键时期，中国特色社会主义事业既取得了举世瞩目的伟大成就，也面临不少困难和问题。在新征程上赓续建构中华伦理文明新形态，应该“聚焦实践遇到的新问题、改革发展稳定存在的深层次问题、人民群众急难愁盼问题、国际变局中的重大问题、党的建设面临的突出问题”③，为之提供伦理依据、伦理思路和伦理方案。

第三，回答和解决中华伦理文明新形态建构中面临的问题，包括中国特色伦理学研究、中国特色社会主义道德建设和公民道德建设面临的问题。其中，中国特色伦理学研究面临的问题集中表现在，中国特色伦理学学科体系、学术体系和话语体系建构总体上进展比较缓慢，在很大程度上未能跟上时代和实践快速发展的步伐；中国特色伦理学自主知识体系构建仍任重道远；中国伦理学在实践中的应用和影响力、中国伦理学解释和服务现实的能力相对不足；全球伦理学话语“西强我弱”的格局仍未得到根本改变，中国伦理价值话语体系构建亟须突破。当前我国道德领域面临的主要问题是：“一些地方、一些领域不同程度存在道德失范现象，拜金主义、享乐主义、极端个人主义仍然比较突出；一些社会成员道德观念模糊甚至缺失，是非、善恶、美丑不分，见利忘义、唯利是图，损人利己、

① 习近平．高举中国特色社会主义伟大旗帜 为全面建设社会主义现代化国家而团结奋斗：在中国共产党第二十次全国代表大会上的报告．北京：人民出版社，2022：20.

② 阿诺德·汤因比．历史研究．刘北成，郭小凌，译．上海：上海人民出版社，2005：122.

③ 习近平．高举中国特色社会主义伟大旗帜 为全面建设社会主义现代化国家而团结奋斗：在中国共产党第二十次全国代表大会上的报告．北京：人民出版社，2022：20.

损公肥私；造假欺诈、不讲信用的现象久治不绝，突破公序良俗底线、妨害人民幸福生活、伤害国家尊严和民族感情的事件时有发生”①。

坚持系统观念，是中华伦理文明新形态建构的内在要求。党的二十大报告指出，要“不断提高战略思维、历史思维、辩证思维、系统思维、创新思维、法治思维、底线思维能力，为前瞻性思考、全局性谋划、整体性推进党和国家各项事业提供科学思想方法”②。中华伦理文明新形态的赓续建构也必须坚持这些科学思想方法。

坚持战略思维，就是要在中华伦理文明新形态的赓续建构中，善于统揽全局，把握中华伦理文明发展总体趋势和方向。中华伦理文明新形态是中国式现代化的本质要求，其赓续建构贯穿于全面推进中国式现代化的全过程。因此，应该把中华伦理文明新形态的赓续建构放在全面推进中国式现代化的战略层面，即在中国特色社会主义经济建设、政治建设、文化建设、社会建设、生态文明建设“五位一体”总体布局和全面建设社会主义现代化国家、全面深化改革、全面依法治国、全面从严治党“四个全面”战略布局中来谋划和部署。

坚持历史思维，就是要在中华伦理文明新形态的赓续建构中，尊重历史、以史为鉴，善于总结历史经验，把握中华伦理文明发展的历史规律和大势。中华伦理文明新形态的赓续建构离不开大历史观。既要从中华传统伦理文明发展的历史、近代以来中华民族伦理文明由盛转衰的历史中探寻中华伦理文明新形态的生成逻辑，又要从人类社会发展的大历史中思考中华伦理文明新形态从哪里来、到哪里去的本原性问题，把握赓续建构中华伦理文明新形态的世界意义和历史意义。

坚持辩证思维，就是要在中华伦理文明新形态的赓续建构中，善于运用矛盾的观点和方法，把握中华伦理文明赓续建构中的主要矛盾和次要矛盾、矛盾的主要方面和次要方面。比如，如何认识中国特色伦理学理论研

---

① 中共中央国务院印发《新时代公民道德建设实施纲要》. 人民日报，2019－10－28（1）.

② 习近平. 高举中国特色社会主义伟大旗帜　为全面建设社会主义现代化国家而团结奋斗：在中国共产党第二十次全国代表大会上的报告. 北京：人民出版社，2022：21.

究，以及中国特色社会主义道德建设和公民道德建设所取得的成绩和进展，所面临的困难、问题和挑战；如何处理中华现代伦理文明与中华传统伦理文明、中华伦理文明与中华文明以及中华伦理文明与人类伦理文明的关系等。

坚持系统思维，就是要在中华伦理文明新形态的赓续建构中，善于运用整体性思维，把中华伦理文明新形态的赓续建构作为一项系统工程来推进。为此，既要从中华伦理文明新形态自身系统良好运转出发，协调推进人口伦理文明、经济伦理文明、政治伦理文明、社会伦理文明、生态伦理文明、网络伦理文明和国际伦理文明发展；又要注重从中华伦理文明、中国式现代化和人类文明等不同层次系统出发，协调中华伦理文明新形态建构与外部环境之间的关系，从而使中华伦理文明新形态丰富和发展的内外机制相辅相成、相得益彰。

坚持创新思维，就是要在中华伦理文明新形态的赓续建构中，善于打破陈规，以解放思想、创新创造的勇气和精神，不断取得中华伦理文明新形态丰富和发展的新成果。“中华文明发展史就是一部创新史”①。作为马克思主义伦理思想和道德观同中国社会道德发展实际相结合、同中华优秀传统伦理文化相结合的产物，中华伦理文明新形态的形成本身就是一个创造创新的过程。在新征程上赓续建构中华伦理文明新形态，必须在做好中华优秀传统伦理文化的创造性转化和创新性发展的基础上，面向全面推进中国式现代化对伦理文明的内在需求，不断拓展中华伦理文明新形态的内涵与外延，为全面推进中国式现代化提供更好的伦理支撑。

坚持法治思维，就是要在中华伦理文明新形态的赓续建构中，正确认识道德建设与法治建设的关系，为中华伦理文明新形态的赓续建构提供法律保障。道德和法律作为调节社会关系的两种基本手段，历来是既对立又统一的关系。道德建设与法治建设相结合、法治和德治相结合，是中国共产党领导中国人民建构中华伦理文明新形态的一条基本经验。在新征程上赓续建构中华伦理文明新形态，既要发挥社会主义法治对中华伦理文明的

① 蒋彬．充分认识中华文明具有突出的创新性．西北民族大学学报（哲学社会科学版），2023（4）：6.

促进和保障作用，又要把社会主义核心价值观、社会主义道德体系融入法治建设，把社会主义道德要求体现到立法、执法、司法、守法之中，使法治和德治在中华伦理文明的赓续建构中相互促进。

坚持底线思维，就是要在中华伦理文明新形态的赓续建构中，坚持设定最低目标、争取最好结果的思维方式和行动策略。善于运用底线思维的方法，凡事从坏处准备、努力争取最好结果也是中国共产党领导中国革命、建设和改革不断取得新胜利的重要经验。在新征程上赓续建构中华伦理文明新形态，要把底线思维贯穿于中华伦理文明新形态的观念、理论和实践建构等各个方面和环节，在经济、政治、社会、生态和国际伦理文明建设等各个领域，均要预见最坏趋势，从而从最坏处准备、争取最好的结果。同时，要有力应对来自国内外的各种风险和挑战，特别是要坚决反对和抵制西方伦理文明中心论、道德虚无主义、文化殖民主义、极端个人主义等各种错误伦理思潮。

总之，系统建构中华伦理文明新形态，不仅要把中华伦理文明新形态建构作为一项系统工程来推进，而且要把它放在人类文明新形态系统、中国式现代化系统以及人类文明系统中思考，把它贯穿于构建人类文明新形态、全面推进中国式现代化的全过程。

（三）伦理学理论研究和道德建设融合并进

中华伦理文明新形态是中国特色伦理学理论研究和道德建设的成果。中国共产党领导中国人民建构中华伦理文明新形态，既重视对马克思主义伦理思想和道德理论的继承与发展，又使之同中国道德生活实际、同中华优秀传统伦理文化相结合，建构中国特色伦理学理论体系，又重视用马克思主义与中国化马克思主义伦理思想和道德理论来指导道德建设实践，领导中国各阶段的道德建设取得历史性成就。中国特色伦理学理论研究和道德建设融合并进，既是中国共产党领导中国人民建构中华伦理文明新形态的显著特征和基本经验，也是在新征程上赓续建构中华伦理文明新形态的一条基本路径。

在新征程上赓续建构中华伦理文明新形态，坚持中国特色伦理学理论研究和道德建设融合并进，就是要继承与发展马克思主义伦理思想和道德理论，以马克思主义与中国化马克思主义伦理思想和道德理论指导中国特色社会主义道德建设和公民道德建设；在马克思主义与中国化马克思主义伦理思想和道德理论同中国道德建设实际、同中华优秀传统伦理文化的结合中，建构和发展中国特色伦理学理论。

在中华伦理文明新形态的建构中坚持伦理学理论研究和道德建设融合并进，要坚持以马克思主义特别是中国化马克思主义伦理思想和道德理论为指导。中华伦理文明新形态，作为中国特色伦理学理论研究与道德建设融合并进的道德建构，发端于20世纪初李大钊、毛泽东等早期马克思主义者的道德理论探索，形成、丰富和发展于新民主主义革命、社会主义革命和建设的历史进程中。毛泽东伦理思想是伦理学理论研究和道德建设融合并进的典范。“毛泽东是社会主义道德建设理论的伟大奠基者，深刻影响了中国人民和中华民族的道德生活”①。毛泽东坚持以历史唯物主义为指导，自觉将马克思主义伦理思想和道德理论与党和国家道德建设实际相结合，科学回答了中国共产党和国家道德建设的一系列理论与实践问题，把马克思主义伦理思想和道德理论推进到一个新阶段，开创了中国化马克思主义伦理思想把中国特色伦理学理论和社会主义道德建设结合起来的新范例。随后，邓小平丰富与发展了毛泽东伦理思想和道德理论，并将理论与道德建设实际相结合，提出了在社会主义市场经济条件下进行道德建设的一系列重大理论问题；江泽民坚持把理论与实践相结合，丰富与发展了毛泽东、邓小平伦理思想和道德理论，提出依法治国与以德治国的基本方略；胡锦涛丰富与发展了毛泽东、邓小平和江泽民伦理思想和道德理论，提出“八荣八耻”的社会主义荣辱观，对中国特色伦理学理论研究和道德建设做出重要贡献。党的十八大以来，习近平把马克思主义伦理思想和道德理论同新时代中国道德建设实际相结合、同中华优秀传统伦理文化相结合，提出了关于道德建设的一系列新思想、新观点与新论断，推动中国特色社会主义道德建设取得历史性成就。在新征程上赓续建构中华伦理文明新形态，坚持中国特色伦理学理论研究和道德建设融合并进，必须始终坚持以马克思主义特别是中国化马克思主义伦理思想和道德理论

① 金德楠．毛泽东对社会主义道德建设理论的奠基性贡献．伦理学研究，2024（1）：10.

为根本指导思想。

在中华伦理文明新形态的建构中坚持伦理学理论研究和道德建设融合并进，还要注意不断变化的中国社会和道德发展实际。当前，中国特色社会主义进入新时代，“改革开放和社会主义现代化建设深入推进，书写了经济快速发展和社会长期稳定两大奇迹新篇章，我国发展具备了更为坚实的物质基础、更为完善的制度保证，实现中华民族伟大复兴进入了不可逆转的历史进程”①。中国特色社会主义基本制度的不断巩固、社会主义市场经济的不断发展，全过程人民民主、依法治国和文化强国建设的扎实推进，以及科技、社会、生态等各领域建设的稳步推进，给我国道德领域带来一系列积极和深刻变化。中国特色社会主义事业在取得举世瞩目成就的同时，仍然面临发展不平衡不充分、重点领域改革任务艰巨、生态环境保护任重道远、民生保障体系建设面临难题、意识形态安全面临挑战等不少困难和问题。这一切深刻影响着人们的道德生活。一方面，中国特色社会主义共同理想、社会主义核心价值观以及为人民服务、社会主义集体主义原则和“五爱”的中国特色社会主义道德体系深入人心，人民的道德素养和道德觉悟不断提升，形成了良好的社会道德环境和道德风尚；另一方面，“在国际国内形势深刻变化、我国经济社会深刻变革的大背景下，由于市场经济规则、政策法规、社会治理还不够健全，受不良思想文化侵蚀和网络有害信息影响，道德领域依然存在不少问题”②。这就是中国特色社会主义道德体系建设所处的中国社会和道德发展实际。

在中华伦理文明新形态的建构中坚持中国特色伦理学理论研究和道德建设融合并进，就是要着力关注不断变化的中国社会和道德发展实际。在中国伦理学理论研究和发展中，既要以中国社会和道德发展实际为对象与素材，在研究中国社会和道德发展中的现实问题中推动中国特色伦理学理论研究和建设，又要通过理论研究和建设，为中国社会和道德发展做出

① 习近平．高举中国特色社会主义伟大旗帜　为全面建设社会主义现代化国家而团结奋斗：在中国共产党第二十次全国代表大会上的报告．北京：人民出版社，2022：15－16.

② 中共中央国务院印发《新时代公民道德建设实施纲要》．人民日报，2019－10－28（1）.

应有的学科贡献。同时，在中国特色社会主义道德建设和公民道德建设中，既要以中国社会和道德发展实际为起点与基础，又要注重研究与解决中国社会和道德发展中的实际问题。一句话，在新征程上赓续建构中华伦理文明新形态，要以中国社会和道德发展实际为中国特色伦理学理论研究和道德建设融合并进的交汇点。

（四）政德建设与公民道德建设良性互动

中华伦理文明新形态最核心的目标和最突出的表征，是中国人民在道德认知、道德情感、道德意志和道德品质等方面所达到的新水准和新境界。在公民道德建设中注重针对共产党员和领导干部、大学生和未成年人以及普通公民等不同主体提出不同道德要求和建设目标，实现政德建设与公民道德建设良性互动，既是中国共产党领导中国人民建构中华伦理文明新形态的一条基本经验，也是在新征程上赓续建构中华伦理文明新形态的一条重要路径。

在中华伦理文明新形态的建构中实现政德建设与公民道德建设良性互动，要高度重视政德建设在公民道德建设中的示范引领和带动作用。中国共产党在百余年奋斗历程中，一贯十分重视政德建设。在新民主主义革命时期，中国共产党就十分重视干部道德建设。比如，1927 年 9 月，“三湾改编”确立了官兵平等、军民一致的新型道德关系；1928 年 4 月，朱德、毛泽东在井冈山会师后，提出“三大纪律、八项注意”的道德行为规范。在社会主义革命和建设时期，中国共产党强调党员干部的道德自觉，主要采取大规模整党整风和群众运动来推动政德建设。1978 年，党的十一届三中全会召开，我国进入改革开放和现代化建设新时期。在这一时期，政德建设步入常态化、制度化轨道。以邓小平、江泽民、胡锦涛为主要代表的党的历代领导集体，要求广大党员干部特别是党的高级干部身体力行共产主义思想和共产主义道德，通过党章和党规党纪加强干部道德建设。1982 年党的十二大通过的党章专门增加“党的干部”一章，对党的干部提出了比以往更严格的道德要求。此后，历届党的全国代表大会通过的新党章都对党的干部的选拔标准、党性、道德修养、政绩观等方面做出了新的规定。特别是党的十八大以来，以习近平同志为核心的党中央把政德建设摆在了更加突出的位置。2013 年 6 月，习近平在全国组织工作会议上强调，好干部要做到信念坚定、为民服务、勤政务实、敢于担当、清正廉洁。2015 年 1 月，习近平在十八届中央纪律检查委员会第五次全体会议上指出，“讲规矩”是检验党员领导干部党性修养和对党是否忠诚的重要尺度。

在中华伦理文明新形态的建构中实现政德建设与公民道德建设良性互动，还要高度重视公民道德建设的基础性作用。公民道德建设是中国共产党领导中国人民建构中华伦理文明新形态的一条基本途径。公民道德建设取得的进展和成果，特别是社会公德、职业道德、家庭美德、个人品德以及社会道德风尚和道德环境建设方面所取得的进步，也是中华伦理文明新形态的重要内容。2001 年 9 月，中共中央印发《公民道德建设实施纲要》，这是中国共产党中央印发的第一个专门规定道德建设的纲领性文件，对推进我国公民道德建设具有重大意义。2019 年 10 月，中共中央、国务院印发《新时代公民道德建设实施纲要》，针对 2001 年《公民道德建设实施纲要》颁布以来我国道德领域发生的新变化，特别是道德领域存在的不少问题，提出新时代公民道德建设的总体要求，对新时代公民道德建设的重点任务做出新的部署，并着重就“深化道德教育引导”“推动道德实践养成”“网络空间道德建设”“发挥制度保障作用”“加强组织领导”等做出具体安排。2022 年 10 月，党的二十大报告进一步明确提出“实施公民道德建设工程”：“弘扬中华传统美德，加强家庭家教家风建设，加强和改进未成年人思想道德建设，推动明大德、守公德、严私德，提高人民道德水准和文明素养”①。

中国共产党在领导公民道德建设中实现政德建设与公民道德建设良性互动，集中体现在中国共产党党员、领导干部道德建设与青少年道德建设的关系上。中国共产党党员、领导干部道德建设是政德建设的核心，也是公民道德建设的关键。党员和领导干部的道德水准不仅事关党风、政风，而且直接影响民风和社会风气，甚至影响政权的性质。公民道德建设

---

① 习近平．高举中国特色社会主义伟大旗帜　为全面建设社会主义现代化国家而团结奋斗：在中国共产党第二十次全国代表大会上的报告．北京：人民出版社，2022：44.

是政德建设的基础。良好的民风、良好的社会道德风尚，是促进社会安定团结和发展进步的重要精神力量，也是政德建设的社会道德基础，对政德建设具有强大的制约和监督作用。

（五）充分激活和完善中华伦理文明新形态建构的动力机制

中华伦理文明新形态建构的动力机制，是由一系列内在动力和外在动力结合而成的多维系统。在新征程上赓续建构中华伦理文明新形态，必须充分激活和完善动力机制：既要掌握和利用伦理文明本身的继承性与发展性规律，牢记和践行中华伦理文明新形态的历史使命，激活和完善中华伦理文明新形态建构的内在动力；又要有力应对各种外部挑战，融入和引领世界伦理文明发展，激活和完善中华伦理文明新形态建构的外在动力。

第一，激活和完善中华伦理文明新形态建构的内在动力。中华伦理文明新形态建构的内在动力主要有两个方面。第一个方面，是由中华伦理文明新形态的历史使命决定的。激活和完善中华伦理文明新形态建构的内在动力，必须牢记和践行中华伦理文明新形态的历史使命。作为中国特色社会主义精神文明的核心，中华伦理文明新形态的创造贯穿于中国式现代化的全领域和全过程，是中国共产党领导中国人民创造中国式现代化的价值根基和精神动力。中华伦理文明新形态的历史使命是，通过坚持和发展中国化马克思主义伦理思想和道德理论，建构中国特色伦理学自主知识体系，坚持和完善中国特色社会主义道德体系，深入实施公民道德建设工程，不断提升公民道德素质和道德境界，促进人的全面发展；同时，通过深化道德领域突出问题治理，形成崇德向善的良好社会道德风尚和道德环境，不断提高社会文明程度，从而为以中国式现代化全面推进中华民族伟大复兴提供伦理支撑和精神动力。在新征程上，中华伦理文明新形态的赓续建构也将贯穿于中国特色社会主义“五个文明”建设，是中国特色社会主义“五个文明”建设的价值导向和伦理内核，是以中国式现代化全面推进中华民族伟大复兴的道德基础和重要标志。这是中华伦理文明新形态建构的根本内在动力。

第二个方面，是由中华伦理文明本身的继承性与发展性决定的。激活和完善中华伦理文明新形态建构的内在动力，必须掌握和利用伦理文明本身的继承性与发展性规律。人类伦理文明发展史是一部不断批判、继承与发展以往伦理文明的历史。中华伦理文明作为中华民族的价值追求、道德准则和道德理想，至今已经延续了 5000 多年。中华伦理文明新形态作为中华伦理文明的当代形态，是中国共产党领导中国人民将马克思主义伦理思想和道德理论同中国社会道德建设实际相结合、同中华优秀传统伦理文化相结合的产物，是对科学社会主义伦理思想和道德理论的守正创新。坚持守正创新是中国共产党在百余年奋斗历程中不断从胜利走向胜利的历史辩证法，也是中华伦理文明新形态创造性特质的集中体现。作为中国特色社会主义的新型伦理文明体系，坚持守正与创新的辩证统一，在创新中守正、在守正中创新，是中国共产党领导中国人民创造中华伦理文明新形态的内容和过程特征。在新征程上赓续建构中华伦理文明新形态，既坚持马克思主义伦理思想和道德理论，守党的全面领导、科学社会主义基本原则和共产主义道德理想之正，又把马克思主义伦理思想和道德理论同中国道德建设实际相结合，紧跟和引领时代发展的步伐，紧扣和解答中国之问、世界之问、人民之问、时代之问，创马克思主义伦理思想和道德理论之新。在创新中守正，使中华伦理文明新形态始终坚持自己的中国特色、本质要求和基本原则，使中华伦理文明新形态的建构始终在正确的方向上行进；在守正中创新，包括伦理学理论创新、社会主义道德建设制度创新和公民道德实践创新及其他各方面的创新，促使中华伦理文明新形态在积极识变和应变中不断丰富与发展。

第二，激活和完善中华伦理文明新形态建构的外在动力。中华伦理文明新形态建构的外在动力主要是由新征程上中华伦理文明新形态建构面临的外部挑战决定的。激活和完善中华伦理文明新形态建构的外在动力，就是要有力应对各种外部挑战，在掌握历史主动中永葆先进性，引领人类伦理文明的发展方向。

具体而言，在新征程上赓续建构中华伦理文明新形态面临两大挑战：(1) 为全面推进中国式现代化提供伦理支持面临的挑战。中华伦理文明新形态的赓续建构贯穿于全面推进中国式现代化的全领域和全过程，为全面推进中国式现代化提供伦理支持是自己的基本使命。当前，全面推进中国式现代化面临诸多风险挑战。例如，国内方面面临社会主要矛盾变化带来的挑战，加快推进经济高质量发展面临的挑战，环境资源压力带来的挑战，所处环境复杂多变、不可预见的风险因素增多的挑战；国际方面面临经济全球化进程遭遇挫折带来的挑战，单边主义、保护主义等逆全球化思潮的挑战，大国竞争和地缘政治冲突激烈、国际安全形势趋于严峻的挑战，国际多边合作面临困境、参与和引领全球治理难度增大的挑战。面对这些新情况、新问题和新挑战，中华伦理文明新形态一方面要适应新时代新情况，与时俱进，不断丰富和发展自身；另一方面要面向中国式现代化主战场，提升解释现实、服务现实的能力，为中国式现代化应对各种风险与挑战提供伦理依据、伦理思路或伦理方案。（2）资本主义伦理文明的挑战。与资本主义伦理文明长期并存是新征程上中华伦理文明新形态面临的一个基本现实。资本主义伦理文明是一种以个人主义价值观和功利主义伦理学为核心，由资本主义生活方式、道德体系和伦理精神等构成的一种伦理文明形态。资本主义伦理文明在人类社会发展的一定历史阶段适应了生产力的发展，对加速封建王朝解体、推动人类社会文明进步具有重要意义。但同时，由于资本主义伦理文明建立在生产资料私有制基础之上，其自由、平等、博爱、正义、法治等价值观念和伦理原则具有天然的抽象性与虚假性。在与资本主义伦理文明长期并存的情况下赓续建构中华伦理文明新形态，要坚持伦理文明的多样性和包容性，正视并辩证对待资本主义伦理文明，坚持以“以我为主”“洋为中用”的态度，批判借鉴和汲取资本主义伦理文明中的积极与合理成分，摒弃和抵制其消极与腐朽成分，使中华伦理文明新形态保持自己的主体性，并不断丰富和发展。

三、中华伦理文明新形态建构的主要着力点

中华伦理文明新形态的建构是一项涉及面极广的系统工程。它不仅要求当代中华民族具有卓越的理论和实践智慧，坚持将中国特色社会主义伦理文明观作为赓续建构中华伦理文明新形态的内在要求和观念基础，而且要求当代中华民族具有立足中国、放眼世界的广阔视野和高远境界，在坚持和发展中国特色社会主义道路、构建人类命运共同体中积累道德建设与伦理治理的智慧和经验，并在此基础上构建中国特色伦理学学科体系、学术体系和话语体系。具体而言，中华伦理文明新形态的建构至少有以下五

个着力点。

（一）坚持中国特色社会主义伦理文明观

坚持中国特色社会主义伦理文明观，是赓续建构中华伦理文明新形态的内在要求和观念基础。中国特色社会主义伦理文明观是人类伦理文明观中的一种崭新的伦理文明观类型，是中国特色社会主义关于伦理文明的总体看法和根本观点。中国共产党领导中国人民在建设中国特色社会主义伦理文明的进程中，形成了关于如何认识伦理文明、如何建构伦理文明、如何看待世界多元伦理文明之间的关系等三大根本性问题的系统看法与观点。中国特色社会主义伦理文明观的基本内容表现为中国特色社会主义对这三大问题的解答。

1. 问题一：如何认识伦理文明?

对认识伦理文明这一问题的解答，是中国特色社会主义伦理文明观的第一个基本内容，主要涉及对伦理文明的内涵和性质、形成和发展、功能和价值等问题的看法与观点。关于伦理文明的内涵和性质，中国特色社会主义伦理文明观认为，伦理文明是人类社会道德生活的进步状况。伦理文明是由一系列要素构成的文明体系。从内容看，伦理文明既包括人类在长期历史发展中所积累的伦理理论、伦理思想和伦理文化方面的成果，也包括人们在经济生活、政治生活、文化生活等各领域所需要与建构的道德意识、道德规范和伦理制度体系，以及开展社会道德建设和道德生活实践所取得的道德领域的进步。中国特色社会主义伦理文明观认为，伦理文明是由社会生产力发展水平和经济基础决定的，是适应一定社会生产力发展水平和经济关系的产物。“物质生活的生产方式制约着整个社会生活、政治生活和精神生活的过程”①。社会道德生活作为精神生活的过程，同样受物质生活的生产方式制约。作为人类在长期社会道德生活中所取得的进步状态，伦理文明的性质取决于物质生活的生产方式。比如，社会道德体系是伦理文明的核心内容和基本标识，社会道德体系的性质就是由生产资料所有制的性质决定的：有什么性质的生产资料所有制，就有什么性质的社会道德体系。在社会主义中国，以公有制为主体、多种所有制经济共同发

---

① 马克思恩格斯文集：第 2 卷. 北京：人民出版社，2009：591.

展的基本经济制度决定了我国道德体系的社会主义性质，决定了中国所要建构和发展的伦理文明是中国特色社会主义伦理文明。

关于伦理文明的形成和发展。伦理文明的形成和发展与伦理文明的性质密不可分。既然伦理文明是由社会生产力发展水平和经济基础决定的，那么伦理文明的形成和发展就是一定社会经济状况的产物。伦理文明的发展虽然受社会经济状况的制约，但具有自身的特殊规律性。马克思认为，一切划时代的体系都是因当时的需要而形成的，“为了不致丧失已经取得的成果，为了不致失掉文明的果实，人们在他们的交往方式不再适合于既得的生产力时，就不得不改变他们继承下来的一切社会形式”①。伦理文明的发展也是如此。在继承中发展是人类伦理文明发展的一条基本规律。正是人类社会的生产生活方式和经济关系的继承性决定了伦理文明的继承性。事实上，每个时代的伦理文明都在不同程度上继承着它的历史传统，无论是奴隶社会、封建社会、资本主义社会的伦理文明还是社会主义社会的伦理文明，都莫不如此，每个阶段的伦理文明都在不同程度上延续或包含了以往时代伦理文明的某些因素和成分。可以说，在适应社会物质生活条件变化的基础上对过去时代伦理文明的批判与继承，是人类伦理文明实现自身延续和发展的基本方式。

关于伦理文明的价值和功能。中国特色社会主义伦理文明观认为，伦理文明既具有相对独立性，又具有渗透性。就前者而言，伦理文明与经济文明、政治文明、法治文明、生态文明等各领域的文明一样，是人类文明的重要组成部分。它从伦理层面以相对独立的形式反映社会发展水平和文明程度，成为社会全面进步和人的全面发展程度的重要指标与评价尺度。就后者而言，伦理文明不仅是精神文明的重要组成部分，而且是精神文明的价值内核。作为精神文明的重要组成部分，伦理文明渗透和贯穿在社会生产生活的各个领域，是经济文明、政治文明、法治文明、生态文明等各领域文明发展的伦理导向、精神动力和评价标准。

2. 问题二：如何建构伦理文明?

对如何建构伦理文明这一问题的解答，中国特色社会主义伦理文明观

① 马克思恩格斯文集：第10卷．北京：人民出版社，2009：43－44.

体现在建构伦理文明的路径和目的两个方面。中国特色社会主义伦理文明观主张建构伦理文明应从基本国情出发，立足社会主要矛盾的变化和社会道德生活实际，推进伦理学理论研究和道德建设。伦理文明不仅由社会经济状况决定，而且受到政治、法律、生态等方面发展状况的制约或影响。因此，把握社会存在特别是社会主要矛盾的变化和社会道德生活实际是建构伦理文明的基本前提。以中国特色社会主义伦理文明为例。改革开放以来，我们党对我国社会主义所处阶段和社会主要矛盾的变化做了准确判断。当前，我国仍处于社会主义初级阶段；社会主要矛盾则由人民日益增长的物质文化需要同落后的社会生产之间的矛盾，转变为人民日益增长的美好生活需要和不平衡不充分的发展之间的矛盾；我国道德建设取得显著成效、道德领域呈现积极健康向上的良好态势，但同时也存在不少问题。在这样的情况下，必须牢牢把握和立足这一实际，与时俱进、不断创新和发展中国特色社会主义伦理文明。关于建构伦理文明的目的，中国特色社会主义伦理文明观主张伦理文明的建构应以德福一致的美好生活与人的体力、智力、道德的全面发展为根本目的。中国特色社会主义“五个文明”建设坚持人民至上和以人民为中心，实质上是以满足人民群众对美好生活的向往和追求为发展的最终目的，以实现人的全面发展为根本价值追求。

3. 问题三：如何看待世界多元伦理文明之间的关系？

对中华伦理文明与世界其他伦理文明之间关系的看法，是中国特色社会主义伦理文明观的又一重要内容。中国特色社会主义伦理文明观认为，世界伦理文明是多样的；世界多元伦理文明之间虽然存在历史和特性等方面的差异，但并无高下优劣之分；在平等尊重的基础上交流互鉴，是认识和处理中华伦理文明与世界其他伦理文明之间关系的基本态度和原则。

中国特色社会主义伦理文明观认为，世界伦理文明是多样的；世界多元伦理文明是平等的；互相尊重、交流互鉴、对话包容，是实现世界多元文明共同发展和繁荣的基本原则。我们知道，文明多样性是人类社会历史发展的一个基本特征。世界发展到今天，存有两百多个国家和地区、两千多个民族，以及基督教、伊斯兰教、佛教、犹太教和印度教等多种宗教，形成和发展了多姿多彩、各具特色的文明形态。当前，在世界多元伦理文明并存的情况下，如何认识和处理中华伦理文明与世界其他伦理文明之间的关系，是建构中国特色社会主义伦理文明必须解决的一个重大理论和实践问题。习近平在党的十九大、二十大报告中均强调，要“尊重世界文明多样性，以文明交流超越文明隔阂、文明互鉴超越文明冲突、文明共存超越文明优越”①。中国特色社会主义伦理文明观认为，一方面，应该坚持平等、互鉴、对话、包容原则来发展中华伦理文明与世界其他伦理文明之间的关系；另一方面，中华民族现代伦理文明是中国特色社会主义伦理文明，中华民族现代伦理文明既要反映全球化时代世界经济与社会发展的时代潮流，特别是坚持中国特色社会主义道路、理论、制度、文化的伦理选择，体现中国式现代化的时代精神和伦理精神，又必须立足新时代我国经济社会发展的实际，继承与弘扬中华优秀传统伦理文明成果，保持中华伦理文明的文化主体性或中华民族特性。

（二）坚持中国特色社会主义道路的伦理选择

中华伦理文明新形态是中国共产党领导中国人民在开辟、坚持和发展中国特色社会主义道路中的伟大实践创造，是中国特色社会主义道路的伦理选择的结果。作为一种全新的伦理文明形态，中华伦理文明新形态之“新”的一个根本标志在于社会主义性质。社会主义既是超越资本主义的崭新社会制度和社会形态，也是与资本主义有着本质区别的崭新文明形态。在新征程上赓续建构中华伦理文明新形态，必须坚持社会主义性质，坚持中国特色社会主义道路的伦理选择。

中国特色社会主义道路是中国共产党领导中国人民在长期实践中开辟出来的正确道路。我们党领导人民在革命、建设、改革各个历史阶段，探索并形成了新民主主义革命道路、社会主义革命和建设道路、中国特色社会主义道路。1982 年 9 月，邓小平在党的十二大开幕词中明确提出要“走自己的道路，建设有中国特色的社会主义”。党的十三大、十四大、十五大、十六大相继拟定党在社会主义初级阶段的基本理论、基本路线、基本纲领、基本经验。在此基础上，党的十七大对中国特色社会主义道路的科学内涵做了完整表述。党的十八大报告进一步强调，“必须坚定不移

① 习近平谈治国理政：第 3 卷．北京：外文出版社，2020：46.

走中国特色社会主义道路"①,"中国特色社会主义道路,就是在中国共产党领导下,立足基本国情,以经济建设为中心,坚持四项基本原则,坚持改革开放,解放和发展社会生产力,建设社会主义市场经济、社会主义民主政治、社会主义先进文化、社会主义和谐社会、社会主义生态文明,促进人的全面发展,逐步实现全体人民共同富裕,建设富强民主文明和谐的社会主义现代化国家"②。习近平在党的二十大报告中把"坚持中国特色社会主义道路"作为前进道路上必须牢牢把握的五个重大原则之一,提出要"坚持中国特色社会主义道路。坚持以经济建设为中心,坚持四项基本原则,坚持改革开放,坚持独立自主、自力更生,坚持道不变、志不改,既不走封闭僵化的老路,也不走改旗易帜的邪路,坚持把国家和民族发展放在自己力量的基点上,坚持把中国发展进步的命运牢牢掌握在自己手中"③。

中华伦理文明新形态作为建立在中国特色社会主义道路上的文明形态,是内生于中国式现代化并以中国式现代化为本质特征的新型伦理文明体系。在新征程上赓续建构中华伦理文明新形态,坚持中国特色社会主义道路的伦理选择,就是要坚持中国式现代化的价值导向和本质要求。从西方国家的现代化和整个人类文明发展历程来看,资本主义现代化道路和资本主义文明是人类社会的一条重要道路和一种文明形态,因创造了发达的生产力和物质文明而一度成为众多国家现代化道路和文明模式的选择。但同时,"资本来到世间,从头到脚,每个毛孔都滴着血和肮脏的东西"④;资本主义在给人类带来进步的同时,也带来了市场垄断、金融危机、资源

---

① 胡锦涛. 坚定不移沿着中国特色社会主义道路前进　为全面建成小康社会而奋斗:在中国共产党第十八次全国代表大会上的报告. 北京:人民出版社,2012:10.

② 胡锦涛. 坚定不移沿着中国特色社会主义道路前进　为全面建成小康社会而奋斗:在中国共产党第十八次全国代表大会上的报告. 北京:人民出版社,2012:12.

③ 习近平. 高举中国特色社会主义伟大旗帜　为全面建设社会主义现代化国家而团结奋斗:在中国共产党第二十次全国代表大会上的报告. 北京:人民出版社,2022:27.

④ 马克思恩格斯文集:第5卷. 北京:人民出版社,2009:871.

浪费和环境破坏，资本力量导致的扩张、掠夺、暴力、战争的规模和破坏性比以往任何时代都更严重。与资本主义现代化道路不同，中国式现代化以新中国成立为历史起点，以社会主义为根本属性。毛泽东曾指出，“要实现社会主义工业化，要实现农业的社会主义化、机械化，要建成一个伟大的社会主义国家”①；邓小平也曾指出，“我们搞四个现代化建设，人们常常忘记是什么样的四个现代化，是社会主义的四个现代化”②。习近平强调，“中国式现代化，是中国共产党领导的社会主义现代化”③。现代化道路的根本差异直接决定了伦理文明形态的根本区别。

中华伦理文明新形态超越资本主义伦理文明形态的一个根本因素，在于中国式现代化实现了从资本主义现代化以资本为中心的资本逻辑向以人民为中心的人本逻辑的根本转变。牺牲人民利益、实现资本增殖是资本逻辑的必然。资本主义所需要和带来的不是共同富裕，而是少数人对多数人的剥削和贫富分化。这一原则带来财富积累的同时，导致了“贫困、劳动折磨、受奴役、无知、粗野和道德堕落的积累”④。而中国式现代化以维护最广大人民根本利益、实现全体人民共同富裕和人的自由全面发展为根本价值目标和价值追求。它意味着发展为了人民、发展依靠人民、发展成果由人民共享；意味着坚持人民至上、坚持人民主体地位、保障人民各项权利；意味着以全体人民为中心，平等地尊重与对待每个人的利益和价值。这一切，与以资本为中心的资本逻辑形成了鲜明对比：牺牲人民利益、实现资本增殖，还是有效驾驭资本、维护人民利益，是中国式现代化与资本主义现代化的根本分野；为了人民、依靠人民、造福人民，是中国特色社会主义道路的一个本质特征和独特优势，也是中国式现代化的根本价值追求和区别于资本主义现代化的根本价值特质。这决定了中国特色社会主义道路选择是一种伦理选择。

---

① 毛泽东．毛泽东文集：第6卷．北京：人民出版社，1999：329.

② 邓小平文选：第3卷．北京：人民出版社，1993：173.

③ 习近平．高举中国特色社会主义伟大旗帜　为全面建设社会主义现代化国家而团结奋斗：在中国共产党第二十次全国代表大会上的报告．北京：人民出版社，2022：22.

④ 马克思恩格斯文集：第5卷．北京：人民出版社，2009：744.

（三）全面推进中国特色伦理治理

伦理治理是国家治理的一种重要方式和途径，是实现国家治理体系和治理能力现代化的一个重要维度。全面推进中国特色伦理治理的一个基本任务和目标，是深化道德领域突出问题治理，解决经济、政治、文化、社会、生态等各领域建设面临的伦理问题，从而为全面推进中国式现代化、实现中华民族伟大复兴奠定道德基础。这正是在新征程上赓续建构中华伦理文明新形态的内在要求和题中之义。

早在2013年11月，党的十八届三中全会通过的《中共中央关于全面深化改革若干重大问题的决定》，就明确提出"推进国家治理体系和治理能力现代化"① 的改革目标，并把"强化道德约束"提升为社会治理的一种重要方式，强调要"坚持综合治理，强化道德约束，规范社会行为，调节利益关系，协调社会关系，解决社会问题"②。2019年10月，党的十九届四中全会审议通过的《中共中央关于坚持和完善中国特色社会主义制度　推进国家治理体系和治理能力现代化若干重大问题的决定》指出，"坚持共同的理想信念、价值理念、道德观念"③ 是我国国家制度和国家治理体系的一个显著优势，强调要"加强爱国主义、集体主义、社会主义教育，实施公民道德建设工程"④。2024年7月，党的二十届三中全会通过的《中共中央关于进一步全面深化改革　推进中国式现代化的决定》，则进一步提出要"健全社会治理体系"，"健全党组织领导的自治、法治、德治相结合的城乡基层治理体系，完善共建共治共享的社会治理制度"⑤。三个"决定"不仅对推进国家治理体系和治理能力现代化做了系

---

① 中共中央关于全面深化改革若干重大问题的决定．北京：人民出版社，2013：3.

② 中共中央关于全面深化改革若干重大问题的决定．北京：人民出版社，2013：49－50.

③ 中共中央关于坚持和完善中国特色社会主义制度　推进国家治理体系和治理能力现代化若干重大问题的决定．北京：人民出版社，2019：3－4.

④ 中共中央关于坚持和完善中国特色社会主义制度　推进国家治理体系和治理能力现代化若干重大问题的决定．北京：人民出版社，2019：23.

⑤ 中共中央关于进一步全面深化改革　推进中国式现代化的决定．北京：人民出版社，2024：41.

统部署，而且从顶层设计的高度把伦理治理上升为国家治理和社会治理的重要方式。

宏观层面：完善伦理治理体系。全面推进中国特色伦理治理，首先必须完善顶层设计，建构和完善伦理治理体系。虽然我国有关伦理治理的思想或理念早已有之，但现代意义上的伦理治理起步较晚。20 世纪 90 年代，我国在医院和一些科研机构开始引入伦理委员会制度。但是，目前我国很多大学、科研机构和企业仍未成立伦理委员会。从总体上看，我国伦理治理体系还不完善。因此，全面推进新时代中国伦理治理，当务之急是在加强伦理治理顶层设计的同时，着力弥补伦理治理的短板领域和薄弱环节，建立和完善符合我国国情的各领域伦理治理体系。目前，我国各领域伦理治理体系建设很不均衡。科技伦理治理体系相对比较完善，但经济、行政、生态环境等领域伦理治理体系建设相对滞后。科技伦理治理方面，已经形成由国家科技伦理委员会负责指导和统筹协调，各高等学校、科研机构、医疗卫生机构、企业等设立本单位的科技伦理（审查）委员会的伦理委员会制度，已经形成包括科技伦理治理体制、科技伦理治理制度保障以及科技伦理审查和监管、教育和宣传在内的比较完整的科技伦理治理体系。但即便如此，科技伦理治理也面临着发展不均衡的问题：医学领域的科技伦理治理体系相对完整，而一些新兴科技领域的伦理治理体系还有待建立或完善，要么缺乏明确的科技伦理规范，要么虽然有科技伦理规范，但在伦理审查方面存在审查、监管和对违规行为惩治力度不够等问题。以科技伦理治理为例。科技领域是目前我国伦理治理体系相对比较完善的一个领域。对科技伦理治理，应该重点关注新兴科技领域的伦理指南或规范，制定和完善新兴科技领域的伦理标准；对已有伦理标准和规范的领域，则要落实伦理审查、监管，加大对违规行为的惩治力度。

微观层面：深化道德领域突出问题治理。伦理治理是一种以伦理问题为对象的社会治理。作为伦理治理对象的伦理问题非常复杂，既包括与已有技术、政策、法律、社会管理等现实问题相伴发生的伦理问题，也包括道德领域的突出问题。前者如科技伦理风险问题、科技创新带来的规则冲突和伦理挑战、科技人员违背科技伦理底线和科技伦理要求的行为等。后者即《新时代公民道德建设实施纲要》所指出的“一些地方、一些领域不同程度存在道德失范现象，拜金主义、享乐主义、极端个人主义仍然比较突出；一些社会成员道德观念模糊甚至缺失，是非、善恶、美丑不分，见利忘义、唯利是图，损人利己、损公肥私；造假欺诈、不讲信用的现象久治不绝，突破公序良俗底线、妨害人民幸福生活、伤害国家尊严和民族感情的事件时有发生”①。同时，社会利益关系多样化、人们的价值取向和价值观念多元化日益凸显，在对社会治理产生积极影响的同时，也引发了诸多新的亟待解决的伦理问题和价值冲突。这一切均凸显了伦理治理的必要性和重要性。

深化道德领域突出问题治理，一个基本方式或手段是完善道德赏罚与法律赏罚相结合的社会赏罚体系。早在 2013 年 11 月，党的十八届三中全会通过的《中共中央关于全面深化改革若干重大问题的决定》就做出“创新社会治理体制”的重大部署，提出“改进社会治理方式”的重大举措，提出要“坚持依法治理，加强法治保障，运用法治思维和法治方式化解社会矛盾。坚持综合治理，强化道德约束，规范社会行为，调节利益关系，协调社会关系，解决社会问题”②。这一决定明确把以“道德约束”为核心和表征的“伦理治理”作为社会治理的一个基本维度和方式，要求坚持依法治理和包括“道德约束”在内的综合治理。2024 年 7 月，党的二十届三中全会通过的《中共中央关于进一步全面深化改革　推进中国式现代化的决定》，则进一步提出“健全社会治理体系”的目标和途径：要“坚持和发展新时代‘枫桥经验’，健全党组织领导的自治、法治、德治相结合的城乡基层治理体系，完善共建共治共享的社会治理制度”③。

社会赏罚历来是社会治理的一个基本手段。一般地说，社会赏罚是政府或特定社会组织运用经济、行政、法律、道德等手段对个人或群体行为

---

① 中共中央国务院印发《新时代公民道德建设实施纲要》. 人民日报，2019－10－28（1）.

② 中共中央关于全面深化改革若干重大问题的决定. 北京：人民出版社，2013：49－50.

③ 中共中央关于进一步全面深化改革　推进中国式现代化的决定. 北京：人民出版社，2024：41.

的褒奖或惩罚。其中，法律赏罚和道德赏罚是两种基本方式。经济赏罚、行政赏罚在一定意义上也可归入法律赏罚和道德赏罚。治理道德领域突出问题，必须运用好法律赏罚和道德赏罚相结合的社会赏罚体系。法律赏罚和道德赏罚分别以法律为尺度或根据一定的道德标准，对个人或群体行为进行褒奖或惩罚，基本目的都是通过赏善罚恶的方式来促使人们遵守法律和道德规范，减少与消除违法和失德行为，维护社会公平正义和公序良俗。因此，全面推进新时代中国伦理治理，必须运用好法律赏罚和道德赏罚相结合的社会赏罚体系，通过褒奖与弘扬诸如讲究诚信、见义勇为、志愿服务、勤劳节俭、孝老爱亲、保护生态等善行，惩治与打击危害社会安全、公共安全、生物安全和生态安全，侵害人的生命安全、身心健康、人格尊严，见利忘义、唯利是图，损人利己、损公肥私以及突破公序良俗底线等恶行，促使人们把外在的法律规范和道德规范内化为自己的良心，逐渐养成遵守法律和道德的行为习惯，进而在全社会形成崇德向善的良好道德风尚。

（四）推动构建人类命运共同体的伦理路径

国际伦理即国际关系伦理，“是指国家之间在涉及政治、经济、文化以及军事等交往性事务和活动时所应遵守的伦理原则和道德规范，是各个国家所认同的普遍性价值观和伦理观在国际事务中的具体运用”①。中国共产党在领导中国人民创造中华伦理文明新形态的进程中，提出过一系列伦理原则和道德规范，作为认识和处理国家之间、国家与国际组织之间的关系和开展国际交往与合作的指导原则。早在20世纪50年代，中国政府就提出互相尊重主权和领土完整、互不侵犯、互不干涉内政、平等互利、和平共处五项原则，作为建立各国间正常关系和进行交流合作所应遵循的基本原则。进入新时代，面对世界多极化和经济全球化，以及国与国之间你中有我、我中有你、命运交织的客观现实，顺应和平、发展、合作、共赢的时代潮流，中国又提出构建人类命运共同体，作为新的历史条件下完善国际政治经济新秩序、推动人类和平与发展事业的中国方案。

从伦理学角度看，作为完善国际政治经济新秩序、推动人类和平与发

---

① 孙春晨．全球伦理与国际伦理．唐都学刊，2015（1）：2.

展事业的中国方案，构建人类命运共同体也是国际伦理建构的基本方案，是在新征程上赓续建构中华伦理文明新形态的重要路径。它从解决国际伦理问题、协调国际伦理关系、倡导与践行国际伦理原则和精神等方面为国际伦理建构提供理念和实践支持。

以解决国际伦理问题的方式为国际伦理建构提供理念和实践支持。当前，世界多极化和经济全球化是不可阻挡的历史大势，和平与发展是国际社会的共同追求，国际交往与合作日益频繁和密切。但同时，随着世界百年未有之大变局的加速演进，世界进入新的动荡变革期，传统安全挑战和恐怖主义、网络攻击、生物安全等非传统安全挑战交织叠加，人类发展与进步事业面临的风险、问题和挑战日益增多。从国际伦理角度看，人类发展与进步事业面临的风险、问题和挑战也是一种伦理风险和伦理问题。其中，一个最基本的问题是发展伦理问题。作为中国回答和解决“建设一个什么样的世界、如何建设这个世界”这一时代课题的答案，构建人类命运共同体从两个层面为认识和解决当今世界的发展伦理问题提供了中国方案。一是肯定、尊重和保障世界各国的发展权利。当前，各国共同发展与共同繁荣已经成为多数国家的一个基本共识和共同追求，但同时个别国家仍然容不下别国的和平与发展，泛化国家安全，把经贸和科技交流政治化、武器化，单边主义、保护主义势力抬头并上升。构建人类命运共同体的理念顺应世界公正发展的愿望和潮流，支持和促进世界各国谋求自身发展的努力。二是在实现自身发展的同时，积极推动世界其他国家的发展。“一百年来，党既为中国人民谋幸福、为中华民族谋复兴，也为人类谋进步、为世界谋大同，以自强不息的奋斗深刻改变了世界发展的趋势和格局”①。面对世界百年未有之大变局的加速演进，习近平创造性地提出构建人类命运共同体的理念，主张通过对话协商、共建共享、合作共赢、交流互鉴，建设持久和平、普遍安全、共同繁荣、开放包容、清洁美丽的世界，并以倡导和建设“一带一路”、发起成立亚洲基础设施投资银行和金砖国家新开发银行、积极开展亚丁湾维和护航行动、缔结并履行《巴

---

① 中共中央关于党的百年奋斗重大成就和历史经验的决议．北京：人民出版社，2021：64.

黎气候协定》、倡导构建人类卫生健康共同体等实际行动，践行以义为先、义利并举的义利观。

以协调国际伦理关系的方式为国际伦理建构提供理念和实践支持。当前，世界多极化的趋势虽然没有改变，但大国关系发生了深刻变化，大国与小国、强国与弱国、富国与穷国之间关系的不平等更加明显，单边主义、保护主义、霸权主义、强权政治等错误思维和做法依然存在，国际关系领域的不确定、不稳定、难预料因素增多。在错综复杂的国际关系中，一个基础性的核心问题是本国利益与他国利益、民族利益与人类共同利益之间的关系问题。这一问题既是一个现实的经济、政治、文化利益关系问题，也是一个典型的伦理关系问题。以构建人类命运共同体的理念和实践来认识与解决这一问题，既意味着运用现实的经济、政治、文化等方式或途径，也意味着运用价值观和道德观层面的伦理思路或伦理方案。事实上，本国利益与他国利益、民族利益与人类共同利益之间的关系实质上也是一种义利关系；调整这种关系直接涉及义利观。显然，义利关系和义利观问题是一个基本伦理问题。是以民族利己主义还是以以义为先、义利并举的义利观来认识和处理国与国之间的利益关系，在很大程度上决定着国与国之间关系的发展和走向。人类命运共同体主张以以义为先、义利并举的义利观来认识和处理国与国之间的利益关系。习近平指出，“我们要在发展自身利益的同时，更多考虑和照顾其他国家利益。要坚持正确义利观，以义为先，义利并举”①。

以倡导与践行国际伦理原则和精神的方式为国际伦理建构提供理念和实践支持。解决国际伦理问题、协调国际伦理关系，离不开正确伦理原则和精神的指导。构建人类命运共同体的理念作为新形势下对和平共处五项原则的传承、弘扬和升华，以倡导与践行一系列符合时代发展潮流和世界各国共同愿望的国际伦理原则为建设国际伦理文明提供支持。一是休戚与共的共在原则。全人类的生存发展不能脱离集体而单独存在，人类整体的命运是休戚与共的。二是平等相待的共商原则。新型国际关系的构建还没有形成一种国际性伦理原则，但在国际社会中坚持合作共赢、互利互惠

---

① 习近平谈治国理政：第2卷．北京：外文出版社，2017：501.

的原则越来越受到欢迎和支持，各国不再坚持以往的零和博弈以及冷战思维。三是权责并重的共担原则。人类命运共同体的构建仍处于初级阶段，面对全球性问题，单凭一个国家或地区的力量难以得到有效解决，需要世界各国共同承担起建设美好世界的责任，需要世界各国同舟共济、权责共担。四是义重于利的共建原则。义代表全人类的共同利益，世界各国应从大局出发，着眼于全人类的共同利益，秉持“天下一家”理念而求同存异，共同构建人类命运共同体。五是和而不同的共享原则。习近平在论述构建人类命运共同体的过程中强调，文明的繁荣兴盛以及人类的进一步发展，需要世界各国互学互鉴、求同存异、共同努力。

（五）加快建构中国特色伦理学“三大体系”

中国特色伦理学学科体系、学术体系和话语体系，既是中华伦理文明新形态的重要组成部分和重要标志，也是赓续建构中华伦理文明新形态的重要基础和成果体现。中华伦理文明新形态，作为中国共产党带领全国人民创造的人类文明新形态的重要组成部分和中国伦理范本，内蕴建构中国伦理学自主知识体系的理论自觉，必须以建构中国特色伦理学“三大体系”为载体和依托。

中国特色伦理学学科体系是为满足我国伦理学发展和社会需要，从宏观层面对伦理学知识进行逻辑分类和布局而形成的伦理学学科门类，是包括伦理学学科分类与设置、学科发展的目标与架构、教学与科研队伍的配置等一系列要素在内的有机系统。伦理学学术体系和话语体系是构成伦理学学科的两个方面。中国特色伦理学学术体系是中国特色伦理学理论和方法组成的有机系统，是揭示伦理学对象、本质、规律的成体系的理论和知识。从内容来看，中国特色伦理学学术体系主要包括两个方面：一是我国伦理学研究的知识体系，包括伦理学学术命题、学术思想、学术观点等；二是为我国伦理学发展提供指导的理论和方法，以及学术标准和评价体系等。伦理学话语体系是伦理学学术体系的表现形式和语言载体，是伦理学理论和知识的语词表达。中国特色伦理学的“三大体系”既相互区别又密不可分，共同构成一个相辅相成的内在统一体。

新中国成立70多年来，我国伦理学学科建设和理论研究取得重要进展，已经形成较为完善的伦理学体系，但同时也存在“学科体系、学术体系、话语体系建设水平总体不高，学术原创能力还不强”① 的问题，中国伦理学解释和服务现实的能力亟待增强，在国际上的话语权亟待提升。正因如此，习近平向全国发出“加快构建中国特色哲学社会科学的号召”。落实到新时代中国伦理学的发展，必须体现“加快构建”和“中国特色”这两个关键词。就前者而言，建构中国特色伦理学体系具有重大意义和现实紧迫性。面对世界百年未有之大变局的加速演进、中华民族伟大复兴的加速推进，中国伦理学必须顺势而为、加速发展，以适应中国式现代化和满足人民道德生活需要。就后者而言，我国已经建立比较完整的伦理学体系，但立足中国本土，具有中国特色、中国风格、中国气派的伦理学建构尚未完成。这就意味着建构中国特色伦理学“三大体系”不是从零开始，而是要在现有伦理学体系的基础上，着力凸显中国伦理学的中国特色、中国风格、中国气派。为此，必须正确认识和处理整体与部分、伦理学与其他哲学社会学科、继承与创新、本土化与国际化等之间的关系，统筹推进中国特色伦理学“三大体系”建设，建构全方位、全领域的中国特色伦理学。

第一，整体与部分的关系。从构成要素来看，中国特色伦理学体系不仅包括学科体系、学术体系、话语体系，而且这三大体系之下又包含诸多子系统。例如，伦理学学科体系发展到今天，不仅涵盖伦理学原理、马克思主义伦理学、中国伦理思想史、外国伦理思想史等传统学科，而且包含由伦理学与经济、政治、文化、社会、科技、生态、民族等各个领域相结合而形成的应用伦理学；既包含传统和基础性学科，也包含新兴学科、前沿学科、交叉学科等一系列学科类型。伦理学学术体系则既包括学术训练、学术研究、学术评价等学术活动体系，也包括伦理学学术研究和发展形成的学术思想、学术观点、学术方法，还包括教材体系、学术标准和人才培养体系。伦理学话语体系则是各种伦理学专业术语、表达方式和交流工具的总和，从不同的角度可以分为不同的类型，如官方话语体系、学术话语体系、民众日常话语体系等。认识和处理中国特色伦理学“三大体

① 习近平．在哲学社会科学工作座谈会上的讲话．人民日报，2016－05－19(2).

系”建设中整体与部分的关系，既要注重协调中国特色伦理学与其学科体系、学术体系、话语体系之间的关系，在统筹把握和整体推进中实现中国特色伦理学“三大体系”齐头并进与协同发展，又要着力协调“三大体系”与其内部各构成要素和环节之间的关系，从而使“三大体系”与其内部构成要素相辅相成、相互促进，以有机整体的方式发挥应有的功能和作用。

第二，中国特色伦理学“三大体系”与其他哲学社会科学的关系。中国特色伦理学是建构中国特色哲学社会科学的重要组成部分。中国特色伦理学“三大体系”是在中国特色哲学社会科学的建构中建构的，离不开对中国特色哲学社会科学理论和方法的借鉴与综合运用。从伦理学学科体系来看，在新中国伦理学与其他学科之间的关系上出现过片面强调伦理学学科的独立性和将伦理学社会科学化两种倾向。前者造成伦理学与哲学其他二级学科，以及与经济学、政治学、法学、社会学等学科之间的理论隔阂；后者淡化和忽视了伦理学的哲学学科属性。为此，要改变把伦理学社会科学化的思维和做法，坚持中国特色伦理学是哲学的一个重要分支学科的基本属性，在坚持伦理学作为一门独立学科发展的基础上，消除伦理学与其他哲学社会科学的理论隔阂，借鉴并综合运用其他哲学社会科学的理论和方法，不断丰富和发展中国特色伦理学学科体系。从伦理学学术体系和话语体系来看，构建中国特色伦理学主要面临伦理学学术研究的独立性和伦理学学术话语的地位问题。伦理学作为一门特殊的实践科学，回应社会现实和社会实践是自己的基本使命和任务。特别是在世界百年未有之大变局加速演变、中华民族伟大复兴加速推进的新时代，全面推进中国式现代化不仅要靠经济和科技的发展和进步、各层面各领域制度和政策的完善，也需要包括伦理学在内的多学科的理论贡献和学术支持。在这一过程中，如何认识和处理伦理学学术研究的相对独立性与服务现实的功能、伦理学学术话语与政治话语等之间的关系，是建构中国特色伦理学必须重视的问题。为此，伦理学学术研究既要面向全面推进中国式现代化的实践，为之提供伦理思路和伦理支持，又要坚持自身的学科特性，在服务现实中丰富和完善自身的学术体系，在坚持相对独立的学术研究中为现实实践提供伦理学的支持。伦理学话语体系建设则要坚持中国特色伦理学政治话语、学术话语与生活话语的统一，在基于中国特色社会主义事业的伦理学政治话语、基于相对独立伦理学学术研究的学术话语和基于人民道德生活实践的伦理学生活话语的相互转换中，不断丰富和发展中国特色伦理学学术话语体系。

第三，继承与创新的关系。中国特色伦理学的建构离不开对以往理论资源的传承、弘扬和吸收。传承、弘扬和吸收已有理论资源，不仅是中国特色伦理学“三大体系”建构的内在要求，也是中国伦理学之中国特色的直接来源。中国特色伦理学的建构要继承的已有理论资源主要包括两个方面：一是对中华优秀传统伦理文化的继承和创新；二是在新时代中国特色伦理学的建构进程中，对前一阶段伦理学“三大体系”建设成果的传承和发展。这正是中国特色伦理学发展的理论基础和历史逻辑。在新中国伦理学发展历程中，出现过全盘接收和全盘否定两种错误倾向；在实践中，坚持继承与创新的统一，特别是通过一定的方式和机制把它转化为具体可行的研究方法，还面临着一些挑战和问题。比如，目前我国学界对中国伦理思想史的研究，大多仍停留在对中国传统伦理思想的独立研究上，就中国传统伦理思想史来研究中国传统伦理思想史，未能着眼于中华优秀传统伦理文化的创造性转化和创新性发展，未能把中国传统伦理思想研究与中国特色伦理学建构相结合，未能使中国传统伦理思想史研究面向和服务于中国特色伦理学建构，未能为中国道德建设和人民美好生活提供传统伦理资源；而在目前我国应用伦理学研究中，特别是在对经济和社会各领域现实问题进行伦理学研究时，由于很多应用伦理学方面的学者对中华传统伦理文化缺乏深入了解和研究，未能从中华优秀传统伦理文化中寻找相应的理论资源，大多是用西方应用伦理学的一些理论和方法来分析中国的实践问题，中国应用伦理学解释和服务现实的能力亟待提升。在这样的情况下，在坚持继承与创新的统一中建构和完善中国特色伦理学“三大体系”，可以中国伦理学理论、实践与中国伦理思想史研究的结合为契合点，把中国特色伦理学建构的起点、使命和任务与中华优秀传统伦理文化的性质、内涵和特性结合起来，从而使中华优秀传统伦理文化的创造性转化和创新性发展在中国特色伦理学建构中发挥基础性作用。

第四，本土化与国际化的关系。中国特色伦理学基于中国道德实际和历史文化而建构，必然以中国社会道德建设和人民道德生活为主题，必须立足中国、根植本土，及时总结和体现中国本土的思想、理论成果和实践经验。因此，本土化是立足中国道德实际的中国特色伦理学“三大体系”建构的内在要求和必然趋势。同时，中国伦理学“三大体系”的自主建构和发展并不意味着要“关起门来搞建设”。相反，国际化则是全球化时代中国特色伦理学“三大体系”建构的客观要求和必由之路；必须在平等尊重的基础上，批判借鉴与吸收世界其他国家伦理学的理论和方法，建构具有开放性、世界性的伦理学。应该说，本土化与国际化作为中国特色伦理学发展的内在要求和客观要求，总体上是相互促进、相辅相成的关系。但在新中国伦理学发展历程中，出现过片面强调与国际接轨、言必称西方和片面强调自主发展、完全排斥国外伦理文化两种错误倾向，有的至今仍未完全消除。前者看到了西方伦理学的一些优长，看到了学习和借鉴西方伦理学的重要性，但走向了极端，过于崇拜西方伦理学成果，把西方伦理学视为中国伦理学的标杆，甚至套用西方伦理学来解释中国的道德实践和伦理问题；后者强调中国伦理学“三大体系”建设必须走独立自主的发展道路，但走向了另一个极端，盲目排斥国外一切伦理文化，造成中国伦理学的封闭式发展。新时代建构中国特色伦理学“三大体系”，必须反对上述两种错误倾向，既坚持独立自主，立足中国现实和中国语境，又坚持“洋为中用”，批判借鉴与吸收国外有益伦理文化。

第六章　中华伦理文明新形态的话语体系

每一种伦理文明形态都拥有自身的话语表达系统。中华伦理文明新形态的话语表达系统是当代中国道德话语。从历史来看，中国道德话语是一个由语音、文字、词汇、语句、语法、修辞等要素构成的规范性语言体系，其构成要素大都具有伦理表意功能，是中华民族表达伦理意义依托的主要媒介。中国道德话语是中华民族在长期共同生活、共同发展的过程中共同创造的道德语言体系，是中华伦理文明的表征，其主要功能是表达中华民族的道德思维、道德认知、道德情感、道德意志、道德信念、道德行为和道德记忆，满足中华民族道德生活的交际需要。中国道德话语在历史上对中华伦理文明的建构与发展发挥了极其重要的作用，中华民族在5000多年的文明发展史上用中国道德话语谱写了丰富多彩的道德故事，它们的传承传播需要借助中国道德话语的伦理叙事功能。另外，中国道德话语在中国社会经历了错综复杂的历史演进，形成了自身发展的传统和规律。在中国特色社会主义新时代，中华民族要讲好中国故事、传播好中国声音、宣传好中国价值，必须大力推进当代中国道德话语的新时代创新与建构，着力加强自身的国内国际传播能力建设。中华伦理文明新形态的建构与发展需要当代中国道德话语的强力支持。我们为此需要追溯中华伦理文明新形态话语体系的来源，勾勒中华伦理文明新形态的道德概念体系并展现其精神旨趣，刻画中华伦理文明新形态话语体系的主要特征，打造中华伦理文明新形态话语体系的传承传播能力。

一、中华伦理文明新形态话语体系的来源

综观人类文明发展史，每种文明都是主体实践的结果，都是主体在关

涉生产生活时表现出来的社会秩序状态，是在历史和空间中不断形成与发展的过程，因此，任何一种文明都不是无源之水。中华伦理文明新形态，是人类文明新形态的价值内核，是在中国式现代化形成与发展过程中孕育出来的中华民族的独特价值框架和善观念体系，是中国共产党团结带领中国人民、中华民族在推进中国式现代化的过程中，以马克思主义伦理思想及其中国化成果为指导，以中华优秀传统伦理、中国革命伦理、社会主义先进伦理为底蕴，以西方积极伦理文明成果为借鉴，不断奋力建构出的具有中国特色、符合新时代要求和反映人类伦理文明发展规律的社会主义伦理文明范式。把握中华伦理文明新形态及其道德话语，必须从其继承、发展、借鉴和吸收的源头处入手。

（一）中国传统道德话语

中华文明有着源远流长的历史。它萌生于传说中的三皇五帝时期，发轫于周初，在“百家争鸣”的东周形成以儒家、道家、法家、墨家等为核心代表的不同伦理思想流派；经历秦汉隋唐至宋元明清，以儒释道为核心的伦理思想汇流后呈现出成熟的中国传统伦理范式；直到现代，面对西方文化的冲击，在中西碰撞之间最终走向了马克思主义伦理。历史的积淀塑造了中华民族的精神和品格，这种民族精神和品格最集中地反映在中国传统伦理思想中，“它是中华传统文化的内在精髓与价值内核”①，代表着中华民族鲜明的精神标识。中国传统伦理思想贡献了中国传统道德话语，中华伦理文明新形态的形成与发展就是对中华优秀传统文化的创造性转化和创新性发展，深刻理解与把握中国传统伦理思想和中国传统道德话语，对全面认识中华伦理文明新形态具有重要的奠基作用。

中国传统伦理思想和中国传统道德话语经历数千年的发展，尽管形成了儒、道、墨、法、佛等许多不同的理论流派，产生了丰富的伦理思想，但是因为植根于中国古代特定的社会环境，所以具有一些普遍的共性，“家族本位的社会结构、自给自足的自然经济、君主专制的政治制度，构

① 李建华．人伦至理：协调的伦理学．北京：社会科学文献出版社，2024：600.

成了中国伦理思想形成的社会历史背景”①，从而也具有一些共同的基本特征。

第一，中国传统伦理道德话语通过一系列话语概念构造出一种伦理本位的文化观。所谓“伦理本位”，就是以“人伦之理”为基础构建起人生和社会的整个规范。梁漱溟曾说，中华文化和中国哲学最盛且微妙的就是有关人生哲学的独特见解了，“假使东方文化有成就，其所成就的还是在精神方面”②。中国传统伦理在根本上扎根于对个人生命及个人生活于其中的民族生活的理解，中华民族的文化精神主要就是一整套有关伦理精神的思想体系和道德话语体系。在中华民族的传统中，以氏族宗法血亲关系为核心，然后再把这种血亲关系渗透到社会生活和国家生活中，构成了独具特色的“家国同构”结构。家是最小的关系单位，国是家的放大，家庭的基本结构与家庭成员之间的关系被推广为社会规范和国家的政治结构。所以，《大学》中讲：“古之欲明明德于天下者，先治其国；欲治其国者，先齐其家……家齐而后国治，国治而后天下平”③。中国传统伦理推崇基于血缘的人伦关系，以家庭为基本单位，主张孝为德之本，强调家庭关系中的孝亲，强调个人对国家的忠爱，体现出强烈的伦理本位色彩。

第二，中国传统伦理道德话语体现出一种以家族和群体为本位的整体主义观。在中国传统伦理思想中，个人只有被放置在家族和群体中才能获得自我的身份认同，并不存在脱离社会关系而存在的抽象个体，个体必须依托家族和群体，才能凸显其价值。家族和群体的利益与价值是优先的，强调家族和群体的整体主义道德观是中国传统伦理的突出特征。孔子说：“君子务本，本立而道生。孝弟也者，其为仁之本与”④；孟子说：“老吾老，以及人之老；幼吾幼，以及人之幼”⑤。这些正是强调家族伦理是根本的代表。“天下为公”作为整体主义的代表，贯穿中国历史，从尧舜禹

---

① 《伦理学》编写组．伦理学：第2版．北京：高等教育出版社，2021：18.

② 梁漱溟．东西文化及其哲学．上海：上海人民出版社，2014：75.

③ 朱熹．四书章句集注．北京：中华书局，1983：3－4.

④ 朱熹．四书章句集注．北京：中华书局，1983：48.

⑤ 朱熹．四书章句集注．北京：中华书局，1983：209.

的禅让对“天下为公”的具体践行，到先秦“大道之行也，天下为公”，再到黄宗羲提出“天下为主君为客”、顾炎武主张“以天下之权，寄之天下之人”、王夫之喊出“不以一人疑天下，不以天下私一人”，一直到顾炎武概括说“天下兴亡，匹夫有责”，无不体现了中华传统伦理文明中公忠爱国的优良传统。

第三，中国传统伦理道德话语体现出一种仁爱礼教的精神气质。儒家是中国传统伦理最主要的代表，儒家最典型的代表孔子的核心思想可以总结为两个字：“仁”和“礼”。孔子讲：“克己复礼为仁。一日克己复礼，天下归仁焉”①，“孝弟也者，其为仁之本与”②，“人而不仁，如礼何？人而不仁，如乐何？”③ 在孔子看来，“仁”是最根本的道德观念，是为人的根本。孟子将“仁”概括为“仁者爱人”，仁爱是普遍的、公正无私的博爱。“仁”从爱亲发展出来，泽及普遍的爱人，直至爱物，所以孟子讲“亲亲而仁民，仁民而爱物”④。“仁”的本质就是爱的精神。如果说“仁”是中国传统伦理的内在核心，那么“礼”就是“仁”的外在表现，归于“仁”的名目总是要通过“礼”表现出来。比如讲孝，“生，事之以礼；死，葬之以礼，祭之以礼”⑤；比如讲人格养成，“君子敬而无失，与人恭而有礼。四海之内，皆兄弟也”⑥。因此，在孔子看来，“仁”与“礼”是人表现伦理道德品质不可或缺的两个方面。正是通过孔子，中华民族开拓出了注重外在礼仪与内在伦理道德精神相统一的道德文化。

第四，中国传统伦理道德话语体现出以义制利的价值追求。孔子首先提出“义”与“利”的分野，认为“君子喻于义，小人喻于利”⑦，把追求“义”或者“利”看作区分君子与小人的标准，认为君子应以“义”

① 朱熹．四书章句集注．北京：中华书局，1983：131.
② 朱熹．四书章句集注．北京：中华书局，1983：48.
③ 朱熹．四书章句集注．北京：中华书局，1983：61.
④ 朱熹．四书章句集注．北京：中华书局，1983：363.
⑤ 朱熹．四书章句集注．北京：中华书局，1983：55.
⑥ 朱熹．四书章句集注．北京：中华书局，1983：134.
⑦ 朱熹．四书章句集注．北京：中华书局，1983：73.

为原则，依照“礼”的要求去实行它，要求君子“见得思义”。后儒基本继承了孔子的这一思想。孟子在面见梁惠王阐述其仁政思想时说：“王何必曰利？亦有仁义而已矣”①；荀子说：“先义而后利者荣，先利而后义者辱”②。当然，儒家也并非完全反对“利”，而是认为要以“义”制“利”。孔子说：“富与贵是人之所欲也，不以其道得之，不处也；贫与贱是人之所恶也，不以其道得之，不去也”③；荀子明确地指出，“义与利者，人之所两有也”④；孟子和朱熹同样认为，“利”是人情之所欲也。因此，儒家虽然认为“义”与“利”之间存在对立关系，但同样强调“义”与“利”之间的统一关系。所以，南宋陈亮提出“义利双行”也并非不能与儒家兼容。事实上，颜元、王夫之也都持有类似的观点。当然，除了儒家的义利观之外，还有墨家“交相利”、名家“以利辅义”、道家“无利无为”等不同的道德观。但总体而言，“儒家主张的重义轻利、以义制利、先义后利的观点始终占主导地位”⑤，形成了中国文化的主体价值追求，构成了中国传统伦理道德观的主要道德话语。

第五，中国传统伦理道德话语体现出和而不同的精神旨趣。这种精神旨趣一方面表现出相互包容、兼收并蓄的包容性，另一方面表现出团结互助、和谐友爱的和谐性。在包容性方面，中国传统伦理在学理上表现为“万物并育而不相害，道并行而不相悖”⑥、“万物负阴而抱阳，冲气以为和”⑦，而在实践上则表现为不同的思想在相互激荡的过程中相互借鉴、相互吸收，最终实现兼收并蓄、自我更新。无论是先秦时期诸子百家最后

---

① 朱熹．四书章句集注．北京：中华书局，1983：201.

② 王先谦．荀子集解．沈啸寰，王星贤，点校．北京：中华书局，1988：68.

③ 朱熹．四书章句集注．北京：中华书局，1983：70.

④ 王先谦．荀子集解．沈啸寰，王星贤，整理．北京：中华书局，1988：592.

⑤ 《伦理学》编写组．伦理学：第2版．北京：高等教育出版社，2021：19.

⑥ 论语·大学·中庸．陈晓芬，徐儒宗，译注．北京：中华书局，2015：352.

⑦ 陈鼓应．老子今注今译．北京：商务印书馆，2016：233.

在汉代被定性为“罢黜百家，独尊儒术”，还是魏晋南北朝时期佛教道教的发展最后融合进新儒家，莫不如是。在和谐性方面，中国传统伦理形成了全方位讲究和谐的世界观、人生观和价值观。《尚书》记载尧治国的理念就是“平章百姓……协和万邦”①，儒家主张的“礼之用，和为贵”②、“天时不如地利，地利不如人和”③，道家提出的“与天和”“与人和”，墨家提出的“兼相爱”“交相利”，无不表达了讲究和谐的世界观、人生观和价值观。总之，和而不同的精神旨趣形成了中华民族讲究中庸、中和的兼收思维，培养了中华民族以和为贵、注重和谐、爱好和平的精神，成为中华民族兼容并包天下观的核心，可以为人类文明新形态建构的人类命运共同体奠定坚实的思想基础。

第六，中国传统伦理道德话语体现出修身为本的崇德追求。在中国传统伦理思想中，注重个人品格的修炼是道德的核心。无论是儒家强调的“自天子以至于庶人，壹是皆以修身为本”④，还是道家主张的“尊道贵德”，都强调个人要强化自身的道德修养。儒家主张“古之欲明明德于天下者，先治其国；欲治其国者，先齐其家；欲齐其家者，先修其身”⑤，强调通过修身以至齐家治国平天下；道家强调顺应“自然”而“无为”，强调通过个人的“心斋”“坐忘”以至“逍遥游”；墨家、法家等则强调修身应该指向利民和强国。各家虽然在通过修身所要达到的目标旨趣上有差异，但在强调修身是道德的根本这一点上，却有着共同的精神追求。

概括而言，中国传统伦理围绕着道德本质、个人修身、道德与利益的关系、人伦日常等形成了有关道德的独特看法，体现了中华民族有关人生道德现象和社会道德关系的深刻思考与独特看法，为今天进行道德修养和道德建设提供了深刻的基础，为中华伦理文明新形态的建构提供了有益的启示。

---

① 尚书．曾运乾，注．黄曙辉，校点．上海：上海古籍出版社，2015：3.

② 朱熹．四书章句集注．北京：中华书局，1983：51.

③ 朱熹．四书章句集注．北京：中华书局，1983：241.

④ 朱熹．四书章句集注．北京：中华书局，1983：4.

⑤ 朱熹．四书章句集注．北京：中华书局，1983：3.

（二）马克思主义道德话语

马克思主义在历史发展过程中成为中国共产党和中国人民的指导思想。中国共产党带领中国人民创造的人类文明新形态，在根本上得益于马克思主义思想的指导。中华伦理文明新形态，作为人类文明新形态的价值内核，在根本上得益于马克思主义伦理思想的指导。马克思主义伦理思想在传入中国的过程中，不断与中国革命、建设和改革的道德生活实际相结合，与中华优秀传统伦理文化相结合，形成了独特的中国化的马克思主义伦理思想，不断凝聚发展成人类文明新形态的价值内核，体现出独特的中华伦理文明新形态。追本溯源地呈现马克思主义经典作家有关伦理文明的经典理论，有利于更好地理解和把握中华伦理文明新形态的内涵。

马克思主义伦理思想是马克思主义经典作家马克思和恩格斯创立的伦理思想，他们是马克思主义伦理思想原创性的创造者。在这之后，列宁将马克思主义伦理思想与俄国革命和建设的具体道德生活实际相结合，创立了列宁主义伦理思想，形成了马克思主义伦理思想发展的新阶段。马克思和恩格斯创立、列宁继承和发展的马克思主义伦理思想呈现出以下特征：

第一，马克思主义道德话语的精神内核是唯物史观和唯物辩证法。正是依据唯物史观和唯物辩证法，马克思和恩格斯深刻地揭示了道德的本质、属性、功能和作用。马克思主义伦理思想“将人类道德奠基于唯物史观的基础之上，从社会存在决定社会意识、社会意识反作用于社会存在的既唯物又辩证的角度肯定利益对道德的决定性和道德对利益的能动性，并自始至终将道德视为协调利益、促进个人利益与社会集体利益和谐发展的方式和力量，理性而科学地确立了道德在个人生活和社会发展中的地位，使研究道德的伦理学真正成为一门科学”①。按照马克思主义伦理思想的立场，道德在本质上是一种特殊的社会意识形态，在根本上是由经济基础决定的，是社会经济关系的反映，是一种独特的实践精神。道德在属性上是由人们在具体的社会关系中决定的，体现着特定阶级在特定时代所具有的阶级性和先进性。道德的功能集中表现为对个人与他人、个人与社

① 王泽应．伦理学原理．北京：中国人民大学出版社，2021：56.

会之间关系的调节，是一种通过认识、调节等进行自我完善的精神力量。道德的社会作用是对道德功能的实现，影响着人们的意志、行为和品格，影响着社会的存在和发展，影响着人类文明的发展进程。

第二，马克思主义道德话语对道德的阶级性做出了深刻的揭示。马克思主义伦理思想认为，道德是具体社会关系中人的关系的总和，“作为**确定的人**，现实的人，**你**就有**规定**，就有使命，就有任务……这个任务是由于**你的**需要及其与现存世界的联系而产生的”①。抽象的先验道德是不存在的，在阶级社会里，道德总是具有阶级性的，统治阶级总是要求道德为自己的利益做辩护，而被统治阶级则试图通过道德使自己摆脱统治阶级的剥削与压迫，人们“总是从他们阶级地位所依据的实际关系中——从他们进行生产和交换的经济关系中，获得自己的伦理观念”②，历史上的奴隶社会、封建社会和资本主义社会，都存在剥削的阶级道德的对立，奴隶主与奴隶的对立、地主与农民的对立、资产阶级与无产阶级的对立，概莫如是。在这个意义上，尽管资产阶级鼓吹天赋人权、人人平等，倡导自由、平等、博爱，但这却是有关抽象人性的道德；他们在另一方面信奉的是金钱拜物教、个人主义和利己主义，资本家正是通过榨取工人的剩余价值对工人阶级进行剥削和压迫。只有进入社会主义社会，广大劳动人民才成为真正的国家的主人，人民当家作主，才真正实现了最广大人民的民主专政，但只有最终实现共产主义，才可能消灭阶级，消灭剥削，出现真正的全人类的道德。

第三，马克思主义道德话语全面阐述了无产阶级道德和共产主义道德。马克思主义伦理思想来源于无产阶级的革命实践，是在对历史上封建地主阶级、资产阶级的斗争实践中发展起来的道德形态。马克思主义伦理思想以唯物史观和唯物辩证法为理论依据，“将伦理道德观与阶级斗争学说、无产阶级的历史使命结合起来，阐释了无产阶级的道德观念和品质，认为无产阶级具有团结战斗、大公无私的高尚品德，具有为全人类谋幸福、求解放的崇高胸怀，敢于为绝大多数人的利益和全人类的解放事业而

① 马克思恩格斯全集：第3卷．北京：人民出版社，1960：329.

② 马克思恩格斯文集：第9卷．北京：人民出版社，2009：99.

斗争”①，“为巩固和完成共产主义事业而斗争，这就是共产主义道德的基础”②。无产阶级道德观强调超越人对人的依赖和人对物的依赖，强调人的全面发展，人的自由全面发展是无产阶级的共产主义道德理想。在共产主义道德理想中，“每个人的自由发展是一切人的自由发展的条件”③，每个人都是为人类的幸福和自身的完美而劳动和选择职业，个人利益与整体利益都在集体主义的“自由人的联合体”中得到了辩证的实现。

第四，马克思主义道德话语注重通过实践改造人自身和世界。马克思主义伦理思想将劳动实践和现实的道德生活作为伦理学研究的起点，强调道德植根于实践，道德要为现实的生活服务。马克思主义伦理思想认为，道德是人类社会特有的现象，劳动将人类的这种特殊性呈现出来，劳动创造了道德的主体，劳动的分工与协作促使道德不断发展和成熟。正是通过劳动分工，道德实践不断地改造着人和世界，“随着分工的发展也产生了单个人的利益或单个家庭的利益与所有互相交往的个人的共同利益之间的矛盾；而且这种共同利益不是仅仅作为一种‘普遍的东西’存在于观念之中，而首先是作为彼此有了分工的个人之间的相互依存关系存在于现实之中”④。道德正是作为一种实践精神，表现为特殊意识信念、行为准则和评价选择，调节着人自身的行为；同时，也通过调节社会关系改变着人类自身生活的世界。

总之，马克思主义道德话语建立在唯物史观和唯物辩证法的基础上，具有科学性、先进性和实践性的统一。马克思主义伦理思想立足人类社会存在的物质基础，以实现全人类的解放和发展为最终目标，把“人人为我，我为人人”和“各尽所能，按需分配”的准则渗透到日常生活中，把个人利益和集体利益有机地结合在集体主义和人民至上的道德原则中，向我们揭示了人类发展的崭新道德天地，为中华伦理文明新形态的发展指明了方向。

---

① 《伦理学》编写组．伦理学：第2版．北京：高等教育出版社，2021：39.
② 列宁专题文集：论无产阶级政党．北京：人民出版社，2009：289.
③ 《伦理学》编写组．伦理学：第2版．北京：高等教育出版社，2021：40.
④ 马克思恩格斯全集：第1卷．北京：人民出版社，2009：536.

（三）外国道德话语

中华伦理文明新形态是全球化时代具有普遍性的文明形态，不仅以马克思主义伦理思想为基础，吸收了中国传统伦理的影响，而且借鉴吸收了西方伦理文明的思想精髓。不过，需要特别注意的是，西方伦理文明是一个泛指，而并不是一个连续性的叙事①。现代西方文明是在借鉴吸收许多古老文明的基础上形成和发展起来的，这里的西方伦理文明也是这种泛指。在这个意义上，西方伦理文明包括古希腊罗马的伦理思想、中世纪的基督教伦理思想以及文艺复兴之后西方各国出现的启蒙伦理思想等。我们在一种比较视野的意义上便宜行事。尽管如此，任何有相互交集的文明都彼此互鉴、相互影响。现代西方文明作为现代文明最主要的代表，毫无疑问地影响了包括中国在内的很多国家和文明。在文明互鉴的意义上全面地考察现代西方文明及其深受影响的各种文明源头，对于进一步构建和发展中华伦理文明新形态具有重要参考价值。

概括而言，尽管西方伦理文明并非一个连续统神话，但现代西方伦理文明在吸收各种文明的基础上确实形成和发展出了一些具有典型性的特征，打造出了一套比较稳定的话语体系。有必要择其要者而介绍之。

第一，伦理价值二分的道德话语体系。西方伦理文明无论从源头上，还是从价值内容上，始终都表现为一种二分的结构。首先，从源头上看，西方伦理文明存在着两希传统，由古希腊美德伦理和希伯来宗教伦理共同塑造。古希腊美德伦理倡导逻各斯引导的理性精神，而希伯来宗教伦理强调非理性的情感信仰。其次，从价值内容上看，从源头处具有的二分被西方一以贯之地用到了自己有关善恶的二元冲突中。无论是古希腊罗马"逻各斯"与"神话"的对立，还是中世纪理性与信仰的冲突，一直到现代理性与情感、事实与价值、道义与目的的二分，无不贯穿了这种价值二

---

① 韩震认为，从古希腊罗马到现代欧洲，欧洲文明具有连续性的叙事是19世纪以来欧洲学术界构造的神话。尽管现代西方文化与古希腊罗马文化之间有连续性和共同性，但古希腊罗马文化与西亚北非等地中海文明之间的共同性、近缘性和连续性要远超与西欧文明的联系。因此，我们完全有理由破除西方中心主义的连续性神话。［韩震．古希腊罗马文明的地中海文明属性：关于欧洲文明连续性神话的审视．中国社会科学，2024（10）：59－76］

分的张力结构。最后，这种二分结构也变成了西方现代伦理特别强调的方法论特征。从古希腊的助产术、逻辑辩证法，到中世纪的形式辩证法，再到现代的二律背反和理念辩证法，无不清楚地体现了这种方法论的张力结构。

第二，神人互竞的伦理关系及其道德话语体系。从西方现代伦理对源头处二分张力价值的继承可以看出，西方现代伦理在根本上是一种神人互竞的伦理思维。古希腊对人自身道德的推崇与希伯来对神的虔敬在中世纪演变为皇权与教权的强烈冲突。即使在文艺复兴之后的现代西方，即使笛卡尔、斯宾诺莎和莱布尼茨努力发展属于人的理性道德，终归也是在上帝的旨意下发展；即使培根、洛克和贝克莱努力发展属于人的经验道德，也依然相信上帝是最终的道德源头；甚至是极端怀疑的休谟和强调先验的德国古典哲学家们，终究也是在上帝的信仰下从事人的道德质疑和建构工作。启蒙道德如此强调人性，强调反上帝的人性光辉，但世俗时代也只是指导了国家政治，在个人和群体日常生活中，上帝信仰的宗教伦理依然是西方伦理文明的主流。在信神和不应该信神之间保持如此割裂的神人互竞，是西方伦理文明最让人惊讶的特征之一。

第三，个体与权利优先的道德话语体系。尽管在古代西方社会，无论是在城邦中，还是在神人关系中，人都是具体关系中的人，但是自从文艺复兴强调人文主义以来，抽象的单子式的个人主义成为现代西方伦理文明的主流。个人主义强调普遍抽象的人类主体性和自由本质，强调普遍抽象的天赋人权。自由被认为是人之为人获得尊严的根本，权利是人实现自由的现实保证，平等是保证普遍性人权的核心理念，民主是保障权利平等和人的自由的操作手段。很明显，现代西方发展的启蒙伦理植根于资本主义发展的特殊历史条件和社会背景，文艺复兴开启、启蒙运动完成的人文主义为了把人从神的束缚中解放出来，不得不抽象地建构起普遍的人性概念，发展与之相匹配的权利、自由、民主、平等等概念。尽管这些概念因其普遍性而自有其合理性，但是把这些概念脱离开现代西方资本主义发展的特定历史条件和社会背景，宣称为抽象永恒的“历史的终结”的人类永恒价值，则言过其实了。中华伦理文明新形态的发展当然需要借鉴吸收现代西方伦理文明超越其阶级性和时代性的思想精华，但也要警惕其植根于特殊性而被过度包装的虚假表象和概念空洞，真正做到在文明互鉴中吸收西方伦理文明的合理内核，而摒弃其伪装的糟粕。

第四，处理道德核心利益问题时动机与后果分野的道德话语体系。在现代西方伦理文明的发展过程中，强调动机的义务论和强调后果的目的论逐渐成为西方规范伦理学的两种典型代表。尽管西方文明在历史的发展过程中出现过各种伦理学思想，基本涵盖了伦理学需要处理的道德本原、意义、基础、原则、规范等各方面的思想，但强调道德动机和道德目的的二分却是现代西方伦理文明发展起来的独特现象，与伦理价值二分的张力结构有着一脉相承的思想渊源。在西方伦理思想的发展过程中，“任何一种具有价值立场和思维理路之连贯性的伦理学派或伦理学理论体系，都必须在两者之间作出抉择：要么遵循普遍道义论的理路，要么选择价值目的论的理路”①。这就是康德义务论和功利主义后果论发展成为规范伦理学之最典型对立代表的根源。中华伦理文明新形态的发展必须杜绝这种截然二分的思维模式和思想形态。

当然，西方伦理文明的特征绝不止以上四点，但是现代西方在反抗中世纪教会的压迫下，不断形成了以人性为核心的伦理价值体系，这种人文主义精神在早期确实解放了人性，推动了资本主义的发展，但伴随着时代和社会的发展，逐步形成了以个人主义为核心的抽象自由观、权利观、民主观和平等观等，个人的物质利益成为道德的出发点和归宿，人性自私论成为道德的基础。中华伦理文明新形态的建构和发展必须在对西方伦理文明，尤其是现代西方伦理文明的批判借鉴的基础上前行。

（四）当代中华民族的道德话语创新

中华伦理文明新形态是中国共产党以马克思主义伦理思想及其中国化成果为指导，建构出来的社会主义伦理文明范式。这种新范式既反对把“西方现代化”当成人类社会唯一可能的现代化模式，也反对文化保守主义拒斥“西方现代性”而否认文明互鉴的必要性的做法。中国选择了共产党，选择了马克思主义，都是时代的实践使然。马克思主义进入中国，也是同中国具体实际相结合、同中华优秀传统文化相结合的结果，是一个

① 《伦理学》编写组．伦理学：第2版．北京：高等教育出版社，2021：28.

批判继承、推陈出新的过程。毛泽东说过，对包括道德文明在内的人类文明的吸收，都是批判吸收的结果，“如同我们对于食物一样，必须经过自己的口腔咀嚼和胃肠运动，送进唾液胃液肠液，把它分解为精华和糟粕两部分，然后排泄其糟粕，吸收其精华，才能对我们的身体有益”①。马克思主义中国化的典型代表就是毛泽东思想和中国特色社会主义理论体系，在其中伦理思想占有重要位置。

毛泽东伦理思想是马克思主义伦理思想与中国新民主主义革命、社会主义革命和建设的具体道德生活实践、与中华优秀传统伦理文化相结合的产物。中国特色社会主义伦理思想是一个由邓小平理论蕴含的伦理思想、“三个代表”重要思想蕴含的伦理思想、科学发展观蕴含的伦理思想和习近平新时代中国特色社会主义思想蕴含的伦理思想等构成的思想体系。充分展示毛泽东思想和中国特色社会主义理论体系中的文明观与道德观，尤其是习近平新时代中国特色社会主义思想中的文明观与道德观，体现的是中华伦理文明新形态在当代中国的新发展和新创造。

1. 毛泽东伦理思想及其道德话语体系是20世纪中华民族伦理文明发展史上的杰出理论成果

毛泽东伦理思想坚持唯物史观的基本立场，认为道德“是人们经济生活与其他社会生活的要求的反映”②，道德具有阶级性，“不同的阶级有不同的道德观”③。基于唯物史观和道德的阶级性，毛泽东伦理思想既批判资本主义抽象道德观，也批判盲目崇古的旧道德，提倡以唯物史观和辩证唯物主义为基础，在经济和政治变革的基础上，发展新道德，古为今用、洋为中用。基于唯物史观和道德的阶级性，毛泽东伦理思想提出了“为人民服务”的核心价值理念，强调道德应该具有“人民性”，成为集体主义和无产阶级革命道德的核心。同时，毛泽东伦理思想坚持辩证唯物主义的基本立场，认为道德的动机与效果应该统一起来，“我们是辩证唯

① 毛泽东选集：第2卷．北京：人民出版社，1991：707.
② 毛泽东文集：第3卷．北京：人民出版社，1996：84.
③ 毛泽东文集：第3卷．北京：人民出版社，1996：84.

物主义的动机和效果的统一论者”①，要在动机与效果相统一的为人民谋福利的实践中做出道德评判。在唯物史观和辩证唯物主义的基本立场上，毛泽东伦理思想认为，道德人格的培养和道德教育是共产党人实现共产主义的关键。共产党人“无论何时何地都不应以个人利益放在第一位，而应以个人利益服从于民族的和人民群众的利益……大公无私，积极努力，克己奉公，埋头苦干的精神，才是可尊敬的”②。道德教育应以“团结-批评-团结”为方针，开展正确的批评与自我批评。总之，毛泽东伦理思想是马克思主义伦理思想中国化的第一大杰出理论成果，是中国共产党人带领中国人民、中华民族以马克思主义伦理思想为指导建构的中国革命和建设的新范式。

2. 邓小平理论、“三个代表”重要思想、科学发展观蕴含的伦理思想及其道德话语体系构成中国特色社会主义伦理思想的重要内容

党的十一届三中全会以后，面对国际国内新形势，以邓小平为主要代表的中国共产党人，在坚持马克思主义唯物史观和辩证唯物主义的基本立场上，深刻总结新中国成立以来的经验，解放思想，实事求是，开辟了社会主义现代化建设新时期。邓小平理论蕴含的伦理思想及其道德话语体系具有以下三个特点：（1）对社会主义本质进行了深刻认识和科学把握。邓小平理论认为，社会主义的本质是解放生产力，发展生产力，消灭剥削，消除两极化，最终达到共同富裕。（2）强调物质文明和精神文明共同发展。邓小平理论认为，物质文明和精神文明的充分发展是中国特色社会主义的重要内容与本质特征，“我们要建设的社会主义国家，不但要有高度的物质文明，而且要有高度的精神文明”③，物质文明和精神文明两手都要抓，两手都要硬。（3）提出要建立适合现代化建设的社会主义道德风尚。邓小平理论认为，判断是非善恶的根本标准是对社会主义现代化有利还是有害，主张用共产主义道德约束共产党员和先进分子，大力倡导“五讲四美三热爱”，弘扬“五种精神”，培育“四有新人”，树立社会主

① 毛泽东选集：第3卷. 北京：人民出版社，1991：868.
② 毛泽东选集：第2卷. 北京：人民出版社，1991：522.
③ 邓小平文选：第2卷. 北京：人民出版社，1994：367.

义社会的良好风尚。

党的十三届四中全会以后，以江泽民为主要代表的中国共产党人，在建设中国特色社会主义的实践过程中，加深了对“什么是社会主义、怎样建设社会主义”和“建设什么样的党、怎样建设党”的认识，形成了“三个代表”重要思想及其道德话语体系，“三个代表”重要思想突出地反映了以江泽民为主要代表的中国共产党人建设社会主义的伦理智慧。“三个代表”重要思想蕴含的伦理思想及其道德话语体系具有以下四个特点：（1）强调把国家利益和人民利益置于首位，又充分尊重公民个人的合法利益。“三个代表”重要思想要求“把个人利益与集体利益、局部利益与整体利益、当前利益与长远利益正确地统一和结合起来”①。（2）强调社会主义道德建设应与社会主义市场经济相适应。“三个代表”重要思想强调，中国共产党应始终代表先进生产力的发展要求，代表最广大人民群众的根本利益，代表先进文化的前进方向。（3）坚持“立党为公、执政为民”的人民至上价值观。“三个代表”重要思想坚持最广大人民群众的根本利益是最高标准，认为人民的利益高于一切。（4）强调以德治国与依法治国相结合。“三个代表”重要思想认为，精神文明建设和政治文明建设是新中国社会经济步入新的发展时期的重要治国方略。

党的十六大以后，以胡锦涛为主要代表的中国共产党人，根据新的发展要求，“深刻认识和回答了实现什么样的发展、怎样发展等重大理论问题，形成了以人为本、全面协调可持续的科学发展观”②，并围绕科学发展观发展了与之相关的道德话语体系。科学发展观及其道德话语体系蕴含着深刻的伦理智慧，对全面推进社会主义建设有着重要的启迪作用。科学发展观蕴含的伦理思想及其道德话语体系具有以下三个特点：（1）坚持以人为本。“科学发展观，第一要义是发展，核心是以人为本”③。科学发展观深刻展现了中国马克思主义者把人置于发展的核心并使发展服务于人的根本旨趣。（2）坚持以民为本。科学发展观在根本上是以人民群众

---

① 江泽民文选：第 3 卷．北京：人民出版社，2006：92.

② 《伦理学》编写组．伦理学：第 2 版．北京：高等教育出版社，2021：61.

③ 胡锦涛文选：第 2 卷．北京：人民出版社，2016：623.

为根本，是在社会全领域以人民为目的和动力去发展。中国共产党人在实践上强调“权为民所用、情为民所系、利为民所谋”①。(3) 培育和树立社会主义荣辱观。在继承中华民族传统美德的基础上响应时代的实践要求，胡锦涛提出以“八荣八耻”为主要内容的社会主义荣辱观，就是要坚持“以热爱祖国为荣、以危害祖国为耻，以服务人民为荣、以背离人民为耻，以崇尚科学为荣、以愚昧无知为耻，以辛勤劳动为荣、以好逸恶劳为耻，以团结互助为荣、以损人利己为耻，以诚实守信为荣、以见利忘义为耻，以遵纪守法为荣、以违法乱纪为耻，以艰苦奋斗为荣、以骄奢淫逸为耻”②。

3. 习近平新时代中国特色社会主义思想蕴含的伦理思想及其道德话语体系是马克思主义伦理思想中国化的最新成果

党的十八大以来，以习近平同志为核心的党中央顺应时代要求，系统地回答了新时代坚持和发展什么样的中国特色社会主义、怎样坚持和发展中国特色社会主义的时代课题，创立了习近平新时代中国特色社会主义思想，打造了中华伦理文明新形态的道德话语体系。习近平新时代中国特色社会主义思想及中华伦理文明新形态的道德话语体系具体体现出以下六个方面的特征：(1) 坚持以人民为中心的根本立场。习近平指出，“我们党的百年历史，就是一部践行党的初心使命的历史，就是一部党与人民心连心、同呼吸、共命运的历史”，“江山就是人民，人民就是江山”③。(2) 筑牢理想信念之基。坚持对马克思主义的信仰、对社会主义和共产主义的信念，是中华民族实现国家富强、民族振兴、人民幸福的信念之基。(3) 培育和践行社会主义核心价值观。在国家、社会和个人等不同层面倡导社会主义核心价值观，是立德树人、以文化人的个体道德实践，也是民族精神和时代精神的集体叙事。(4) 提出“两个结合”，弘扬民族精神、革命精神和时代精神。爱国主义、艰苦奋斗、改革创新等精神力量成为中华民族伟大复兴的力量源泉。(5) 推动中国特色社会主义文化的

---

① 胡锦涛文选：第2卷．北京：人民出版社，2016：37.

② 胡锦涛文选：第2卷．北京：人民出版社，2016：430.

③ 习近平．论坚持人民当家作主．北京：中央文献出版社，2021：318.

形成与发展。中国特色社会主义文化包含中华优秀传统文化、革命文化和社会主义先进文化，凝聚着中华民族共同经历的奋斗历程，既坚守本根又不断与时俱进，在继承创新中不断发展，在应时处变中不断升华。(6) 加强新时代公民道德建设。国无德不兴，人无德不立。加强公民道德建设，是促进社会全面进步的必然要求，从社会公德、职业道德、家庭美德、个人品德等方面全面加强公民道德建设，提倡模范引领作用，是中国特色社会主义事业发展的着力点。

综观马克思主义伦理思想的中国化成果，毛泽东伦理思想开创了马克思主义伦理思想中国化的第一步，奠定了中国革命道德和社会主义道德建设的基础；邓小平理论蕴含的伦理思想，是马克思主义伦理思想与中国改革开放和社会主义现代化建设的具体道德生活实践相结合的产物；“三个代表”重要思想蕴含的伦理思想，是马克思主义伦理思想在改革开放和社会主义现代化建设中的深化；科学发展观蕴含的伦理思想，是马克思主义伦理思想对中国马克思主义伦理思想的丰富和发展；习近平新时代中国特色社会主义思想蕴含的伦理思想，是马克思主义伦理思想中国化的最新成果，提出了一系列新思想、新观点和新论断，为推进新时代中国特色社会主义精神文明建设和中华伦理文明新形态的建构提供了根本遵循与行动指南。马克思主义伦理思想的中国化体现了一种基于时代、面向未来的创造性转化和创新性发展，既体现了马克思主义伦理思想的与时俱进，又体现了一种超越时代而具有的普遍引领性，体现出了一种先进性。

二、中华伦理文明新形态的道德概念体系

在《在庆祝中国共产党成立100周年大会上的讲话》中，习近平指出：“我们坚持和发展中国特色社会主义，推动物质文明、政治文明、精神文明、社会文明、生态文明协调发展，创造了中国式现代化新道路，创造了人类文明新形态”①。毫无疑问，人类文明新形态是中华文明的当代

① 习近平．在庆祝中国共产党成立100周年大会上的讲话．北京：人民出版社，2021：13－14.

形态，而中华文明的核心价值则是中华伦理文明，因此，人类文明新形态的核心价值就是中华伦理文明新形态。既然人类文明新形态体现为物质文明、政治文明、精神文明、社会文明、生态文明的协调发展，那么“五个文明”所包含的核心价值就是中华伦理文明新形态的主要内容。中华伦理文明新形态的概念体系及其价值旨趣也可以围绕着“五个文明”进行概括凝练。

（一）全体人民共同富裕

中国特色社会主义强调，贫穷不是社会主义，两极分化也不是社会主义。“社会主义的本质，是解放生产力，发展生产力，消灭剥削，消除两极分化，最终达到共同富裕”①。因此，物质的极大丰富是人类文明新形态的必然要求，共同富裕更是人类文明新形态的本质要求，是中华伦理文明新形态的伦理精神。共同富裕通过以下三个层面表现出来：

第一，共同富裕是一种物质的丰富。马克思主义告诉我们，人是自然属性和社会属性兼具的高等动物。人的自然属性是人存在的生物基础，人天生有自然属性的物质需要。因此，人的自然属性就要求物质的丰富。然而，人不仅是自然属性的存在者，还是社会属性的存在者。人的社会属性决定了“人在实践上和理论上都把类——他自身的类以及其他物的类——当做自己的对象；而且因为——这只是同一事物的另一种说法——人把自身当做现有的、有生命的类来对待，因为人把自身当做**普遍的**因而也是自由的存在物来对待”②。因此，人的社会属性决定了人本身只能在社会关系中追求和满足自己的物质需要。物质丰富能够满足个体的物质生活需要，但又不局限于此。物质上的共同富裕绝不是指单个人或少数人的物质生活需要得到满足，而是指所有人的物质生活需要都得到满足。作为社会主义现代化的一个重要特征，共同富裕是社会主义的本质要求。共同富裕在物质文明的意义上反映了社会生产力的极高水平，反映了人类基于存在二重性对丰富物质生活的向往。

第二，共同富裕是一种社会公平正义下的富裕。尽管人的自然属性要

---

① 邓小平文选：第3卷．北京：人民出版社，1993：373.

② 马克思恩格斯文集：第1卷．北京：人民出版社，2009：161.

求物质丰富，但是人的社会属性要求把这种物质丰富限定在人的社会属性之下。在社会属性之下，人是在社会关系中寻求物质需要的。提倡物质上的共同富裕，体现人类作为社会存在者对物质丰富的美好生活的向往。共同富裕不是少数人的富裕，而是社会经济发展成果和福祉惠及全体劳动人民的全面富裕。更为重要的是，共同富裕不是剥削和分化下的全体富裕，而是消灭剥削、消除贫富两极分化之后的普遍富裕。共同富裕内含一个作为公平的正义社会的需求，也就要求在物质利益的交换、分配等方面有一个正确的公平正义的处理原则和体系，这主要体现在两个方面："一是对社会各方利益关系的平衡；二是对人民内部矛盾的正确处理"①。这就是在中国传统伦理思想中，主流思想总是强调重义轻利、以义制利、先义后利的原因之所在。

第三，共同富裕是一种精神理念。尽管"富裕"主要是一个生产力解放和发展的物质性概念，但"共同"揭示了人的社会属性，共同富裕其实主要不是一个物质丰富的结果和现象，而是一个调节人与人、人与物之间关系的精神理念。马克思主义告诉我们，"生产将以所有的人富裕为目的"②，中国特色社会主义更是"把增进人民福祉、促进人的全面发展、朝着共同富裕方向稳步前进作为经济发展的出发点和落脚点"③。这充分表明，共同富裕要解决的是人民日益增长的美好生活需要和发展不平衡不充分之间的矛盾，它在根本上要实现的是所有人的自由全面发展，维护的是全体人民的共同利益。很显然，共同富裕在这个意义上是一种伦理精神，是一种以人的自由全面发展为中心的理念。共同富裕因此并不是简单地实现人的自然属性的需要，而是在根本上要实现人的社会属性的需要。人作为社会属性的本质存在，不但要摆脱人基于自然属性对物的单纯依赖，还要摆脱阶级分化中的贫富差距和不均等、不公平的社会现象，最终在具体的社会关系中真正实现消灭剥削、消除两极分化之后但却依然保持

---

① 李建华．人伦至理：协调的伦理学．北京：社会科学文献出版社，2024：579.

② 马克思恩格斯文集：第8卷．北京：人民出版社，2009：200.

③ 习近平．论把握新发展阶段、贯彻新发展理念、构建新发展格局．北京：中央文献出版社，2021：62.

合理差异的普遍富裕，这不仅是一种物质文明，也是一种体现公平正义的精神文明理念。

通过以上有关共同富裕的分析可以看到，共同富裕虽然是对生产力的一种物质文明的发展要求，但它不仅是物质文明的发展，而且是一种精神文明的伦理诉求。习近平说得很清楚，“共同富裕是全体人民共同富裕，是人民群众物质生活和精神生活都富裕，不是少数人的富裕，也不是整齐划一的平均主义”①。作为人类文明新形态发展出的物质文明，共同富裕不是西方现代化以资本为主导的价值逻辑，而是以人为中心的经济伦理文明。

（二）以人民为中心

中国特色社会主义是中国共产党带领全体中国人民谋求富强民主文明和谐美丽的社会主义现代化强国，实现中华民族伟大复兴的伟大事业，“发展为了人民、发展依靠人民、发展成果由人民共享”②，人民是中国特色社会主义事业的本质特征。自中国共产党带领中国人民走上马克思主义道路以来，党的事业就都是围绕人民展开的，毛泽东创造性地提出“为人民服务”的理念，是对中国特色社会主义事业根本旨趣的最好诠释，邓小平、江泽民、胡锦涛继承和发展了“为人民服务”的思想，习近平更是在新时代提出“以人民为中心”的思想。可以说，在中国共产党创造的人类文明新形态中，围绕人民开展社会主义事业的特质反映了中国式现代化在政治文明中坚持人民至上的伦理精神，这也构成了中华伦理文明新形态在政治伦理文明中的伦理精神内核。

第一，人民至上反映了以人为本的现代性价值。毫无疑问，近代西方最大的贡献之一就是把人从神的束缚下解放出来，真正发现和树立起了人的价值。围绕着人性解放，近代西方伦理构造了一整套围绕人性建构起来的道德话语体系，包括自由、权利、民主、平等、正义、博爱等。然而，近代西方以人为本建构起来的整套道德话语是脱离了社会关系的抽象道德话语。因此，尽管“以人为本”确实是近代西方伦理共享给人类的普

---

① 习近平．扎实推动共同富裕．求是，2021（20）：4.
② 习近平谈治国理政：第4卷．北京：外文出版社，2022：469.

遍价值观念，但真正让“以人为本”落到具体的经济社会关系中去的，是马克思主义基于具体社会关系提出的人的自由全面发展。正是在马克思主义唯物史观和辩证唯物主义的基本立场上，“以人为本”才真正基于人存在的二重性在社会关系中被实践出来。在马克思主义刻画的共产主义道德理想中，“以人为本”的思想真正落实到现实关系中，“人的世界即各种关系**回归于人自身**”①。（1）每个人都在自然属性的意义上过生活。“每个人都能自由地发展他的人的本性”，按照自己的需要获取生产资料和生活资料，过着“能满足一切生活条件和生活需要的真正的人的生活”②。（2）每个人都在人的社会属性上现实地发展自由。“个人的独创的和自由的发展不再是一句空话”③，每个人在自由全面发展的基础上各尽所能，“每个人的自由发展是一切人的自由发展的条件”④。（3）每个人都通过劳动实实在在地生活着。人们在进行生产和交换的劳动中，构建起生活的关系网络的道德观念，劳动的发展和劳动关系的明确，促使社会生产力不断发展，促使人们的社会关系实实在在地表现出来，只是在共产主义社会里，“劳动上的**差别**不会引起在占有和消费方面的任何**不平等**，任何**特权**”⑤。正是在马克思主义伦理思想中，“以人为本”才真正地在人类的意义上现实地通过劳动实践和劳动关系被具象化了。

第二，人民至上反映了以人民为中心的价值导向。在马克思和恩格斯提出“为绝大多数人谋利益”以及列宁提出“为千千万万劳动人民服务”的基础上，毛泽东创造性地提出“为人民服务”的理念，并为后来的中国共产党人所继承和发展。中国共产党的根本宗旨就是“全心全意为人民服务”，这既是党的政治纲领和奋斗目标，也是一种道德要求。作为政治纲领，“全心全意为人民服务”在新民主主义革命时期体现为为中国人民解放事业无私奉献的革命道德精神，在社会主义建设时期体现在对共产党员等先进分子的要求中、体现在把它推广为社会普遍的道德规范和核心

① 马克思恩格斯文集：第1卷．北京：人民出版社，2009：46.
② 马克思恩格斯全集：第2卷．北京：人民出版社，1957：626.
③ 马克思恩格斯全集：第3卷．北京：人民出版社，1960：516.
④ 马克思恩格斯文集：第2卷．北京：人民出版社，2009：53.
⑤ 马克思恩格斯全集：第3卷．北京：人民出版社，1960：638.

道德中，成为“我们党的政治优势，也是我们党前进和发展的精神动力”①。在党的十八届五中全会上，习近平首次提出“以人民为中心”的思想，人民的政治主体地位进一步确立起来。作为奋斗目标，“全心全意为人民服务”体现为“增进人民福祉、促进人的全面发展”，体现为每个人的自由全面发展，它既是社会主义的本质要求，也是共产主义的本质要求，我们就是要为“同时代人的完美、为他们的幸福而工作”，“必须以合乎最广大人民群众的最大利益，为最广大人民群众所拥护为最高标准”②。作为道德要求，“全心全意为人民服务”从最早的有关党员和广大人民的道德教育逐渐演化为社会主义道德建设的核心。党的十四届六中全会明确指出：“社会主义道德建设要以为人民服务为核心”。江泽民指出：“社会主义道德建设最重要的是要抓住为人民服务这个核心，在全社会坚持倡导为人民服务的精神”③。

第三，人民至上反映了人民当家作主的政治实践。以人为本和人民至上的价值导向最终要通过政治实践来落实。中国共产党作为一个无产阶级政党，是中国特色社会主义事业的领导核心，始终代表中国最广大人民群众的根本利益，这是其阶级属性决定的。这就决定了为人民服务必须是其执政理念和建党宗旨。既然中国共产党来自人民，那么为人民服务就是天经地义的事情。这在政治上就要求中国共产党必须坚持人民主体地位，让人民当家作主。江泽民讲：“全心全意为人民服务，立党为公，执政为民，是我们党同一切剥削阶级政党的根本区别”④。中国共产党之所以获得人民群众的拥护和爱戴，就在于其始终代表最广大人民群众的根本利益，是人民当家作主的政党。“立党为公，执政为民”就是中国共产党集中体现人民当家作主的政治实践。胡锦涛讲：“权为民所用、情为民所系、利为民所谋”⑤。中国共产党在执政过程中，始终坚持人民是根本，是目的，是动力。如果不能让人民的主人翁主体地位确立起来，就不可能获得来自

---

① 《伦理学》编写组．伦理学：第2版．北京：高等教育出版社，2021：159.
② 毛泽东选集：第3卷．北京：人民出版社，1991：1096.
③ 江泽民文选：第1卷．北京：人民出版社，2006：579－580.
④ 江泽民文选：第3卷．北京：人民出版社，2006：279.
⑤ 胡锦涛文选：第2卷．北京：人民出版社，2016：37.

人民的力量。只有“把人民放在心中最高位置，尊重人民主体地位，尊重人民首创精神，拜人民为师，把政治智慧的增长、执政本领的增强深深扎根于人民的创造性实践之中”①，才能使党的工作和事业立于不败之地。习近平更是突出地强调：“人民是历史的创造者，是决定党和国家前途命运的根本力量”②。只有保证人民当家作主的主体地位，才能充分调动与发挥广大劳动人民的积极性、主动性和创造性，才能把人民对美好生活的向往作为奋斗目标，依靠人民创造历史伟业。

中华人民共和国是工人阶级领导的、以工农联盟为基础的人民民主专政的社会主义国家，这一国体决定了人民才是国家的主人，而人民代表大会制度的政体确保了中华人民共和国的一切权力属于人民。中国的国体和政体充分体现了人民主体的伦理精神。这也是中国区别于西方国家最明显的政治制度优势。作为人类文明新形态发展出的政治文明，人民至上不是西方现代化以个体权利为主导的抽象逻辑，而是以人民至上为圭臬的政治伦理文明。

（三）守正创新

在中国共产党的领导下，中国人民走出了一条独特的中国式现代化道路，创造了人类文明新形态，这种文明形态是文明高度发展和浓缩出来的一种价值性成果，反映了一种独特的伦理精神。正是在这个意义上，中华伦理文明新形态才是人类文明新形态的价值内核。这种价值内核坐落在具体的时间和空间中，体现为一种精神文明。精神文明通过具体的文化思想反映出来。在中国式现代化创造的人类文明新形态中，习近平文化思想是中国人民建设中国式现代化和人类文明新形态、中华民族实现伟大复兴的根本遵循和理论指引。在习近平文化思想中，守正创新是其精神内核。习近平强调，“必须以守正创新的正气和锐气，赓续历史文脉、谱写当代华章”③。守正创新是我们能够在时代变迁中抓住机遇，实现中华民族伟大

---

① 胡锦涛文选：第3卷. 北京：人民出版社，2016：532.

② 习近平. 决胜全面建成小康社会　夺取新时代中国特色社会主义伟大胜利：在中国共产党第十九次全国代表大会上的报告. 北京：人民出版社，2017：21.

③ 习近平. 在文化传承发展座谈会上的讲话. 北京：人民出版社，2023：11.

复兴的伦理精神和文化动力。我们必须深入理解习近平文化思想中的守正创新这一伦理精神和文化动力。

1. 必须从思想觉悟和精神信念的高度理解守正的根本要义

习近平曾在文化传承发展座谈会上指出守正的要义："守正，守的是马克思主义在意识形态领域指导地位的根本制度，守的是'两个结合'的根本要求，守的是中国共产党的文化领导权和中华民族的文化主体性"①。这一论断充分表明，守正是中国共产党人和中华民族的主体性思想觉悟和精神信念。这种思想和精神的主体性意识体现在以下两个方面：

第一，守正守的是马克思主义之正。马克思主义是中国共产党的立党兴党之本，是新中国的立国兴国之本，坚持马克思主义的指导地位是我们的守正之基。这也是习近平文化思想的显著标识。习近平告诉我们，只有在坚持马克思主义的指导下，才能"真正做到古为今用、洋为中用、辩证取舍、推陈出新，实现传统与现代的有机衔接"②。马克思主义的根本立场是人民的立场，它站在无产阶级的立场，强调无产阶级的解放和全人类的解放，最终的目标是人的自由全面发展。这一立场正是中国共产党和新中国得以立起来与兴旺起来的根本，从毛泽东创造性地提出"为人民服务"，到党章鲜明地提出"全心全意为人民服务"，再到习近平提出"以人民为中心"，无不反映了马克思主义"人民性"的这一根本立场。正是坚持马克思主义主张的一切为了人民，一切依靠人民，全心全意为人民谋幸福，中国共产党才能带领中华民族走出中国式现代化的道路，创造出人类文明新形态，为中华民族谋幸福。马克思主义的基本观点是唯物史观，认为物质决定意识，人的意识是物质生活条件的反映，社会意识形态是阶级利益的反映。正是在坚持唯物史观的基础上，中国特色社会主义主张，要在"创新""协调""绿色""开放""共享"的理念下解放和发展生产力，要在实现全社会共同富裕的基础上实现社会的公平和正义，要在构建人类命运共同体的基础上达成自由人的合作共赢。马克思主义的基本方法是辩证唯物主义，它指导我们用辩证分析的方法、矛盾分析的方法正

---

① 习近平．在文化传承发展座谈会上的讲话．北京：人民出版社，2023：11.

② 习近平．在文化传承发展座谈会上的讲话．北京：人民出版社，2023：11.

确认识和改造世界。中国共产党实事求是的方法和群众路线等无一不反映了对马克思主义基本方法的继承。习近平强调，“我们决不能抛弃马克思主义这个魂脉”①，强调坚持和巩固马克思主义指导地位的重要性。

第二，守正守的是中华优秀传统文化之正。习近平在论述传统文化时强调，我们“决不能抛弃中华优秀传统文化这个根脉”②。中华优秀传统文化是中华民族的“根”，中国式现代化和人类文明新形态就是在继承与发展中华优秀传统文化的基础上积淀出来的现代文明，我们绝不可能脱离历史来认识中国。中华优秀传统文化体现了中国人民在历史长河中所积累的宇宙观、天下观、社会观和道德观等。李建华概括出了以下几个方面：在人际关系方面，中华传统文化讲究情谊关系，是主体间富有道德属性的责任关系，能够积极地凝聚社会共识和伦理认同；在处世之道方面，中华传统文化有着“贵和尚中”“协和万邦”的和平发展理念，强调“和为贵”；在治国理政方面，中华传统文化包含着“民本”“仁爱”“政者为正”“天下为公”的思想；在自我修养方面，中华传统文化强调“内圣外王”“知行合一”“经世致用”的道德人文精神，尤其强调自强不息的君子人格和心怀天下的爱国主义情怀；在人与自然方面，中华传统文化主张“和谐共生”“天人合一”的生态自然观③。这些优秀的传统文化是中华民族必须坚守的根脉。

2. 必须从能动主体和人文化成的实践动力上理解创新的意义指向

习近平曾在文化传承发展座谈会上指出创新的要义：“创新，创的是新思路、新话语、新机制、新形式，要在马克思主义指导下真正做到古为今用、洋为中用、辩证取舍、推陈出新，实现传统与现代的有机衔接”④。这一论断充分表明，创新是中国共产党人和中华民族自主能动性的自觉化成。这种自主能动性的自觉化成体现在以下两个方面：

第一，创新创的是马克思主义之新。马克思主义思想具有生命力的一

① 习近平．开辟马克思主义中国化时代化新境界．求是，2023（20）：5.

② 习近平．开辟马克思主义中国化时代化新境界．求是，2023（20）：5.

③ 李建华．人伦至理：协调的伦理学．北京：社会科学文献出版社，2024：601.

④ 习近平．在文化传承发展座谈会上的讲话．北京：人民出版社，2023：11.

个重要体现就是它具有与时俱进的变革创新性。马克思主义从来都不是僵死的教条，而是不断开放发展的理论体系。马克思主义与中国革命、建设和改革相结合的过程，就是马克思主义不断中国化的过程。在坚持马克思主义思想的基础上革新马克思主义，既是马克思主义自身的内在要求，也是中国革命、建设和改革的内在需要。清末民初时期，以唯物史观批判传统旧道德和西方资本主义道德，以无产阶级道德推进个性解放和自由平等，以共产主义人生观和幸福观提倡奋斗、劳动和奉献，是中国救亡图存和工人运动的内在需要，这既是马克思主义的基本精神，也是当时中国呼吁的时代精神。毛泽东思想把马克思主义和中国革命与社会主义建设相结合，利用马克思主义基本原理成功实践了在半殖民地半封建的东方大国开展革命、进行社会主义建设，催生了"井冈山精神""长征精神""延安精神""西柏坡精神""铁人精神""雷锋精神""焦裕禄精神"等，对中国革命和社会主义道德建设产生了深刻影响。邓小平理论运用马克思主义指导新中国的社会主义现代化建设，逐步形成了建设中国特色社会主义的路线、方针和政策，为中国式现代化建设奠定了改革开放的总体思路。"三个代表"重要思想是以江泽民为主要代表的中国共产党人根据中国社会主义建设的时代要求，着眼于什么是社会主义、怎样建设社会主义和建设什么样的党、怎样建设党的重大理论问题，利用马克思主义建设社会主义精神文明和道德文明的实践智慧。科学发展观是以胡锦涛为主要代表的中国共产党人根据中国特色社会主义建设的新要求，着眼于发展什么样的中国特色社会主义、如何发展中国特色社会主义等重大问题，进一步丰富和发展了马克思主义的实践。习近平新时代中国特色社会主义思想是以习近平同志为核心的党中央顺应时代发展，着眼于系统回答坚持和发展什么样的中国特色社会主义、怎样坚持和发展中国特色社会主义这个重大时代课题，利用马克思主义推进新时代中国特色社会主义建设的根本遵循和行动指南，提出了一系列新思想、新观点和新论断。从毛泽东，到邓小平、江泽民、胡锦涛，再到习近平，无不反映了中国共产党人在坚持马克思主义基本原理和立场的基础上，结合不同时代中国具体的国情进行的创新。

第二，创新创的是中华文化之新。中华文化作为中华民族赓续不断的民族之根，在长期的历史积淀中演进为现代文化，是中华民族在不断塑造和保持自身主体性时不断自我革新的结果。中华文化正是因为具有自我革新和自我发展的创新品格与精神，才能在时代变迁中“自强不息”“刚健自强”“厚德载物”，孕育出传承数千年的中华民族精神。正是扎根于中华民族的深厚文化主体性，中华文化才能在王朝更迭、他族入侵的重挫中重新焕发生机和活力，在绵延不绝中保持“和而不同”。中华优秀传统文化是中华民族在长期历史发展过程中形成的具有积极价值和深远影响的文化成果，充分展示了中华民族的宇宙观、天下观、社会观和道德观等，涵盖了丰富的物质文化遗产和非物质文化遗产。这些优秀传统文化必须同新时代的社会发展相协调，融入当下的实践中，进行创造性转化和创新性发展。革命文化是中国共产党领导中国人民在革命斗争中形成的独特文化现象，是中国特色社会主义文化的重要组成部分，体现出了包括“红船精神”“井冈山精神”“长征精神”“延安精神”等在内的一系列革命精神，面对新时代，我们必须把这些精神体现出来的中国共产党人的坚定信念、英勇斗争和无私奉献精神融入新时代中国特色社会主义事业的建设中。社会主义先进文化是面向现代化、面向世界、面向未来的中华民族的社会主义文化，毛泽东思想、邓小平理论、“三个代表”重要思想、科学发展观、习近平新时代中国特色社会主义思想，是其中的典型代表。结合中国特色社会主义建设的具体国情，弘扬以“爱国主义”为核心的民族精神和以改革创新为核心的时代精神，与时俱进、开拓创新，以中国式现代化和人类文明新形态实现共产主义，是中华文化面向现代化、面向世界、面向未来需要不断保持的创新。

我们必须从中国式现代化和人类文明新形态发展的辩证逻辑中理解守正与创新的统一。中国式现代化和人类文明新形态，是中国共产党人带领中华民族立足中国特色社会主义事业和中华民族复兴伟业，以马克思主义基本原理为指导，在传承优秀传统文化、弘扬革命文化、发展社会主义先进文化，并借鉴吸收其他优秀人类文明的基础上，在新时代提出的中国理论。守正创新是这种中国理论的文化精神，体现出一体两面的特质。一方面，守正创新是马克思主义理论的生动展现；另一方面，守正创新也蕴含在中华民族守道革新的道德品质中。不但如此，无论是对马克思主义“魂脉”的坚持，还是对中华文化“根脉”的赓续，守正创新都是在中国具体国情发展中要坚守的精神品质。习近平强调："在五千多年中华文明深厚基础上开辟和发展中国特色社会主义，把马克思主义基本原理同中国具体实际、同中华优秀传统文化相结合是必由之路"①。"两个结合"充分体现了中国特色社会主义事业的双重守正创新。在守正上，既要守住马克思主义这个魂脉，也要守住中华优秀传统文化这个根脉；在创新上，既要结合中国具体国情创新马克思主义，也要结合中国具体国情创新中华文化。"两个结合"不但巩固了中华民族和中华文化的主体性，也赋予了中华文化和马克思主义更为丰富的内涵与更为广阔的空间。这种守正创新的精神特质既塑造与发展了中国式现代化和人类文明新形态，也为它们开拓了更大的未来空间。

（四）开放包容

中国式现代化创造的人类文明新形态，是中华民族在坚持马克思主义基本原理的基础上，在继承与发展中华优秀传统文化、中国革命文化和社会主义先进文化的基础上，取得的最新时代成果。"这种新的文明形态在社会发展、伦理变革上反映出的正是一种开放包容的伦理精神"②。这种伦理精神广泛地体现在中华民族的社会生活实践中，构成了中华伦理文明新形态的社会伦理精神。

第一，这种开放包容的社会伦理精神沉淀在中华民族历史形成和发展的基因里。从传说时代开始，开放包容就是中华文化赖以发展的精神动力。《尚书·尧典》里记载，"克明俊德，以亲九族。九族既睦，平章百姓。百姓昭明，协和万邦"③。开放包容的精神既开化了社会民风，也构建了"以和为贵"的邦国交往。进入中华文明的轴心时代，儒家、道家、墨家、杂家等诸子百家的争鸣更是展现出一种开放包容的精神。尽管各家各派的思想理念在具体的人生社会层面各有不同，但大家在共同的大陆农耕文化背景下，接受着共同的"天人合一"的思想理念，接受着奠基于

① 习近平．在文化传承发展座谈会上的讲话．北京：人民出版社，2023：5.

② 李建华．人伦至理：协调的伦理学．北京：社会科学文献出版社，2024：606.

③ 尚书．曾运乾，注．黄曙辉，校点．上海：上海古籍出版社，2015：3.

血亲家族的人伦关系考量，发展出了“和而不同”的开放包容精神。这种开放包容精神一以贯之地表现在社会层面和国家层面。进入魏晋南北朝和隋唐时期，这种开放包容的精神更是在思想和实践生活方面充分地展现出来。在思想上，一方面，儒家、道家在“自然”与“名教”的争论中合流于玄学；另一方面，儒家、道家、佛家相互学习、相互借鉴是新儒家得以形成的重要条件。在实践上，北方少数民族与中原汉族大融合，造就了五服来华的大交流盛况。及至宋元明清，中华文化以融合成熟的形态把海纳百川、兼容并蓄的思想文化呈现出来，完整地呈现出中华民族有关天人关系、人伦关系、人生修养等多重维度的和合协调。到了清朝末年，虽然是被动地打开国门，接受了西风美雨，但客观上中华民族和中华文化还是在开放包容中赓续发展，马克思主义也正是在清末民初多种救亡图存的思想中脱颖而出，成为中国共产党的指导思想，成为中国人民反对帝国主义、封建主义和官僚资本主义的革命文化，成为新中国社会主义建设的先进文化。

第二，这种开放包容的社会伦理精神表现在当前中国文明互鉴的时代浪潮里。中国式现代化创造的人类文明新形态，接续了新中国社会主义建设以来中华文明所取得的最新历史性成果，更是一种开放包容形态的典范。面对全球化的浪潮，人类文明新形态不是故步自封、守旧自大，而是主动在多种文明互鉴的时代浪潮里走出一条既具有普遍性又具有特殊性的中国特色社会主义道路。在社会层面，它坚持以马克思主义的社会文明观看待社会生活，主张以社会存在为基础发展上层建筑，奔着全人类自由人的联合具体地发展各种社会关系；它立足中国具体国情，既强调中华文化承接历史而来的中华民族特性，又强调中华民族必须在文明互鉴中创造性转化和创新性发展中华文化，从“天人合一”的宇宙观到人与自然“和谐共生”的生态文明思想，从“协和万邦”的天下观与“和而不同”的社会观到倡导“全人类共同价值”，从“人性善”的道德观到“社会主义核心价值观”，无不体现了这种普遍性和特殊性的结合，体现了中华文化在时代变迁中多元开放、在文明互鉴中兼收并蓄的特点。在国家层面，它坚持人类命运共同体的构建。不论是主动还是被动，经过全球化的浪潮，人类基本上处在一个命运共同体中，这已是一个既定事实。然而，是否坚持共建人类命运共同体则是一个国家和民族的选择问题。中国式现代化创造的人类文明新形态，创造性地提出构建人类命运共同体，就是在参与全球治理的过程中实事求是地提出的协调国与国之间关系的新型国际伦理，是一种具有中国智慧的全球治理理念和方法。“它遵循的是一种互学互鉴的发展策略，提倡的是文明间的积极对话、合作而非对抗，主张的是利益的双向共赢而非零和博弈”①。开放包容在社会层面和国家层面的充分表现深刻地表明，开放包容绝不只是一种具体的方法和空洞的理念，而是一种实实在在的伦理精神。

第三，这种开放包容的社会伦理精神作为一种民族品格反映了中华民族的处世智慧。中华文明区别于西方文明的一个最大特征就在于，人伦关系是社会和国家秩序建构的核心，而并非抽象的个体。与西方强调原子式的个体不同，中华文明强调人在关系中的联结。原子式的个体作为起点是封闭的、硬核的起点，关系中联结的人是开放的虚位以待。中华文明注重社会关系联结的立场，“个人与他方构成关系时，不是以自我为中心，而是以自我为出发点，以对方为重，个人的利益要服从责任的要求。人常常为责任的实践而忘我，忘记其个人，责任往往成为个人社会实践的重要动力”②。在根本上，关系中联结的人是开放的人，是包容的人；强调自身的责任，就意味着在责任承担中更多地包容他人。以家庭关系为起点，家庭的孝亲、国家的忠爱、社会的恭悌等社会关系被联系起来，家国天下的伦理联结被构建起来，这为人类命运共同体的构建提供了可能。这种关系性的联结不同于个体权利的宣扬。个体权利是封闭的、硬核的规定和赋予，关系性的联结是开放包容中的扩充。个体权利当然可以为个体主义做坚实的起点，但却无法为关系中的国家和社会提供正当的基础。因为归根结底，国家和社会是主体间的关系联结，是关系性的构成实体。只有秉承关系性的构成，才有可能“与他人连接，与社区连接，与社会连接，直

---

① 李建华．人伦至理：协调的伦理学．北京：社会科学文献出版社，2024：606.

② 陈来．中华文明的核心价值：国学流变与传统价值观．北京：三联书店，2015：52.

至与人类种属连接”①。只有在关系联结中，才能超越个体，而成就集体主体，才能呈现伦理共同体。不坚持开放包容的关系性联结，社会和国家作为伦理主体与伦理实体就始终存疑，谈论国与国之间的交往也就沦为虚谈。因此，关系联结中的人作为中华民族提供的独特思维，为普遍的主体间伦理和集体作为伦理主体提供了独特的中国智慧。

（五）人与自然和谐共生

人类文明的进程毫无疑问是人类自身的发展史，但这种发展史在根本上展现的就是人与自然交互的关系史。西方现代化最被人诟病的地方就在于，它的发展是以对自然的破坏为代价的。与西方现代化不同，中国式现代化走的是一条绿色发展的生态文明之路，强调人与自然和谐共生。无论是从历史传统的承继和发展来看，抑或是从马克思主义基本立场的坚持来看，还是从中国特色社会主义的实践来看，坚持人与自然和谐共生的生态伦理文明都是中国式现代化创造的人类文明新形态最突出的价值理念，围绕着人与自然和谐共生的价值理念，中国式现代化创造的人类文明新形态打造了独特的生态伦理文明道德话语体系。

第一，人与自然和谐共生充分体现了马克思主义唯物史观和唯物辩证法的基本精神。马克思主义唯物史观告诉我们，人来源于自然，人的生存与发展都依赖自然，人类社会的发展始终是与对自然的改造紧密联系在一起的，人与自然的关系是一种双向互动的关系，“自然界是人为了不致死亡而必须与之处于持续不断的交互作用过程的、人的**身体**”②。如果在人与自然的关系中单向度地强调人对自然的利用和征服，那么自然就会报复人类，这将导致人与自然关系的异化。马克思主义唯物辩证法告诉我们，必须在尊重自然规律的基础上认识自然、改造自然和发展自然，必须在自觉接受自然规律的基础上推动人类社会与自然的和谐共生。人在自然界从事的获取物质生活资料和物质生产实践活动，都必须做到生产、生活与自然的良性互动，不能仅仅把自然当作人类的手段。马克思主义唯物史观和唯物辩证法深刻地向我们揭示，人与自然是相互

---

① 埃德加·莫兰．伦理．于硕，译．上海：学林出版社，2017：47.

② 马克思恩格斯选集：第1卷．北京：人民出版社，2012：55－56.

依存的关系，是双向互动的关系，人与自然和谐共生是马克思主义内涵的价值要义。人的生存与发展必须依赖客观自然和人主观能动地改造世界的辩证统一，必须把尊重自然的内在价值和实现人的价值辩证地统一起来。

第二，人与自然和谐共生与中华传统文化中“天人合一”的宇宙观一脉相承。习近平曾指出，中华文明历来崇尚天人合一、道法自然，追求人与自然和谐共生。在中华传统文化中，尽管人们对于人与自然的关系有不同主张，但是经过长期的融合发展，天人合一逐渐成为主流观点。从生存论的角度而言，在天人合一的视角下，人是自然的一部分，人是从自然中孕育出来的最有智慧者。道家讲“天地与我并生，而万物与我为一”①，儒家讲“民吾同胞，物吾与也”②。在生态文明思想中，这种生存论的基础充分表达了我们对自然生态环境作为人的存在基础的重视，“人与自然是生命共同体”③。从认识论的角度而言，在天人合一的视角下，人在天人的和谐互动关系中认识到天人的和合共生。道家讲人可以在顺应自然中认识天人合一，“人法地，地法天，天法道，道法自然”④，然后可以与天地之精神融通。儒家强调，“儒者则因明致诚，因诚致明，故天人合一”⑤，人可以表现为“仁者，以天地万物为一体”⑥、“人心与天地一体”⑦。在生态文明思想中，这种认识论充分强调了人要在尊重自然的基础上充分发挥能动性，积极打造人与自然的和谐共生。从方法论的角度而言，在天人合一的视角下，人与自然在有机关联中共生共存，“人在天地之间，与万物同流，天几时分别出是人是物?”⑧ 所以，王阳明在讲“一

① 郭庆藩．庄子集释．王孝鱼，点校．北京：中华书局，1961：79.

② 张载集．章锡琛，点校．北京：中华书局，1978：62.

③ 习近平谈治国理政：第3卷．北京：外文出版社，2020：360.

④ 老子．饶尚宽，译注．北京：中华书局，2006：169.

⑤ 张载集．章锡琛，点校．北京：中华书局，1978：65.

⑥ 二程集．王孝鱼，点校．北京：中华书局，1981：15.

⑦ 王阳明全集（新编本）：第1册．吴光，等编校．杭州：浙江古籍出版社，2011：120.

⑧ 二程集．王孝鱼，点校．北京：中华书局，1981：30.

体同仁”时，认为人与鸟兽、草木、山水、砂石等有着共同的“仁”，人与天地万物同属一个生命共同体，共同存在，共同感通。在生态文明思想中，这种方法论充分强调了人要在与自然的相互依存、紧密联系的有机链条中去对待包括山水林田湖草在内的自然生命共同体。

第三，人与自然和谐共生充分展示了共产党人“两个结合”的智慧。在中国特色社会主义建设过程中，尤其是党的十八大以来，我们党深刻回答了为什么建设生态文明、建设什么样的生态文明、怎样建设生态文明的重大理论和实践问题。人与自然和谐共生，诚然与传统的“天人合一”观念以及人在遵守自然规律的基础上对自然的能动改造紧密相关，但更是在两者基础之上的一种创新性发展理念。这种新发展理念深刻地体现在满足人的时代需求的基础之上的绿色发展。人与自然和谐共生的绿色发展，既是生态伦理文明的价值诉求，也是一种发展方式和生活方式。作为一种价值诉求，人与自然和谐共生扬弃西方现代化进程中人与自然的对立紧张关系，主张人与自然的和合共生，坚持人类的生存与发展必须建立在尊重自然、顺应自然和保护自然的基础之上，实现的是一种健康可持续的发展，追求的是一种生态环境与经济发展和谐共生的价值诉求。作为一种发展方式，人与自然和谐共生不仅是一种整体的价值诉求，讲究“绿水青山就是金山银山”，而且要落到实处，“在整个发展过程中，我们都要坚持节约优先、保护优先、自然恢复为主的方针，不能只讲索取不讲投入，不能只讲发展不讲保护，不能只讲利用不讲修复……多谋打基础、利长远的善事，多干保护自然、修复生态的实事，多做治山理水、显山露水的好事”①。真正形成资源节约和环境友好型社会。作为一种生活方式，人与自然和谐共生要求人民群众共同参与生态文明建设，“把建设美丽中国转化为全体人民自觉行动”②。为此，习近平强调：“每个人都是生态环境的保护者、建设者、受益者……要增强全民节约意识、环保意识、生态意识，培育生态道德和行为准则，开展全民绿色行动”③。我们必须把绿色发

① 习近平谈治国理政：第3卷．北京：外文出版社，2020：361.

② 习近平谈治国理政：第3卷．北京：外文出版社，2020：362.

③ 习近平谈治国理政：第3卷．北京：外文出版社，2020：362－363.

展的理念深入每个人的心中，让全社会形成一种敬畏自然、热爱自然、与自然同行的生活实践，命运与共地打造一个人与自然和谐共生的生命共同体。

通过在经济建设领域打造以共同富裕为核心概念和价值旨趣的物质伦理文明、在政治建设领域打造以人民至上为核心概念和价值旨趣的政治伦理文明、在文化建设领域打造以守正创新为核心概念和价值旨趣的精神伦理文明、在社会建设领域打造以开放包容为核心概念和价值旨趣的社会伦理文明，以及在生态文明建设领域打造以和谐共生为核心概念和价值旨趣的生态伦理文明，中国式现代化创造的人类文明新形态打造了经济建设、政治建设、文化建设、社会建设、生态文明建设“五位一体”总体布局，呈现出中国式现代化新道路的价值策略和伦理精神。五个伦理文明的建设始终把人民放在中心位置，意图通过个人和社会两个层面实现人的自由全面发展和幸福，希望在人类命运共同体的构建中实现和谐共生，在根本上反映了人类文明新形态追求人民主体、自由幸福与和谐共生的伦理精神，这也在根本上构成了中华伦理文明新形态的精神内核。

三、中华伦理文明新形态话语体系的主要特征

中华伦理文明新形态是中华民族在中国式现代化进程中创造的中国式人口伦理文明、中国式经济伦理文明、中国式政治伦理文明等的统一体，凸显人民的伦理尊严是贯穿其中的价值轴心。“以人民为中心”，中国式现代化在协调处理人与人、人与社会、人与世界和人与自然的多重关系中，在总体上呈现出一种在人类命运共同体中和谐共生的协调发展理念，以期最终实现人的自由全面发展。很显然，中华伦理文明新形态为人类的现代化发展提供了一条具有普遍性但又独具特色的中国式现代化发展之路。正是在这个意义上，中国式现代化创造的人类文明新形态面对人类现代化发展的普遍问题，提供了一种独特但又属于人类世界的新型文明形态。既然中华伦理文明新形态是人类文明新形态的价值内核，那么揭示这种价值内核独特的道德话语特征就构成理解和把握人类文明新形态的密钥。“人民性”“社会主义性”“人类命运共同体性”共同构成了这把

密钥。

（一）人民性

历史是人的历史，人民是历史的创造者。这是马克思主义伦理学和中华传统伦理文明共同持有的基本信念。马克思主义经典作家指出："人们自己创造自己的历史"①。中华传统伦理文明讲，"民惟邦本""本固邦宁""民为贵，社稷次之，君为轻"。正是马克思主义基本原理同中国具体实际相结合、同中华优秀传统文化相结合，才有了中国共产党带领中国人民、依靠中国人民走出的中国特色社会主义道路，才有了中国式现代化创造的人类文明新形态。坚定地走人民路线，是中国共产党在长期的实践探索中带领中国人民创造历史伟业的关键。在毛泽东思想、邓小平理论、"三个代表"重要思想、科学发展观和习近平新时代中国特色社会主义思想中，"为人民服务"一直是中国共产党的根本宗旨。强调人民的特性，我们称之为"人民性"。"人民性"构成中国共产党带领中国人民取得的中国特色社会主义事业伟大成就的价值核心，是中国共产党立党、治国、理政，实现"中国之治"的密钥。"人民性"作为中国特色社会主义事业的价值核心，也就成为中国式现代化创造的人类文明新形态的价值内核，构成中华伦理文明新形态最硬核的道德品质和突出的道德话语。

1. "人民性"奠基于人的社会性本质，体现了一种劳动实践性，反映了马克思主义伦理学最核心的唯物史观价值取向

毫无疑问，"人民"概念是一个集体性概念。不管其内涵如何，"人民"概念在本质上都源于人的社会属性。无论是在实践上，还是在理论上，"人民"都是人的类概念，"人把自身当做现有的、有生命的类来对待"②，"人把自身当做**普遍的**因而也是自由的存在物来对待"③。基于"人民"概念的集体性，"人民"概念反映了现有的、有生命的、自由的存在者作为一个集体而凸显出来的政治社会关系。如果说劳动凸显了人的社会性，创造了人类社会和社会关系，那么，"人民"概念就是劳动在政

---

① 马克思恩格斯选集：第1卷．北京：人民出版社，2012：669.

② 马克思恩格斯文集：第1卷．北京：人民出版社，2009：161.

③ 马克思恩格斯文集：第1卷．北京：人民出版社，2009：161.

治活动领域凸显人的社会性的体现。正是在劳动的分工和协作中，作为社会政治概念的“人民”概念才慢慢凸显出来。

在原始的劳动分工和协作中，人们相互依赖、相互扶持，个体组成群体性的集体，这是“人民”概念的雏形。但没有进入政治关系中的人群集合是一个含混不稳定的集体性概念，不具有社会、政治和道德的规范性。只有进入政治关系中，“人民”概念通过反思才被确定为一个具有道德意味的社会和政治概念。“人民”概念必然是经过反思之后，对某种群体一致性的考虑。按照马克思主义的观点，人的自然属性是全部人性存在和发展的物质前提，“人在肉体上只有靠这些自然产品才能生活”①，人的社会属性则是基于人的自然属性在生产活动中结成的一切社会关系的总和，社会关系在根本上要围绕着人的自然属性进行规范，通过社会的规范协调人与人之间的利益关系就变成了最重要的社会道德问题。基于此，人民作为一个集体性概念，就是在社会政治的层面基于人的二重性假定群体具有利益的一致性，强调一个社会或政治共同体内部民众共同的基本利益，人民在社会政治的意义上被赋予了道德主体的地位。

按照马克思主义的看法，作为道德主体，人民通过阶级呈现出来。在分析法国大革命时，马克思指出：“旧派共和党人把全体法国人，或至少是把大多数法国人看做具有同一利益和同一观点等等的**公民**。这就是他们的那种**人民崇拜**。但是，选举所表明的并不是他们**意想中的**人民，而是**真实的**人民，即分裂成各个不同阶级的代表”②。很显然，在马克思这里，人民是无产阶级自由人的联合体，“‘人民’是通过党及其致力于社会共同利益的活动而被反思性地把握到的政治意识”③。不过，值得注意的是，在马克思那里，“人民”概念被直接放到了共产主义的自由人的联合体中，但如何在非共产主义中呈现人民的阶级性，呈现人民的实践性，还需要后续的马克思主义者发展出来。正是在这个意义上，当列宁把“人民”概念用于指称劳动者阶级或革命阶级的整体时，人民的劳动实践性则明确

---

① 马克思恩格斯文集：第1卷．北京：人民出版社，2009：161.

② 马克思恩格斯选集：第1卷．北京：人民出版社，2012：465.

③ 刘九勇．论“人民”．理论月刊，2024（6）：13.

地凸显了出来。当毛泽东在中国革命和实践中广泛地运用“人民”概念进行阶级分析与阶级斗争，特别是创造性地提出“为人民服务”时，“人民”概念作为一个体现最广大人民群众利益的伦理概念就深深地进入了社会政治实践中。

2. “人民性”源于中国革命和社会主义建设的具体国情，体现了中国共产党和中国人民创造中国历史的主体性，反映了一种主体伦理精神

在中国革命和社会主义建设过程中，中国共产党人以马克思主义伦理思想为指导，与中国革命和社会主义建设实际相结合，与中华传统优秀伦理文化相结合，推进了马克思主义伦理思想的中国化。毛泽东伦理思想是马克思主义伦理思想中国化的第一大杰出理论成果；中国特色社会主义伦理思想是马克思主义伦理思想中国化的进一步丰富和发展，邓小平理论中的伦理思想、“三个代表”重要思想中的伦理思想、科学发展观中的伦理思想、习近平新时代中国特色社会主义思想中的伦理思想等是其重要内容，特别是习近平新时代中国特色社会主义思想中的伦理思想代表了马克思主义伦理思想中国化的最新成果。在马克思主义中国化伦理思想中，“人民性”是这个伦理思想体系的本质属性和品格特征。

如果说“人民性”的社会政治实践是通过政党政治致力于最广大人民群众根本利益的实现，那么中国共产党作为一个无产阶级政党所从事的政治实践就是“人民性”的典型代表。马克思和恩格斯曾在《共产党宣言》中指出，“无产阶级的运动是绝大多数人的，为绝大多数人谋利益的独立的运动”①。无产阶级的利益就是最大多数人的利益，就是人民的利益，共产党就是其政党代表。中国共产党作为无产阶级的代表，代表的就是最广大劳动人民的根本利益，其阶级属性要求其初心、使命、宗旨和执政理念都要体现“人民性”，要为中国人民谋幸福，要为中华民族谋复兴，要全心全意为人民服务，要坚持以人民为中心。中国共产党的工作出发点、工作路线和评价标准也要体现“人民性”，要彻底地和全心全意地为人民服务，要紧密联系群众，要以合乎最广大人民群众的最大利益、为最广大人民群众所拥护为最高标准。正是在整个革命事业和社会主义建设事业中都围绕

① 马克思恩格斯文集：第2卷．北京：人民出版社，2009：42.

着“人民性”开展工作，中国共产党才在理论和实践上带领中国人民在积极的奋斗历程中走出了中国特色社会主义道路，走出了中国式现代化道路，创造了人类文明新形态。“人民性”奠定了中国共产党的主体性。

“人民性”的社会政治实践不仅通过中国共产党作为人民的政党表现出来，而且深刻地体现在权力属于人民的政治伦理中。人民是政治权力的主体。中国共产党是人民的代表，人民才是一切权力的主体，人民才是历史的创造者，“人民，只有人民，才是创造世界历史的动力”①。在这个意义上，“人民既是政治活动的主体和主动参与者，也是国家政治权力运行的监督者和治国理政的实践者”②。中国共产党是代表人民，其权力来源于人民，成果属于人民，中国共产党应该自觉地接受人民的监督。人民的权力应该通过具体的经济、政治和社会各个方面的权利真实地体现出来，人民要参与选举、参政议政、参与监督，“全国人民都要有人身自由的权利，参与政治的权利和保护财产的权利”③，真正做到让“人民当家作主”，要“相信人民”“依靠人民”“尊重人民主体地位和首创精神”④，把“人民是历史的创造者、人民是真正的英雄”⑤ 的唯物史观铭记于心。人民正是通过权力落实于具体权利的实践凸显了人的主体性价值。

3. “人民性”是中国共产党立党和治国之本，体现了一种公共性，反映了中国特色社会主义的公共伦理精神

任何思想理念和实践活动最终都要通过制度落实下来。“人民性”作为中国共产党依照马克思主义基本原理进行中国革命和社会主义实践的核心伦理价值，在中国特色社会主义制度中淋漓尽致地表现了出来。

在根本制度上，中国特色社会主义确立了“以人民为中心”“人民当家作主”“人民至上”的价值理念。中国特色社会主义的根本制度确立了新中国的国体是人民民主专政，政体是人民代表大会制度。人民民主专政在根本上对国家政权的阶级属性做出了质的规定，即对人民实行民主，对

---

① 毛泽东选集：第3卷．北京：人民出版社，1991：1031.

② 孙春晨．毛泽东伦理思想的人民性品格．道德与文明，2023（6）：58.

③ 毛泽东选集：第3卷．北京：人民出版社，1991：808.

④ 习近平谈治国理政：第3卷．北京：外文出版社，2020：136.

⑤ 习近平谈治国理政：第3卷．北京：外文出版社，2020：137.

敌人实行专政。很显然，这是坚持马克思主义无产阶级专政的深刻表现。无产阶级是中国革命和社会主义建设中的最广大人民，无产阶级专政就是要把全社会的最根本利益归于人民，让人民自己当家作主，人民成为自己的主人，也就是“人民民主”。任何反对把最广大人民群众的根本利益放在社会和国家根本位置上的，就都是敌人，是专政的对象。为了坚持人民民主专政，在政治体制层面必须让人民民主真正落实到社会政治生活实践中，保障人民群众依法行使选举权和被选举权，参政议政，参与民主监督等，切实依靠人民群众发展全过程人民民主，实现人民当家作主。

在基本制度上，中国特色社会主义是要实现人民对美好生活的价值追求，实现幸福生活。中国特色社会主义的基本制度就是在社会基本领域贯彻社会主义核心价值观，主要表现在基本经济制度和基本政治制度上。在基本经济制度上，中国特色社会主义坚持以公有制为主体、多种所有制经济共同发展。它充分表明了人民是利益主体，发展要为了人民，发展的成果要公平公正地由人民共享，要实现人民的共同富裕，这些都充分表现了一种共享的伦理精神。在基本政治制度上，中国特色社会主义坚持中国共产党领导的多党合作和政治协商制度、民族区域自治制度以及基层群众自治制度。中国共产党领导的多党合作和政治协商制度在保证马克思主义基本路线的前提下，最广泛、真实地反映了人民当家作主的价值理念；民族区域自治制度真实地反映了各族人民共同当家作主的政治权利，在民族平等团结中协调了人民之间的民主；基层群众自治制度充分地践行了人民自己创造自己的历史的主体性地位。这些都充分反映了相信人民、依靠人民的主体伦理精神，是文化自信的真实表现。

在重要制度上，中国特色社会主义打造了协调发展的整全体系，体现了协调和谐的伦理精神。中国特色社会主义的重要制度以根本制度和基本制度为基础，在经济、政治、文化、社会、生态等各方面衍生出了维系整个社会良序发展的具体制度。李建华认为可将其概括为国家治理、政府治理和社会治理三个层面①。在国家治理层面，中国特色社会主义法治体

---

① 李建华．人伦至理：协调的伦理学．北京：社会科学文献出版社，2024：589－591.

系、党和国家监督制度、“一国两制”制度反映了中国共产党代表人民意志依法治理国家的全局性和综合性。在政府治理层面，中国特色社会主义政府治理制度和外事工作制度反映了党委领导下的政府主导与负责公共治理的善治，对内体现的是“为人民服务”的伦理精神，对外反映的是“人类命运共同体”构建。在社会治理层面，中国特色社会主义反映了共建共治共享的社会治理制度、城乡协调统筹的民生保障制度、守正创新的精神文明建设制度和人与自然和谐共生的生态文明制度。

“人民性”的劳动实践性、主体性、公共性，最终汇聚成了人人追求自由全面发展和人民追求幸福美好生活的价值诉求。“人民性”的本质是人的类自由的实现。人的类自由就是人的社会属性的实现。只有在人的类自由中，人的自由才不是抽象的自由，而是社会关系中发展出来的自由。这种自由不是空洞的道德理想，而是奠基于自然属性的物质极大丰富，是物质丰富基础之上的共同富裕，是物质丰富基础之上的社会公平公正。它在最广泛、最真实的意义上实现最广大人民群众的根本利益，实现人民群众的美好生活需求，是一种人与人、人与自然和人与世界的协调和谐。这正是中国式现代化创造的人类文明新形态的突出伦理特征。“人民性”在这个意义上构成了中华伦理文明新形态最突出的特征。

（二）社会主义性

中国式现代化区别于西方现代化的最大特点就在于：西方现代化是资本驱动的经济全球化，是对物的依赖，主体间的伦理关系主要表现为基于利益的社会契约关系，人的发展表现为一种人被物役的异化状态；中国式现代化是人民主体驱动的命运共同体的全球化，是人的自由全面发展，主体间的伦理关系主要表现为基于人的社会属性的相互成就，人的发展表现为独立自由与自由人的联合。不同于西方现代化奠基于生产资料私有制最终导致的个体利己主义，中国式现代化奠基于生产资料公有制最终达成的自由人联合体的集体利益，体现出一种“新集体主义”精神，可以将其概括为一种独特的“社会主义性”。

1. “社会主义性”作为道德理念的价值根源：基于人的社会属性

从马克思主义历史唯物主义的观点来看，人的本质从根本上在于其社会属性，这在根本上揭示了“社会主义性”作为道德理念的价值来源。

人总是在具体的社会关系共同体中进行生产劳动和生活实践，没有人的社会关系就没有真正的人，没有人组成的社会共同体就没有人本身，“只有在共同体中，个人才能获得全面发展其才能的手段，也就是说，只有在共同体中才可能有个人自由”①。社会共同体在客观上决定了个人生活和人类生活的本质。个人不可能脱离共同体而生活，共同体也不可能脱离个人而虚假呈现。虽然马克思主义经典作家并没有用“社会主义性”这个概念来表达自己的思想，但毫无疑问，“社会主义性”却是马克思主义最核心的价值理念和道德原则。尽管人类历史上出现过的原始集体主义、家庭公社集体主义、城邦共同体集体主义、农业公社集体主义、宗法家庭集体主义等多种表现形态都反映了一定的社会性，但只有无产阶级集体主义和社会主义集体主义才具有“社会主义性”。因为在无产阶级集体主义和社会主义集体主义产生之前，其他形态的集体主义都只是代表利益相关的不同有产阶级的结合，是它们把自己与其他共同体区别开来的小团体主义，是虚幻的集体主义，反映的是虚假的社会性。只有马克思主义才真正揭示出了一种“社会主义性”：“既然正确理解的利益是全部道德的原则，那就必须使人们的私人利益符合于人类的利益”②，个人利益必须就人作为类而言反映普遍自由人性才是道德的，人在这个意义上是社会人，是自由人，是人类集体中的自由人，自由人的联合体才是真实的集体。在这个意义上，“社会主义性”是马克思主义最核心的价值理念和道德原则。

2. “社会主义性”作为道德理念的实践领域：个人与集体的辩证关系

从马克思主义辩证唯物主义的观点来看，“社会主义性”是对社会主义社会经济关系和个人与集体辩证关系的科学反映，这在根本上揭示了集体主义作为一个道德原则的实践领域。体现“社会主义性”的新集体主义，作为一个明确的道德概念指导社会生活，是斯大林提出来的。斯大林说：“个人和集体之间、个人利益和集体利益之间没有而且也不应当有不可调和的对立。不应当有这种对立，是因为集体主义、社会主义并不否认个人利益，而是把个人利益和集体利益结合起来。社会主义是不能撇开个

① 马克思恩格斯文集：第1卷. 北京：人民出版社，2009：571.

② 马克思恩格斯文集：第1卷. 北京：人民出版社，2009：335.

人利益的。只有社会主义社会才能给这种个人利益以最充分的满足。此外，社会主义社会是保护个人利益的唯一可靠的保证”①。只有在真正体现“社会主义性”的集体主义道德的指导下，个人与集体、个人利益与集体利益才是辩证统一的。在马克思主义和苏联化马克思主义的基础上，毛泽东进一步指出，在社会主义社会，对于集体利益与个人利益“必须兼顾，不能只顾一头。无论只顾哪一头，都是不利于社会主义，不利于无产阶级专政的”②。毛泽东明确提出，在进行中国新民主主义革命和社会主义建设过程中，我们必须站在无产阶级立场，反对自私自利主义，把集体利益与个人利益有机地结合起来，这充分体现了一种“社会主义性”。

在体现“社会主义性”的新集体主义的价值理念和道德原则的指导下，我们必须辩证地看待和处理个人与集体以及个人利益与集体利益的关系。集体与个人是辩证统一的。体现“社会主义性”的新集体主义所说的集体，是自由人的联合体，是一个真正的社会共同体，是最广泛、最真实、最广大人民群众及其根本利益的结合体。这个集体中的个体不是抽象的独立个体，而是集体中的一分子，是集体中的社会人。个人利益与集体利益是辩证统一的。体现“社会主义性”的新集体主义把社会利益与其成员的个人利益完美地统一在一起，“我们要努力把‘大家为一人，一人为大家’和‘各尽所能，按需分配’的准则渗透到群众的意识中去，渗透到他们的习惯中去，渗透到他们的生活常规中去”③。很显然，体现“社会主义性”的新集体主义在价值理念上肯定了个人利益。自由人的联合体是建立在真实的个人的基础上的，个人真实的利益和自由是自由人的联合体的前提条件。个人利益与集体利益是部分与整体的关系，是眼前与长远的关系，是“流”与“源”的关系，我们必须把两者有机地统一起来。需要特别强调的是，当实践中个人利益与集体利益发生冲突时，体现“社会主义性”的新集体主义在价值次序上强调集体利益优于并高于个人利益。这在根本上在于，人在本质上是具有社会属性的人，是类人，是集

---

① 斯大林选集：下卷．北京：人民出版社，1979：354－355.

② 毛泽东文集：第7卷．北京：人民出版社，1999：30－31.

③ 列宁全集：第39卷．北京：人民出版社，2017：100.

体的人，是道德的人，社会道德对人的要求是人之为人的根本。

3. “社会主义性”作为道德理念的最新实践：社会主义市场经济下的集体主义

从全球化时代中国特色社会主义事业发展的独特性来看，体现“社会主义性”的新集体主义是对社会主义市场经济关系和个人与集体辩证关系的科学反映，这在根本上揭示了体现“社会主义性”的新集体主义作为一个道德原则的最新实践。社会主义市场经济促进了国家与社会的分离，体现“社会主义性”的新集体主义在这个过程中不断分化与整合。如果说市场经济的发展确立了主体的自由平等，那么社会主义市场经济的发展则确立了自由平等主体间的相互权责的统一。社会主义市场经济的发展在体现“社会主义性”的新集体主义的指导下，“以独立的市场主体（包括个人与企业）和权利义务的对等和统一为基本的价值视角，强调个人与集体互尽义务，充满着平等互利的色彩和精神”①。在这种体现“社会主义性”的新集体主义的指导下，它一方面强调劳动者的个人利益，强调集体是个人生存与发展的依托；另一方面强调集体利益，强调个人对企业、单位等集体的认同感和责任感；充分体现了个人利益与集体利益的辩证统一。

体现“社会主义性”的新集体主义突出地体现了对旧有集体主义之虚幻化和威权化的克服。旧有集体主义共同的缺陷就在于以集体之名代表少数有产阶级，对广大人民群众实行剥削和压迫，集体是虚幻的假集体，对广大人民群众的压迫却是真暴力。在体现“社会主义性”的新集体主义的指导下，社会主义市场经济特别强调如何避免集体的虚幻化和威权化。为了避免虚幻化，体现“社会主义性”的新集体主义特别强调对个人权益的保障。习近平指出：“必须始终把人民利益摆在至高无上的地位，让改革发展成果更多更公平惠及全体人民，朝着实现全体人民共同富裕不断迈进”②。人民是最广大群众的汇集，人民利益是最广大群众的根本利益，人民和人民利益是个人与集体辩证统一的典范。人民作为集体，不能让任何个人随便做出牺牲，因为每个人都是构成人民的一分子。每个人作

① 王泽应．伦理学原理．北京：中国人民大学出版社，2021：116.

② 习近平谈治国理政：第3卷．北京：外文出版社，2020：35.

为集体的一分子，都要自觉维护个人合法权益，维护个人作为集体中的社会人的权益。为了避免威权化，体现“社会主义性”的新集体主义强调“人民民主”，强调保持集体中的每一个成员的自主性，保护其自由、权利、正当利益和幸福，强调要通过社会的公平正义保障所有人的自主。在个人利益与集体利益发生真正的冲突时，体现“社会主义性”的新集体主义虽然倡导集体利益的优先性和个人利益牺牲的必要性，但这是建立在个人与集体辩证统一的基础上的，它杜绝个人不正当的利益诉求，而在真正的冲突面前倡导和肯定个人的自我牺牲精神。

4. “社会主义性”作为道德理念的集中体现：社会主义核心价值观

社会主义核心价值观集中体现了“社会主义性”。党的十八大报告中明确提出“三个倡导”：“倡导富强、民主、文明、和谐，倡导自由、平等、公正、法治，倡导爱国、敬业、诚信、友善，积极培育和践行社会主义核心价值观”①。社会主义核心价值观把国家、社会和公民的伦理价值要求融为一体，把个人和集体的伦理价值诉求辩证地统一在一起，充分地体现出一种新集体主义精神，体现出一种“社会主义性”。“富强”“民主”“文明”“和谐”是国家层面的价值目标，标注了中华民族在国家层面的时代刻度。“自由”“平等”“公正”“法治”是社会层面的价值取向，反映了人民对美好社会的期望和憧憬。“爱国”“敬业”“诚信”“友善”是公民个人层面的价值准则，凸显了个人在社会公德、职业道德、家庭美德、个人品德等各个方面的精神品格。社会主义核心价值观既是中华民族在国家和社会的集体层面体现的精神追求和价值标准，也是每个公民在个体层面应该养成的道德观念和行为方式。个体公民通过社会主义核心价值观培养自己的道德观念和行为方式，形成共同理想、凝聚精神力量、引领道德风尚；国家和社会通过社会主义核心价值观培养全民族的团结和睦，形成中国力量和中国精神。

从以上有关“社会主义性”的论述中可以看出，“社会主义性”是中国式现代化创造的人类文明新形态的核心价值理念。“社会主义性”作为一种

---

① 中共中央文献研究室．十八大以来重要文献选编：上．北京：中央文献出版社，2014：25.

价值理念和道德原则，它一方面尊重人的主体性，另一方面强调人的社会属性。个人自主地结成自由人的联合体，自由人的联合体作为集体是个人的统一体，个人在集体中发展自己，集体通过个人越来越自由的实践自觉地保障个人的正当权益，两者达到辩证的统一，两者的利益也达到辩证的统一。

（三）人类命运共同体性

任何一种文明，都是人和人类的文明，个体的人和整体的人类是所有文明都指向的价值目标与伦理关怀。中国式现代化创造的人类文明新形态不仅通过“人民性”独特地凸显了人的类自由，而且通过“人类命运共同体性”独特地揭示了人类文明所具有的普遍性价值目标与伦理关怀，即人类是一个命运共同体。在人类历史上，所有人类文明形态都是在历史的发展过程中对关涉人类生产、生活方式的社会状态的揭示，都是对人的社会属性的呈现。“人民性”的本质就是人的类自由的实现，也是人的社会属性的实现，“人民性”强调的是作为个体的人在自由人的联合体中实现自己的自由。很显然，“人民性”包含的个体自由和人类整体自由都要放在一个自然发展和历史发展的“人类命运共同体”概念中来进行理解，体现出一种“人类命运共同体性”。这种“人类命运共同体性”表明，人类的个体自由和整体自由都只有在人类命运共同体中才能实现。我们必须从根本上意识到，只有树立起人类命运共同体意识，才能真正理解个人的自由全面发展和人类应该成为自由人的联合体是相互成就的，这才是人之为人的本质体现。

1. “人类命运共同体性”体现了马克思主义伦理学的历史唯物主义精神和辩证唯物主义精神

“人类命运共同体性”通过“人类命运共同体”概念强调“人类命运”与“共同体”融合的特性。人类命运共同体“意味着共同体的组建与维护基于共同的命运，要求每一个成员把‘共命运’的伦理精神自觉与‘同命运’的伦理精神自省有机地结合起来，并把价值层面‘共命运’的伦理共识和行为层面‘共命运’之责任担当有机地统一起来”①，体现

---

① 王泽应．命运共同体的伦理精义和价值特质论．北京大学学报（哲学社会科学版），2016（5）：5.

了独特的伦理价值和伦理精神。

第一，从历史唯物主义的观点来看，人类之为人类的最终体现必然是自由人的联合体，这是人类未来存在的共同命运，这不仅是一个事实判断，也是一种价值判断。只有在自由人的联合体中，每个人才能得到自由全面发展，人类社会也才会消灭剥削，取消不平等，人类彼此之间才能取得人与人、人与社会集体、集体与集体之间的利益一致性，才能构建和谐的人与人的关系、人与社会的关系、人与世界的关系、人与自然的关系。人类命运共同体作为一个指向未来的理念，来源于现代化和全球化使人类日益交融为一个相互影响的命运共同体这一基本事实。马克思主义认为，“不是人们的意识决定人们的存在，相反，是人们的社会存在决定人们的意识”①。人类命运共同体作为一个指向未来的理念，源于现实意义上人类已经成为一个命运共同体的事实，无论是人们共同生活在同一个地球的物质基础条件，还是人们或主动或被动地嵌入全球市场经济体系和共同科技条件，抑或是人们面对着共同的安全挑战和生态环境危机，命运共同体从来都是人类生存已经发生的基本事实。人们只有自觉地意识到这个理念，才能在客观存在的基础上以一种自觉和自省的主体精神创造属于人类自己的精神文明。在这个意义上，“人类命运共同体性”让人自主的主体精神达到事实与价值的统一。

第二，从辩证唯物主义的观点来看，“人类命运共同体性”要求人类更加自觉地把被动的命运变成主动构建的共同体。当前人类进入共同体的现实条件在很大程度上来自被动的人类命运。在整体上，人类依赖自然而生存是一个基本事实，这是人类生存和发展的最根本的命运。在生存和发展的过程中，人类虽然不断地发挥主观能动性创造和改善特定社会条件下的经济秩序、政治秩序、科技创新体系以及人与自然的关系等，但是受外在条件和自身条件的束缚，人类总是在阶级斗争中各自为政，很多时候总是以少数人的意志代替大多数人的意志，以少数人的利益代替大多数人的利益，以对抗竞争代替协调共赢，以剥削压迫代替民主平等，这导致大多时候的大多数人都是被动进入一个不平等、被剥削、被压迫的虚假共同体

① 马克思恩格斯选集：第2卷．北京：人民出版社，2012：2.

中。只有在马克思主义提出无产阶级，提出自由人的联合体时，以最大多数人之最广泛最根本利益为基础的命运共同体才可能真正得以自觉建立，人类自觉的历史意识和客观的公共利益才能真正结合，人类命运共同体作为一个指向普遍人类价值的伦理概念才得以凸显。只有在无产阶级不断的阶级斗争中，代表最广大人民群众的无产阶级及其政党才能不断地通过阶级斗争消灭剥削、消除不平等，在物质极度丰富中实现人的自由全面发展，实现人与人、人与社会集体以及集体与集体之间的利益一致性，真正在人类命运共同体中实现人的自由全面发展，形成自由人的联合体。

2. “人类命运共同体性”体现了中国传统伦理文明一以贯之的“和谐共生性”伦理理念和“交互主体性”伦理品格

中华传统伦理文明区别于西方伦理文明的最大特点之一就在于，中华传统伦理文明在本质上是一种关系式生成文明观，而西方伦理文明是一种静态式实存文明观。在关系式生成文明观中，无论是在人与人、人与社会、人与世界的关系中，还是在人与自然的关系中，都不存在个体的人具有的存在优先性和主体优先性，而只有和谐生成的主体性和共生性。

第一，从“和谐共生性”伦理理念来看，“人类命运共同体性”体现了各种关系中的实践生存性。（1）“和谐共生性”首先体现在人与自然的和谐共生关系中。在天人关系上，中华传统伦理文明强调“天人合一”。道家讲“天地与我并生，万物与我为一”①；儒家讲“诚者，天之道也。思诚者，人之道也”②、“人心与天地一体”③，认为天与人是一体共生的关系。天指代的自然和人之间的关系是自然而然大化流行的结果，是阴阳互动共生出来的和谐结果。（2）“和谐共生性”体现在人与世界的文明礼仪中。人与世界的关系在今天主要是放在中国与世界其他国家之间的关系上来看。基于这个视角，中华传统伦理文明向来强调“和而不同”④、

---

① 郭庆藩．庄子集释．王孝鱼，点校．北京：中华书局，1961：79.

② 朱熹．四书章句集注．北京：中华书局，1983：287.

③ 王阳明全集（新编本）：第1册．吴光，等编校．杭州：浙江古籍出版社，2011：120.

④ 朱熹．四书章句集注．北京：中华书局，1983：147.

“礼之用，和为贵”①，认为“国之命在礼”②。中华传统伦理文明认为，在国与国之间的交往中，通过讲究和谐的礼仪和开放包容地打造国与国之间的关系，就可以共同打造一个人文化成的天下。(3)“和谐共生性”体现在人与社会的责任优先关系中。人与社会的关系归根结底是看待人与自身所在的共同体的关系。在中华传统伦理文明中，个人首先是被当作家庭和国家的一分子，强调个人对于家国的群体利益，主张“天下为公”，主张“苟利国家，不求富贵”“不以私害公”，个人正是在对自己所在家国共同体中呈现出责任和义务担当，才呈现出自己与家国共同体的荣辱兴衰。(4)“和谐共生性”体现在人与人的交互承认关系中。在中华传统伦理文明中，家庭人伦关系是道德的起点，是社会道德风尚和民族品格的基础。但很多人没有注意到的是，这种人伦关系在根本上是一种相互承认的关系。这种相互承认的关系典型地反映在孔子在齐景公问政时的回应：“君君，臣臣，父父，子子”③。君臣父子，并不是单向的权威压迫或规范，而是角色和关系的相互承认与规范。只有在这种相互承认中，和谐的道德关系才会产生，这种道德关系才会呈现出仁亲爱民、忠孝爱国的“和谐与共”。

第二，从“交互主体性”伦理品格来看，“人类命运共同体性”体现了各种关系中的生存实践性。(1）在人与自然的和谐共生关系中，人与自然是相互成就的互生主体。在中华传统伦理文明中，人与自然的互生既是一种实践的生存，也是一种生存的实践。人与自然在生存实践中成就彼此，自然的大道大化流行，“周行而不殆”④、“一生二，二生三，三生万物”⑤，而人则通过体“仁”，“以天地万物为一体”，感知到人与自然的共生关系。(2）在人与世界的文明礼仪关系中，人与世界是相互依托的对等主体。在中华传统伦理文明中，国家建立在家族血亲的基础之上，遵

---

① 朱熹．四书章句集注．北京：中华书局，1983：51.

② 王先谦．荀子集解．沈啸寰，王星贤，整理．北京：中华书局，1988：317.

③ 朱熹．四书章句集注．北京：中华书局，1983：136.

④ 陈鼓应．老子今注今译．北京：商务印书馆，2016：169.

⑤ 陈鼓应．老子今注今译．北京：商务印书馆，2016：233.

循人伦秩序而发展，强调的是以礼仪文明人文化成天下。在传说时代对尧的刻画就阐明了这个源头，“克明俊德，以亲九族。九族既睦，平章百姓。百姓昭明，协和万邦”①。(3) 在人与社会的责任优先关系中，个人与社会是辩证统一的身份主体。在中华传统伦理文明中，个人对于家庭、国家等共同体具有强烈的责任意识。正是在对父母的孝敬、国家的忠诚等关系的责任承担中，个人自主地呈现出了自己在共同体中的主体身份。(4) 在人与人的交互承认关系中，人与人是相互认可的道德主体。在中华传统伦理文明中，人的生命和生存都是在伦理关系中呈现的，正是在父慈子孝、兄恭弟敬等相互承认的伦理关系中，个人在彼此的身份认同中成为道德主体。

3. “人类命运共同体性”体现了中国化马克思主义伦理学的中国智慧和中国精神

尽管人类命运共同体所反映的思想理念在马克思主义伦理思想和中国传统伦理思想中都有体现，甚至在各个时期的西方伦理思想里面也都有所反映，但人类命运共同体作为人类文明新形态的核心理念之一，在根本上反映的是中国式现代化创造的具有独特性的新型伦理理念，是中华伦理文明新形态最突出的特征之一。“人类命运共同体”概念既有时代性，又有历史性。复杂的全球化时代特性和深厚的人类文明底蕴在新时代的中国产生了人类命运共同体这种新型的全球治理理念，它既是中国共产党带领中国人民进行国家治理的时代实践，也是中国共产党带领中国人民厚积薄发的理论创新，充分反映了中国共产党带领中国人民应对普遍性问题的中国智慧和中国精神，成为中国特色社会主义最突出的伦理概念。

第一，“人类命运共同体性”反映的中国智慧和中国精神体现在“人民主体”这个核心价值概念与理念上。如前所述，在人与人、人与社会、人与世界以及人与自然的关系中，人都是在类的意义上呈现出一种主体的生存实践性，这和马克思主义从人的社会属性出发揭示人类在劳动实践中构建社会关系具有同样的精神特质。马克思主义强调人通过自由全面的发展在共产主义中实现自由人的联合体，中国传统伦理文明通过“修身”

① 尚书．曾运乾，注．黄曙辉，校点．上海：上海古籍出版社，2015：3.

以至“家齐”“国治”“天下平”。在中华传统伦理文明中，先贤们就强调人要从类的角度来把握自己的命运，认为“天下非一人之天下也”，而是天下人之天下也，即“天下为公”。很显然，“天下”在这里指的是包含最广大人民群众的人和事，也就是人类社会整体。人类社会整体的有序运转就是最根本的道理，人类社会从来都不是一个人创造的，而是全人类一起打造的。这在根本上强调的是人在类的意义上通过自主自觉的社会属性的培养而构建一个和谐共赢的人类命运共同体。面对当今世界信息、网络、生态环境、科学技术等的全球化发展，以习近平为主要代表的当代中国共产党人深刻地指出，“这个世界，各国相互联系、相互依存的程度空前加深，人类生活在同一个地球村里，生活在历史和现实交汇的同一个时空里，越来越成为你中有我、我中有你的命运共同体”①。这意味着，人类必须以理性的自觉在命运与共中充分发挥主体性来面对人类生存的处境，真正做到“人人为我，我为人人”。

第二，“人类命运共同体性”反映的中国智慧和中国精神体现在各国各方合作共赢的关键价值概念与理念上。在全球化发展过程中，各种狭隘和短视的民族利己主义观念会出现，各种陈旧甚至错误的全球治理理念和思维方式会存在。“人类命运共同体”理念的提出针对的正是全球化带来的时代弊病，是一种新型的全球治理理念，其关键价值理念就是合作共赢。旧有的全球治理奠定在资本驱动的经济全球化之上，而这一全球化进程导致了经济危机、生态危机和资源危机等，“导致了中心与边缘国家之间富裕与贫穷、发达与落后的不平衡关系”②。构建“人类命运共同体”理念的提出，在根本上就是为了扭转和超越这种资本驱动的经济全球化发展道路。“人类命运共同体”理念的提出包含着几层合作共赢的伦理精神：在人与自然之间的关系上，双方是共生共灭的生命共同体，人类应该与自然合作，达到彼此的“共生共赢”；在国家与国家之间的关系上，大家是全球安全秩序平等自主的共建者，彼此应该坚持对话协商、坚持共建

---

① 习近平谈治国理政：第1卷. 北京：外文出版社，2018：272.

② 陈学明，罗骞. 科学发展观与人类存在方式的改变. 中国社会科学，2008(5)：24.

共享，在全球安全秩序的建构中坚持“合作共赢”；在文明与文明之间的关系上，大家是文明自主自觉的共造者，“每种文明都有其独特魅力和深厚底蕴，都是人类的精神瑰宝”①，文明之间应该“交流互鉴”，成就“和羹之美”。

人类命运共同体是中国式现代化在创造人类文明新形态的过程中提出的新型全球治理理念，它是对西方主导的由资本驱动的经济全球化的超越。人类命运共同体着眼于人类生存与发展，强调建立“共享”“共赢”“共生”的人类命运共同体，在价值理念上坚持“人民主体”与“合作共赢”，强调针对当代人类生存处境与命运进行实践创新。人类命运共同体在根本上体现了以习近平为主要代表的当代中国共产党人在坚持马克思主义基本立场和原理的前提下，在全球治理中对中华优秀传统文化的创造性转化和创新性发展。

四、中华伦理文明新形态话语体系的传承传播

人类文明是各种不同文明形态不断传承传播的演进发展史，不同文明形态的传承传播都有其价值内核支撑，这些价值内核通过不同的道德话语体系表现出来，表现为不同形态的伦理文明。“每一种伦理文明形态都有其自身的话语表达系统，其主要形式是道德话语。中华伦理文明新形态的道德话语是中国道德话语。它是中华民族在长期共同生活、共同发展的过程中共同创造的道德语言体系”②。中华伦理文明新形态的道德话语表达了中华民族的道德思维、道德认知、道德情感，体现出了独具特色的中华民族思想、中国精神和中国智慧。中国式现代化创造的人类文明新形态要传承传播，核心是要传播作为其价值内核的中华伦理文明新形态。中华伦理文明新形态的传承传播，首先要传承传播其道德话语体系。中国道德话语体系作为中华伦理文明新形态的信息载体、关系纽带和政治工具，通过

① 习近平谈治国理政：第2卷．北京：外文出版社，2017：544.

② 向玉乔．中华伦理文明新形态的内涵要义和研究意义．伦理学研究，2023（1）：26.

承载与传递、联结与凝聚、贯通与向导等方面表现出中国精神和中国智慧。

（一）中华伦理文明新形态道德话语体系的承载与传递

中华伦理文明新形态道德话语体系是中华伦理文明新形态的思想精神得以具体呈现的载体。任何人类伦理文明，其价值内核都必须通过道德语言来认识、理解和把握。思想和精神是一种主观存在，是主体经过思维活动产生的结果，需要通过一定的物质实体来承载与显现其性质、内容和状态，语言就是这个载体。只有通过语言，人们才能发现与记录思想和精神，并进而达到对思想和精神的长久记忆、深入传承与广泛传播。“无论是在中华民族内部，还是在其他国家，人们都是首先通过接触汉语道德语言来认识、理解和把握中华伦理文明的”①。中华伦理文明新形态的民族思想和中国精神要得到传承传播，就必须借助中国道德语言表现出来。中国道德语言的具体形式主要表现为汉语道德语言的传承传播。“汉语道德语言是由语音、文字、词汇、判断、语法、修辞等要素构成的一个庞大话语体系”，“是中华民族在长期共同生活、共同发展的过程中共同创造的一个道德话语体系”②，在中国社会和中华文明中占据着不可取代的核心位置。

汉语道德语言因为其使用的稳定性、广泛性可以被视为中华民族道德语言的代表，在根本上反映了中华民族的思想旨趣和精神价值。首先，汉语具有独特的文字系统、拼音系统和声调系统，具有强大的表意功能，很大程度上发挥着表达伦理意义的功能。从造字的角度而言，以“仁”为例，“仁”字是一个会意字，强调的是人与人之间的友善、相亲，是中国伦理精神的最重要特点之一。从语音的角度而言，中国人将“德”和“得”进行同音同义，强调德是有所得。“礼乐皆得，谓之有德。德者，得也”③。其次，汉语道德语言借助语音、文字、词汇、语句、语法、修

① 向玉乔．汉语道德语言的传承发展和价值维度．伦理学研究，2025（1）：32.

② 向玉乔．汉语道德语言的传承发展和价值维度．伦理学研究，2025（1）：24.

③ 礼记·孝经．胡平生，陈美兰，译注．北京：中华书局，2016：154.

辞等载体，将中华伦理文明内含的伦理思想和价值精神表达为一种集体的民族品格。这种品格主要表现在两个方面：一是在个体的意义上呈现为“自强不息、厚德载物”的君子人格追求和“天下兴亡，匹夫有责”的责任担当意识；二是在社会层面呈现为“大道之行，天下为公”的公平正义追求和“协和万邦”“美美与共”的和平发展格局。最后，汉语道德语言与时俱进地传承传播着中华民族的思想和精神。从先秦到民国再到新中国，汉语道德语言虽然经历了从传统道德语言到革命道德语言再到社会主义道德语言的变迁，但总体上呈现出连续性、创新性、统一性、包容性与和平性这五大突出特性，构成了中华伦理文明的整体特征和价值观念。

中华伦理文明新形态话语体系塑造着中华伦理文明新形态的核心思想和主要精神。汉语道德语言作为中华伦理文明新形态话语体系的主要载体，表达与建构了中华民族的具体思想内容和价值精神。中国式现代化创造的人类文明新形态是中华民族的旧邦新命，中华伦理文明新形态是中华民族旧邦新命的价值内核，一直在绵延不绝的守正创新中创造性转化和创新性发展，具体表现出三个方面的内容：一是中国传统道德价值理念。习近平说：“中华民族在长期实践中培育和形成了独特的思想理念和道德规范，有崇仁爱、重民本、守诚信、讲辩证、尚和合、求大同等思想，有自强不息、敬业乐群、扶正扬善、扶危济困、见义勇为、孝老爱亲等传统美德”①。二是中国革命道德价值理念。习近平说：“一百年前，中国共产党的先驱们创建了中国共产党，形成了坚持真理、坚守理想，践行初心、担当使命，不怕牺牲、英勇斗争，对党忠诚、不负人民的伟大建党精神，这是中国共产党的精神之源”②。三是当代中国道德价值理念。“它们主要指中国共产党团结带领中国人民在社会主义革命和建设时期、改革开放和社会主义现代化建设新时期、中国特色社会主义新时代形成的伦理思想和道德行为准则，包括毛泽东提出的‘为人民服务’、邓小平提出的‘共同富裕’、江泽民提出的‘三个代表’、胡锦涛提出的关于弘扬社会主义核心

---

① 中共中央文献研究室．习近平关于社会主义文化建设论述摘编．北京：中央文献出版社，2017：144.

② 习近平谈治国理政：第 4 卷．北京：外文出版社，2022：7.

价值观的‘三个倡导’，习近平提出的‘以人民为中心’和‘构建人类命运共同体’等重要内容”①。

中华伦理文明新形态话语体系薪火相传的思想内容体现出一以贯之的伦理精神。思想内容得以整体地被塑造，在根本上源于一以贯之的精神力量。向玉乔认为，中华民族创造和使用汉语道德语言不仅要对话交流，而且要建构自己的语德传统和道德语言文明，这种语德传统和道德语言文明强调三个伦理原则：“正心”“合乎礼”“有道理”②。“正心”是中华民族和中国智慧中最突出的特点，无论是个人还是集体，正心都是正本清源的根本方向。从个人的角度而言，心是德之本，心是德之源。孟子讲人性本善，讲的就是人有“四端之心”；宋明理学家讲“心即理也”，强调的是心是根本，因此，做人要“正心”。“正心”是修身、齐家、治国、平天下的根本。从集体的角度而言，心是天地之大心，是集体的共同意志，代表的是整个民族和国家的方向。立心立于天地，也就是让万事万物都按照各自本来的道而自然地流露和呈现出来，这也就是“各守其正”。“合乎礼”是中华民族最鲜明最悠久的精神特征之一。孔子讲：“不学礼，无以立”③。中华民族一直强调“礼”的道德要求。在中国古代，儒道法等各家都强调，“道”是万物之所以如此这般的原因，“理”是万物之所以如此这般的条理。到后世，道理合用，就变成了中国人为人处世的日常道德标准，成为判断一个人说话做事正确与否的标准。

（二）中华伦理文明新形态道德话语体系的联结与凝聚

中华伦理文明新形态道德话语体系是联结个体与集体的桥梁和纽带。在中华伦理文明发展过程中，中华伦理文明道德话语体系的传承传播是人际交往和民族交往的主要手段，在促进个人与个人、民族与民族之间的联系沟通、劳动协作过程中发挥了重要作用。个体通过中华伦理文明的道德话语体系认识与理解中华民族的思想内容和价值理念，集体通过中华伦理

① 向玉乔．汉语道德语言的传承发展和价值维度．伦理学研究，2025（1）：29.

② 向玉乔．汉语道德语言的传承发展和价值维度．伦理学研究，2025（1）：29.

③ 朱熹．四书章句集注．北京：中华书局，1983：174.

文明的道德话语体系教育个体，传递中华民族集体的思想内容和价值理念。中华伦理文明的道德话语体系把具有普遍性特征的个体中国人的主体经验与体验刻画成了中华民族的集体思想和记忆。有学者指出，“语言一直都是记忆，而且是先于特殊的形式结构构成的记忆，是集体经验和集体方向的储存器，它可以通过后天的学习来获得”①。正是通过语言，主体的经验与体验被记录为客观的思想和价值精神。尽管并非所有个体的主观经验与体验都具有普遍性，从而能够上升为集体经验与记忆，但所有集体经验与记忆都是依托个体主观经验与体验而来。孔子及其弟子的言行被汇编成《论语》，庄子及其对手的对话被汇总为《庄子》，以及儒释道等多家的经典代表，能够成为中华民族集体思想的代表，显然都是对具有普遍性的个体主观经验或集体经验的总结和凝聚。

“君君，臣臣，父父，子子”②，这既是儒家倡导的人的个体行为规范，也是中华传统伦理文明的社会规范。“夫孝，德之本也”③，强调“孝”既是每个个体最基本的德性，也是中华民族这个集体共同打造的社会规范。“为人民服务”既是共产党员追求的道德人格，也是无产阶级的革命道德。概括而言，无论是强调“仁”“义”“礼”“智”“信”“忠”“孝”“节”“廉”等中国传统道德价值理念，还是强调大公无私、公而忘私、坚持真理、坚守理想、担当使命、英勇斗争、不负人民等中国革命道德价值理念，抑或是强调“为人民服务”“以人民为中心”等价值观，无一不是在个体与集体之间交互成就。个体通过践行普遍性社会规范塑造出集体的思想理念和价值精神，集体的思想理念和价值精神通过道德话语体系在个体中被传递与教育，中华伦理文明新形态就是通过道德话语体系在个体与集体的联结中呈现出来。

中华伦理文明新形态的道德话语体系强化了个体与集体之间的关系。马克思主义基本原理告诉我们，人总是生活在一定的社会关系中，个人不

---

① 阿斯特莉特·埃尔，冯亚琳．文化记忆理论读本．余传玲，等译．北京：北京大学出版社，2012：5.

② 朱熹．四书章句集注．北京：中华书局，1983：136.

③ 李隆基．孝经注疏．邢昺，疏．金良年，整理//十三经注疏：下．上海：上海古籍出版社，1997：2545.

可能脱离社会集体而生存和发展，同样集体也总是人与人相互联结而形成的社会集体，个人与社会集体是相互依存的关系。在个人与社会集体相互依存的关系中，道德话语体系发挥着重要作用。

道德话语体系的形成与人们之间的社会交往方式有着密切的关系。在中华伦理文明新形态的形成发展过程中，“汉语道德语言是中华民族用于表达其道德思维、道德认知、道德情感、道德意志、道德信念、道德行为、道德记忆等道德生活内容的道德话语体系”①。中华民族包括 56 个民族，“中国境内除汉族外，回族、满族、畲族等也都使用汉语，蒙古族、壮族、傣族、苗族、白族、布依族、土家族等十几个少数民族既使用本族语言，也使用汉语。其他民族中也有不少是精通汉语的。所以，实际上汉语已经成为中华民族共同使用的一种交际工具”②。汉语是中华民族共同使用的交流语言，汉语道德语言表达了中华民族共同持有的思想内容和价值理念，人们和各民族在生活交往中不断融合共生，共同塑造着中国人作为个人与集体的人格追求和民族精神。

道德话语体系在个人的思想行为与社会的道德要求之间发挥着重要的联系和沟通作用。道德话语体系的形成过程是个体思想内容和价值追求社会化与集体思想理念和价值精神个体化的过程。以传承中华文化的“四德”为例：“仁”在个体层面强调个体品行的爱人、仁爱、博爱，但在社会层面强调成为政治原则和普遍社会规范的仁政、仁善；“义”在个体层面强调个体品行的公正、仁义，但在社会层面强调成为政治原则和普遍社会规范的正义、道义；“礼”在个体层面强调个体品行的尊礼、守礼，但在社会层面强调成为政治原则和普遍社会规范的礼仪、礼节；“智”在个体层面强调个体品行的智力、明智，但在社会层面强调成为政治原则和普遍社会规范的智商、智慧。同样，中国特色社会主义伦理强调的“为人民服务”，不仅是个体从业者的价值引导，也是集体政治原则和

---

① 向玉乔．汉语道德语言的传承发展和价值维度．伦理学研究，2025（1）：28.

② 北京大学中文系现代汉语教研室．现代汉语：增订本．北京：商务印书馆，2012：绪论 2.

普遍社会规范的价值旨趣。

中华伦理文明新形态的道德话语体系在根本上塑造与强化了中华民族作为一个集体的思想理念和价值精神。中华伦理文明新形态的道德话语体系是中华伦理文明新形态的具体承载，反映的是人类文明新形态的价值内核，是基于经济关系的诸种社会关系的意识形态的综合表现，引导着个体中国人的精神追求，塑造着中华民族集体的精神品格。通过中国传统道德话语体系，中华民族塑造了家国同构基础上的忠孝精神，塑造了公忠爱国的整体主义精神，塑造了仁爱和谐的团结互助精神，塑造了以义制利的价值理念，塑造了修身为本的崇德精神，塑造了包容会通的行为交往理念，打造了中华优秀传统道德文化的风骨神韵。通过中国革命道德话语体系，中华民族塑造了坚定执着地追求理想信念、实事求是地闯出新路子、艰苦奋斗攻克难关、依靠群众求取胜利的革命精神，打造了刚健激越的革命道德。通过当代中国道德话语体系，中华民族塑造了“为人民服务”的价值理念和“大公无私”“克己奉公”的人格品质，塑造了“共同富裕”的价值理念和“五讲四美三热爱”的精神文明，塑造了“立党为公、执政为民”的价值理念，塑造了“以人为本”的价值理念，塑造了“以人民为中心”“构建人类命运共同体”的价值理念，打造了共产主义道德教育、社会主义精神文明、社会主义义利观、社会主义荣辱观和社会主义核心价值观等繁荣兴盛的社会主义先进道德文化。

中国传统道德话语体系、中国革命道德话语体系和当代中国道德话语体系共同构成的中华伦理文明新形态道德话语体系，在中华民族的个体间和不同的时代中传承传播，赓续成为中华民族共同的思想理念和伦理精神，实现了个体的中国人对民族与国家的政治认同和政治忠诚。中华伦理文明新形态的道德话语体系在人民民主专政的人民代表大会制度下，传递着中国人民的思想和意志，代表着中国先进生产力的道德发展要求，代表着中国先进道德文化的前进方向，代表着中国最广大人民的根本利益，增强了集体与个体之间的沟通和互动，凝聚了中华民族的价值认同和社会团结。

（三）中华伦理文明新形态道德话语体系的贯通与导向

中华伦理文明新形态道德话语体系具有联系人际关系和族群关系的

贯通作用。人类社会是一个有机整体，由相互依存的各个民族、国家共同组成，“各国相互联系、相互依存，全球命运与共、休戚相关”①，“人类是命运共同体”②。各个民族、国家之间的沟通与协调是维持人类社会平衡和稳定的重要机制。中华伦理文明新形态道德话语体系作为人类命运共同体的信息管道和价值血脉，把人类命运共同体需要的信息资源和价值观念输送到参与共同体的民族和国家，对整个人类社会结构起着重要的协调和稳定作用。在人类文明的价值领域，中华伦理文明新形态道德话语体系加强了各个民族和国家之间的文明交流与社会互动，促进了普遍伦理的表达和发展，发挥出重要的国际政治贯通功能。中华伦理文明新形态认为，“人类文明多样性是世界的基本特征，也是人类进步的源泉”③，倡导不同文明之间的共建共享、合作共赢和交流互鉴，倡导大家一起构建人类命运共同体。

中华伦理文明新形态道德话语体系具有打造和传播全球性普遍伦理价值的导向功能。在人类文明发展过程中，各个民族和国家之间的交往都是通过各种形式和途径的道德话语，进行价值理念的互鉴和交流。一方面，各个民族和国家通过对道德话语的有力塑造来树立民族精神和国家意志，通过对社会各种价值观念的甄别和选择把体现自身根本利益的意识形态确立为民族和国家的指导思想，通过反映民族精神和国家意志的道德话语体系进行合乎时代潮流的意识形态的传承传播。在中华伦理文明新形态的形成和发展过程中，和合共生的中国传统道德话语体系、刚健激越的中国革命道德话语体系和繁荣兴盛的当代中国道德话语体系，在新时代的伟大实践中融为一体，共同构成中华伦理文明新形态道德话语体系。另一方面，一定的价值理念要成为人类共同拥护的普遍价值理念，其形成和发展离不开道德话语的传承传播。中国式现代化创造的人类文明新形态，强调“宇宙只有一个地球，人类共有一个家园”④，人类应该“构建人类命运共同体，实现共赢共享”⑤。命运共同体提供的是一种全球性的普遍伦理，

---

① 习近平谈治国理政：第2卷．北京：外文出版社，2017：538.
② 习近平谈治国理政：第4卷．北京：外文出版社，2022：417.
③ 习近平谈治国理政：第2卷．北京：外文出版社，2017：543.
④ 习近平谈治国理政：第2卷．北京：外文出版社，2017：538.
⑤ 习近平谈治国理政：第2卷．北京：外文出版社，2017：539.

"集中体现在利益共生、情感共鸣、价值共识、发展共赢、责任共担诸方面，本质上是一种有福同享有难同当的共同体主义伦理观"①。利益共生是人类文明新形态的内核价值作为普遍伦理可以传承传播的基石。任何共同体首先都是一个利益共同体，只有建立在利益共生的基础上，大家才能共谋发展，构建各种和平的发展伙伴关系。情感共鸣是人类文明新形态的内核价值作为普遍伦理可以传承传播的心理机理。人类命运共同体是基于人性具有的情感表达机制而构建起来的伦理共同体，表达的是人类共性中的情感传递机理，具体包括"要坚持睦邻友好，守望相助；讲平等，重感情；常见面，多走动；多做得人心、暖人心的事，使周边国家对我们更友善、更亲近、更认同、更支持，增强亲和力、感召力、影响力"②。价值共识是人类文明新形态的内核价值作为普遍伦理可以传承传播的关键。在全人类中"坚持对话协商"的伙伴关系、"坚持共建共享"的安全格局、"坚持合作共赢"的经济发展、"坚持交流互鉴"的文明交流、"坚持绿色低碳"的生态建设，不仅仅是中国式现代化创造的中华伦理文明新形态的伦理要求，更是全人类构建命运共同体的普遍伦理要求。发展共赢是人类文明新形态的内核价值作为普遍伦理可以传承传播的手段。对于任何社会和文明，发展都是硬道理，但是作为命运与共的社会人，互惠互利的共赢发展"才是命运共同体拱立的伦理精神和实现的目的性追求"③。责任共担是人类文明新形态的内核价值作为普遍伦理可以传承传播的保障。任何理念的实践和落实，都建立在责任的基础之上。共同的命运要求共同的责任，"在人们的生活中，根本的东西就是对于生活方向、生活价值、生活规范、生活态度以及生活意义所承担的义务，而这种义务——如果不是一切都落空的话是超越民族、超越文化的"④。

中华伦理文明新形态道德话语体系具有的贯通作用和导向功能是辩

---

① 王泽应．命运共同体的伦理精义和价值特质论．北京大学学报（哲学社会科学版），2016（5）：9－10.

② 习近平谈治国理政：第1卷．北京：外文出版社，2018：297.

③ 王泽应．命运共同体的伦理精义和价值特质论．北京大学学报（哲学社会科学版），2016（5）：12.

④ 汉斯·昆．世界伦理构想．周艺，译．北京：三联书店，2002：37.

证统一的。贯通是引导的前提，实现正确方向的引导是贯通的目的。贯通和引导并重，才能真正发挥道德话语体系的联结与凝聚作用。中华伦理文明新形态道德话语体系联结的既是中华民族在历史跨度下形成的中国传统道德话语，又是世界各民族在不同空间下发展形成的优秀道德话语。在时间的维度下，中华伦理文明新形态道德话语体系强调连续性、统一性和创新性，突出社会、民族和国家的黏合力，坚守中华民族的基本思想理念和价值精神，坚持古为今用、洋为中用、辩证取舍、守正创新；在空间的维度下，中华伦理文明新形态道德话语体系强调包容性、和平性和创新性，突出“相互尊重、平等相待”的从容，“美人之美、美美与共”的大气，“开放包容、互学互鉴”的坦诚。

结束语　创造中华伦理文明新形态　谱写中华民族伟大复兴大诗篇

一个民族的伟大、一个国家的强大，必须以物质为基础，但其核心要义是精神充裕。没有充裕的精神，一个民族必定是外强中干的民族，一个国家必定是外强中干的国家。只要精神充裕，一个民族、一个国家哪怕陷入危局，也能东山再起、再创辉煌。

民族精神和国家精神的内核是伦理道德。伦理道德是一个民族、一个国家安身立命的根本。民族无德不立，国家无德不兴。孔子说："德不孤，必有邻"①。有德，即得道，得道就能获得道义上的支持。讲道德的民族和国家既能够广交朋友，也能够行稳致远。

中华民族是一个崇德、尊德、守德的民族。中国是一个崇德、尊德、守德的国家。伦理道德氛围浓厚一直是中华文化的显著特征。中华民族可以没有宗教信仰，但不能没有伦理道德信念。伦理道德是中华民族的根脉和命脉，也是中华文化与中华文明的根脉和命脉。

在中国传统社会，儒家伦理道德和道家伦理道德主导着中华民族与中国的精神。儒家伦理道德要求人们积极投入现实生活，在现实生活中实现自身的价值和意义，展现自身齐家治国平天下的责任担当能力和智慧。道家伦理道德则要求人们追求精神自由，在精神自由中享受人之为人所应有的惬意和舒适，展现自身既在现实中又能超越现实的本事。受到儒家伦理道德和道家伦理道德的双重指引，中华民族和中国在传统社会具有坚实的合理性基础，其发展表现出特别强烈的稳定性。

饱受外国列强侵略之苦的近代危局将中华民族和中国拖入国家蒙难、

① 论语·大学·中庸. 陈晓芬，徐儒宗，译注. 北京：中华书局，2015：47.

人民蒙辱、文明蒙尘的悲剧深渊。面对危局，中华儿女的民族精神和国家精神再次焕发出强大影响力、感召力和凝聚力，推动自身重拾自立、自信、自强的伟大精神，迫使自身挺立以精神独立性为核心的文化主体性，扶民族和国家于不倒，危难之时彰显自强不息、厚德载物、同心同德、团结奋斗、砥砺前行的伟大伦理道德精神。

近代危局对中华民族和中国的改变是根本性的。从伦理道德方面来看，它不仅推动中华儿女深刻反思源远流长、博大精深的中华伦理文化和中华伦理文明，而且推动中华儿女思考如何变革中华伦理文化和中华伦理文明。近代危局迫使中华儿女开启现代化进程，推进中华伦理文化和中华伦理文明现代化则是其题中应有之义。

创造中华伦理文明新形态，是中国式现代化的内在要求，也是中国式现代化的重要内容。当代中华儿女致力于以中国式现代化实现中华民族伟大复兴，这必然要求中华伦理文化和中华伦理文明做出相应的调整。创造中华伦理文明新形态，是当代中华儿女的共同时代使命，是当代中华儿女为了实现民族伟大复兴必然做出的伟大选择。

中华伦理文明新形态以服务中华民族伟大复兴为直接目的。中华民族伟大复兴首先是指中华伦理文明精神的复兴。近代危局极大地冲击了中华儿女的伦理文明精神，将不少人拖入了文化虚无主义和文化自卑的陷阱，使不少人丧失了精神独立性和文化主体性。他们或者对中华伦理文化和中华伦理文明感到“失望”，或者甘愿沦为西方道德价值的“应声虫”。创造中华伦理文明新形态，既有助于提升当代中华儿女的文化自信、文明自信，也有助于推动当代中华儿女以更加积极向上、更加豪迈奔放、更加奋发有为的姿态为中华民族伟大复兴贡献力量。

后　记

中华伦理文明是中华文明的精髓。传承发展中华伦理文明是中华民族的共同使命和责任。湖南师范大学中华伦理文明研究中心是教育部人文社会科学重点研究基地，是我国推进伦理学理论创新、中华伦理文明传承发展和中国特色社会主义伦理文化建设的南方重镇，一直致力于紧密对接国家重大战略，一直奋力为建构中国自主的伦理学知识体系和实践体系做出重要贡献。

研究中华伦理文明新形态，是湖南师范大学中华伦理文明研究中心“十四五”时期重点攻关的重大项目。为了切实推进该项目研究，湖南师范大学中华伦理文明研究中心组建了由基地主任向玉乔教授领衔的课题组，课题组成员包括王泽应、晏辉、易小明、文贤庆、朱海林等教授，以及黄泰轲、刘永春、余露等青年学者。在推进项目研究过程中，课题组在《哲学研究》《哲学动态》《道德与文明》《伦理学研究》《中州学刊》等刊物发表了一系列论文，在商务印书馆、岳麓书社等出版社出版了一系列著作，在我国学术界产生了比较大的影响。

2025 年由中国人民大学出版社出版的《中华伦理文明新形态》是课题组推出的一个重要阶段性成果。该成果是课题组集体智慧的结晶，成果完成情况如下：

导论“中华伦理文明新形态的脉动与前景”：向玉乔；

第一章“中华伦理文明新形态的内涵要义”：向玉乔；

第二章“中华伦理文明新形态：何所向与何所为”：晏辉；

第三章“中华伦理文明新形态的思想基础”第一、二节：王泽应，吴航宇；

第三章“中华伦理文明新形态的思想基础”第三、四节：向玉乔；

第四章“中华伦理文明新形态的生成机理”：易小明；

第五章“中华伦理文明新形态的建构实践”：朱海林；

第六章“中华伦理文明新形态的话语体系”：文贤庆；

结束语“创造中华伦理文明新形态　谱写中华民族伟大复兴大诗篇”：向玉乔。

中国人民大学出版社为本书出版提供了大力支持，杨宗元老师为本书出版提供了鼎力支持，罗晶编辑为本书出版付出了艰辛劳动。课题组在此一并致以诚挚感谢！

向玉乔

2025 年 6 月 5 日

图书在版编目（CIP）数据

中华伦理文明新形态 / 向玉乔等著. -- 北京：中国人民大学出版社，2025. 6. -- ISBN 978-7-300-34244-3

Ⅰ. B82-092

中国国家版本馆 CIP 数据核字第 2025BA2643 号

中华伦理文明新形态

向玉乔 等　著

Zhonghua Lunli Wenming Xin Xingtai

出版发行	中国人民大学出版社		
社　　址	北京中关村大街 31 号	**邮政编码**	100080
电　　话	010－62511242（总编室）		010－62511770（质管部）
	010－82501766（邮购部）		010－62514148（门市部）
	010－62511173（发行公司）		010－62515275（盗版举报）
网　　址	http://www. crup. com. cn		
经　　销	新华书店		
印　　刷	北京联兴盛业印刷股份有限公司		
开　　本	720 mm×1000 mm　1/16	**版　　次**	2025 年 6 月第 1 版
印　　张	20. 75 插页 3	**印　　次**	2025 年 6 月第 1 次印刷
字　　数	314 000	**定　　价**	98. 00 元